JN234081

地盤環境の汚染と浄化修復システム

木暮敬二 著

Soil Contamination

and

Remediation System

技報堂出版

はじめに

　人の生存の場としての地球の陸地は，土粒子，水分，空気，それに少量の有機物を含む細かくやわらかな物質すなわち土で覆われている．これらの物質からなる土は植物を育み，私達に食糧を供給してくれる源であるとともに，土中に多くの生物が生存するのを支えている．一方，この土の豊かさは土壌生物の活動によってもたらされる．植物の生産した有機物や動物の遺体や排泄物などを，土壌生物が効率的に分解しリサイクルしてくれる．土は生物との共生によって安定した豊かさを維持している．

　土は，自然環境あるいは身近な生活環境からみても，人類にとって重要な資源ということができる．この豊かな地上において，人の生活や生産活動が営まれる．そして，廃棄物をはじめとして，土に直接浸入した有害物質はもちろん，気圏や水圏に放出された環境汚染物質の多くが最終的には土中に吸収されていく．とりわけ近年においては，人類の諸活動の拡大と活発化によって，土のもつ自然の浄化機能を超える種々の物質が土中へ浸入して土を汚染し，人の健康や社会・経済活動に重大な影響を与える事例が急速に増加している．

　わが国における地盤汚染の典型的かつ悲劇的な例は，明治中期の足尾銅山による農用地の鉱毒被害といえる．同じ鉱毒として社会的に注目された地盤汚染に，神通川流域のカドミウム汚染によるイタイイタイ病がある．また最近では，東京都における六価クロムによる地盤汚染などがあり，これらはいずれも重金属を汚染源としている．一方近年においては，重金属汚染のみならず，ハイテク汚染の原因でもあるトリクロロエチレンやテトラクロロエチレンなどの有害人工化学物質あるいはゴミ焼却に伴うダイオキシン類による地盤汚染が，人の健康に影響を及ぼす事件が多発している．このような地盤汚染をも含めた環境汚染は，わが国だけではなく，欧米先進国共通の問題であり，重金属汚染とともに人工化学物質による地盤汚染の浄化修復が大きな問題となっている．

　地盤中での地下水の移動速度は表流水に比べて非常に遅く，また，汚染物質の土粒子への吸着などのために，汚染物質によって差はあるものの，地中に浸入した汚染物質は一般にその場に滞留しやすい．そのため，大気汚染や表流水汚染に比べて汚染の修復が難しく，時間がかかるという特徴をもっている．土は土壌微生物など

の働きによって有機物などを分解する機能をもっているが，分解されにくい有害物質で汚染されると，その汚染は長期にわたって続く蓄積性の汚染となる．いったん有害物質によって地盤が汚染されると，それの修復浄化には多大の時間と莫大な費用がかかるのが普通である．

地盤汚染の原因は，一般に汚染物質を含む材料の貯留施設や埋設管などからの漏洩，あるいは，廃棄物の投棄などの事業活動によって副次的に派生する．また，規制処置がとられる以前の投棄あるいは取扱いの不注意によって，地盤中に残留しているものもある．地盤汚染の調査は対象物質ごとに，各種の方法を有機的に組み合わせて的確に実施する必要があり，地形と地盤特性とを加味して対処しなければならない．一方，浄化修復対策は多額の経費のかかることから，効率よく実施することが要求される．そのためには，対象とする現場での汚染物質の挙動特性をよく知り，理にかなった対策技術を用いることが必要である．

地盤工学に関係する技術者は，従来の地盤工学つまり土を建設材料あるいは構造物の基礎地盤として考えるだけではなく，さらに間口を広げて，環境工学的な立場から地盤を見つめ直さなければならない時期にきているといえよう．

本書は，以上のようなことを踏まえて，大学あるいは工業高等専門学校における，地盤汚染と対策を中心とした環境地盤工学の教科書向きに書かれているが，教育現場以外でも，地盤汚染の調査や浄化修復対策に携わる地盤工学系の技術者あるいはこれから学ぼうとする人達の参考書としても利用していただきたいと願っている．

本書の作成にあたっては，章末に示した文献そのほか多数の著書，論文を参考にさせていただくとともに，公的機関の出版物および参考文献から多くの図表などを引用させていただいた．ここに，各著者へ衷心からの感謝の意を表したい．また，地盤が汚染されていることを，法律用語では「土壌汚染」と称している．土木建設系の学生や技術者にとって，「土壌」という用語は深部の地盤の土に対してはなじみにくい場合もあるが，本書においては，土壌という用語を「土」あるいは「地盤」と同義語として用いている．

本書は，主として土木建設系の学生や技術者を考えて，総論的な教科書向きに記述しているので，専門的に過ぎる部分の細部についてはかなり割愛した部分があるとともに，不十分な説明や誤謬などもあろうかと思われる．若い方々には専門書によるさらなる学習を，諸先輩には本書に関するご意見，ご叱正，ご教示をお願い申し上げる次第であります．

2000 年 10 月

著　者

目次

第1章 土の環境機能 ... 1
1.1 食料・植物生産機能 ... 1
    1.1.1 植物生育の条件 ... 2
    1.1.2 養分貯蔵機能 ... 3
    1.1.3 保水機能 ... 4
1.2 水質浄化機能 ... 5
    1.2.1 濾過機能による水質浄化 ... 5
    1.2.2 粘土粒子による吸着浄化 ... 7
    1.2.3 微生物による分解浄化 ... 8
    1.2.4 森林土の浄化作用 ... 8
1.3 空気浄化機能 ... 11
    1.3.1 空気浄化のメカニズム ... 11
    1.3.2 浄化される化合物 ... 12
    1.3.3 土の空気浄化機能の利用方法 ... 13
1.4 生態系と土の浄化機能 ... 15
    1.4.1 生物圏と生態系 ... 15
    1.4.2 物質循環と浄化機能 ... 17
1.5 土のpHと緩衝作用 ... 18
1.6 土の環境容量 ... 19
1.7 活性炭 ... 20

第2章 地盤汚染の現状と環境基準 ... 23
2.1 土壌・地下水汚染小史 ... 23
2.2 歴史的な汚染事例 ... 25
    2.2.1 足尾銅山の鉱毒事件 ... 25
    2.2.2 神通川流域のカドミウム汚染（イタイイタイ病） ... 26
    2.2.3 土呂久の砒素汚染 ... 26
    2.2.4 東京の六価クロム処理問題 ... 27

	2.2.5	ラブキャナル事件 27
	2.2.6	イタリアのセベソ事件 30
	2.2.7	わが国における不法投棄事件 31
2.3	農用地汚染の現状 32
2.4	市街地における地盤・地下水汚染の現状 34
	2.4.1	地盤汚染の現状と土壌環境基準 34
	2.4.2	地下水汚染の現状と地下水環境基準 37
2.5	市街地における汚染の原因 43
2.6	ダイオキシン類による土壌汚染 44
	2.6.1	歴史的背景 44
	2.6.2	生成と発生源 45
	2.6.3	汚染の現状 46
	2.6.4	法規制の動向 47
	2.6.5	廃棄物処理施設からの有害物質の排出 48
2.7	人の健康と化学汚染物質 50
	2.7.1	地盤中の化学物質の毒性 51
	2.7.2	地盤中の化学物質の環境汚染 52

第3章　地盤汚染のメカニズム 55

3.1	汚染物質の土中での存在形態 55
3.2	重金属汚染のメカニズム 56
	3.2.1	バックグラウンド濃度 56
	3.2.2	重金属と土の反応 57
	3.2.3	重金属と腐植の反応 58
	3.2.4	重金属と粘土鉱物 58
	3.2.5	重金属と水和酸化物の反応 58
	3.2.6	重金属による不溶性物質の生成 58
	3.2.7	土中における重金属の形態 59
3.3	有機塩素系化合物汚染のメカニズム 61
	3.3.1	起源と汚染要因 61
	3.3.2	環境への浸入 63
	3.3.3	土中への浸透と移動 63
	3.3.4	土中での分解 68
3.4	油類・炭化水素汚染のメカニズム 70

	3.4.1	石油 71
	3.4.2	炭化水素系溶剤 71
	3.4.3	木材防腐剤 73
	3.4.4	石油系炭化水素汚染のメカニズム 74
3.5	ダイオキシン汚染のメカニズム 75
	3.5.1	土への浸入 75
	3.5.2	人体への浸入と蓄積 76

第4章　地盤汚染に関する調査・試験 79

- 4.1 調査・試験の特徴 79
  - 4.1.1 重金属汚染に関する調査・試験の特徴 80
  - 4.1.2 有機塩素系化合物汚染に関する調査・試験の特徴 80
- 4.2 調査・試験の手順 81
- 4.3 資料等調査 84
- 4.4 表土の調査と試験 85
  - 4.4.1 表土のサンプリング 85
  - 4.4.2 重金属等の分析試験 86
  - 4.4.3 表土の調査・分析試験結果の評価 88
- 4.5 土壌ガスの調査と分析試験 89
  - 4.5.1 調査手法 89
  - 4.5.2 サンプリングの密度 93
- 4.6 ボーリングによる調査と試験 93
  - 4.6.1 ボーリング地点の選定 93
  - 4.6.2 ボーリング掘削方式 94
  - 4.6.3 サンプリングの手法 96
  - 4.6.4 土試料の採取 97
  - 4.6.5 分析試験用の検体の作成と汚染物質の分析 97
  - 4.6.6 ボーリング孔内地下水質の調査 100
  - 4.6.7 ボーリング孔の利用方法 100
- 4.7 地下水の調査と試験 101
  - 4.7.1 調査・試験の目的と内容 101
  - 4.7.2 調査・試験の手法 101
  - 4.7.3 地下水の調査・試験結果のまとめ方 102
  - 4.7.4 重金属汚染に関する地下水の調査・試験 102

4.8	調査・試験結果の評価	103
	4.8.1 重金属汚染の場合	103
	4.8.2 有機塩素系化合物汚染の場合	104

第5章　浄化修復対策の体系　107

- 5.1 応急対策と恒久対策 … 107
- 5.2 重金属汚染の浄化修復対策 … 108
  - 5.2.1 対策技術の種類と特徴 … 108
  - 5.2.2 封じ込め … 109
  - 5.2.3 浄化と処理技術 … 110
  - 5.2.4 対策技術の選定 … 113
- 5.3 有機塩素系化合物汚染の浄化修復対策 … 115
  - 5.3.1 対策技術の種類と特徴 … 115
  - 5.3.2 浄化と処理 … 116
  - 5.3.3 対策技術の選定 … 119
- 5.4 対策の適用性 … 119
- 5.5 モニタリングと効果の確認 … 121
  - 5.5.1 周辺環境保全対策 … 121
  - 5.5.2 モニタリング … 122
  - 5.5.3 効果の確認と土地利用 … 123
- 5.6 浄化修復対策の動向 … 124
  - 5.6.1 浄化修復対策と法制度 … 124
  - 5.6.2 浄化修復対策の動向 … 124

第6章　固化・不溶化と封じ込め　129

- 6.1 汚染地盤の掘削・運搬・保管 … 129
- 6.2 固化処理 … 131
  - 6.2.1 セメント固化処理 … 131
  - 6.2.2 ガラス固化処理 … 134
- 6.3 化学的不溶化 … 134
  - 6.3.1 硫化処理 … 135
  - 6.3.2 酸化還元処理 … 137
  - 6.3.3 水酸化物処理 … 139
  - 6.3.4 キレート樹脂吸着法 … 139

6.4	封じ込め 139
	6.4.1　封じ込め対策の特徴 139
	6.4.2　封じ込めの方法 141
	6.4.3　遮断工による封じ込め 142
	6.4.4　遮水工による封じ込め 143
	6.4.5　飛散・流出等の防止対策 146
6.5	原位置ガラス固化工法 147
	6.5.1　工法の原理と特徴 147
	6.5.2　土の性質とガラス固化 148

第7章　原位置で分解・無害化する対策 151

7.1	透過性浄化壁を利用する対策工 151
	7.1.1　工法の原理 151
	7.1.2　工法の概要 153
	7.1.3　適用例 155
7.2	バイオレメディエーション 155
	7.2.1　バイオレメディエーション利用の経緯 155
	7.2.2　バイオレメディエーションの特徴 155
	7.2.3　適用の範囲 156
	7.2.4　利用される微生物の機能 157
	7.2.5　微生物の利用方法 157
	7.2.6　浄化対策としてのバイオレメディエーション 158
	7.2.7　効果の評価と問題点 161
	7.2.8　トリクロロエチレン汚染への適用例 162
	7.2.9　油汚染土への適用例 165
	7.2.10　土質改良を伴うバイオレメディエーション 168
	7.2.11　簡易なバイオレメディエーション 169

第8章　地中から汚染物質を抽出・除去する対策 171

8.1	地下水揚水法 171
	8.1.1　工法の概要 171
	8.1.2　地下水揚水法の特徴 173
8.2	土壌ガス吸引法 174
	8.2.1　工法の概要 174

目次

	8.2.2 適用の範囲	175
	8.2.3 浄化の確認と問題点	176
	8.2.4 適用事例	177
8.3	気液混合抽出法	178
8.4	エアースパージング	180
8.5	循環井戸による抽出	181
8.6	原位置土壌洗浄法	183
8.7	ウェルポイント工法を利用する抽出法	184
8.8	生石灰撹拌混合工法を利用する抽出法	185
8.9	盛土抽出法	187
8.10	電気化学的現象を利用した抽出技術	187
	8.10.1 原理と特徴	188
	8.10.2 六価クロム汚染地盤への適用例	189

第9章 汚染物質の分離・分解処理 193
9.1 分離と分解 193
 9.1.1 重金属の分離と分解 193
 9.1.2 有機塩素系化合物の分離と分解 194
9.2 土壌洗浄法による分離 195
 9.2.1 原理と特徴 195
 9.2.2 重金属汚染への適用 197
 9.2.3 油汚染土への適用 198
9.3 気泡連行法による分離 200
9.4 泡沫浮上法による分離 201
9.5 加熱による分離 202
 9.5.1 加熱分離 204
 9.5.2 水蒸気加熱による分離 207
 9.5.3 加熱塩化揮発法による分離 207
9.6 触媒を用いる分解 208
 9.6.1 有機塩素系化合物の触媒分解 208
 9.6.2 ガス中の有機塩素系化合物の触媒酸化分解 209
9.7 紫外線による有機塩素系化合物の分解 210
9.8 有機塩素系化合物の還元無害化処理 211
9.9 BCD法によるPCB汚染土の分解 212

第 10 章　廃棄物処分場と地盤汚染 215
- 10.1　廃棄物処分場と地盤・地下水汚染 215
- 10.2　廃棄物処分場 216
  - 10.2.1　廃棄物処分の考え方 216
  - 10.2.2　埋立処分場の分類 217
- 10.3　埋立処分場の機能と構造 218
  - 10.3.1　貯留機能と構造物 219
  - 10.3.2　遮水機能と遮水システム 220
  - 10.3.3　雨水の集排水システム 224
  - 10.3.4　浸出水の集排水システム 225
  - 10.3.5　発生ガスの処理施設 229
- 10.4　廃棄物の埋立 230
  - 10.4.1　埋立作業 230
  - 10.4.2　埋立工法 231
  - 10.4.3　覆土 232
- 10.5　処分場の管理とモニタリング 234
  - 10.5.1　沈下・安定の管理 234
  - 10.5.2　ガス・臭気の管理 234
  - 10.5.3　雨水・浸出水の管理 234
  - 10.5.4　遮水シートのチェックシステム 235
- 10.6　処分場の閉鎖 235
- 10.7　処分場の跡地利用 236

終章にかえて 239
索　引 243

第1章　土の環境機能

　本章においては，地盤汚染および浄化修復対策に入る前の基礎的事項として，自然生態系の重要な構成要素である土の環境機能について概観する．土は，大気，水あるいは多様な生物と連携を保ちながら，環境に対して種々の機能を発揮し，人の生活環境あるいは自然環境に重要な役割を果たしている．本章でとり上げる土の環境機能は，食料・植物生産機能，水質浄化機能，空気浄化機能，悪臭・有毒ガス除去機能が主であり，これに関連する事項として，生態系と物質循環，土のpHと緩衝作用，土の環境容量，活性炭について触れる．

1.1　食料・植物生産機能

　土は地殻の最上部に位置し，造岩鉱物および粘土鉱物としての土粒子が主体であり，ここに生育・生存した動植物や微生物の遺体とその分解生成物が混入している．さらに，土粒子間の間隙には水，空気，微生物などが存在する多孔質な物体である．

　土は大気や水と同様に，陸上に生息している生物の生活空間を構成する基本的な物質の1つであり，陸上における自然生態系の重要な構成要素である．その基本的機能の1つとして，植物根の伸長の場として，植物の支持および植物への水分や養分の供給という役割を担っている．自然生態系の一部としての土や大地が，多様な動植物の生息を直接・間接に支え，古来より「母なる大地」とされてきた．

　土中では，緑色植物が光合成によって蓄積した太陽エネルギーと，鉱物に含まれている地球の内部エネルギーが遊離あるいは転換すると同時に，土中の生物と土の間で種々の物質交換が起こっている．食料や植物生産の場としての土の特性は，土の生成過程，気象や地形などの自然環境，土を構成する無機および有機成分，空気や水などの構成状態，動植物や微生物などの生命体の活動状況などによって異なるが，図1.1のような多様な機能を果たしている．

図中:

- 植物の支持基盤
- 養分の蓄積・供給
- 水分の蓄積・供給
- 熱エネルギーの蓄積

→ 植物生産機能

- 有機物の分解・無機化
- イオンの吸着・交換
- 緩衝作用

→ バイオリアクター機能

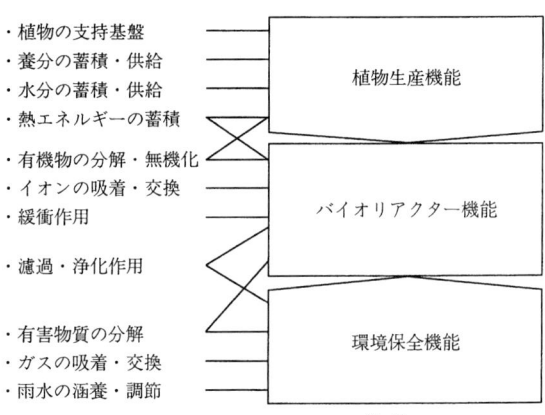

- 濾過・浄化作用
- 有害物質の分解
- ガスの吸着・交換
- 雨水の涵養・調節

→ 環境保全機能

図 1.1 土の多様な機能 [1], [2]

1.1.1 植物生育の条件

　緑色植物が生育するための条件としては，光，熱，養分，水の供給が必要である．光と熱は宇宙空間から連続的かつ直接的に植物に到達する．一方，二酸化炭素以外の養分と水は，土を媒介として植物の根から吸収される．一般的には，養分と水に対する植物の要求を満たす土の機能を，植物生産機能ということができる．それは，人間にとっての食料生産基盤であるとともに，地球的規模での砂漠化の進行，表土の大規模な流亡，土の再生産能力の喪失などが指摘されている中で，地球全体の環境を維持するうえで重要な機能といえる．

　植物が枯死し動物が死亡すると，その遺体は土中の動物や微生物によって分解され，有機物は二酸化炭素，水，アンモニウムなどに変化し，動植物の組織からは無機物が遊離する．このような土の働きを土の有機物分解機能といい，このようにして生じた可溶性無機化合物は，岩石の風化によって生じた可溶性物質とともに，再び植物の養分として吸収され，有機化合物に再合成される．

　土中においては，多様な機能をもった各種の生命体が活動し，分解と消化にかかわり，そして異なる物質をつくっている．この過程では，有害物質を無害な物質に変える無毒化や浄化作用も機能し，土はいわば自然界のバイオリアクターといえる．このような，植物→土→植物といった局所的な循環過程は生物学的小循環といわれ，自然界における植物の継続的な生育は，このような生物学的小循環によって保証されている．

　農耕地では，植物体の大部分が収穫物として系外に持ち去られるため，その分を肥料などで補給しない限り植物の生育は衰退し，最終的には停止する．また，生物学的小循環は完全な閉鎖系ではなく，かなりの可溶性成分は浸透水によって系外に

流失し，最終的には河川や海洋に流入した後，水圏，岩石圏，大気圏をめぐる大規模な地質学的循環と呼ばれる循環過程に入っていく．

1.1.2 養分貯蔵機能

植物はさまざまな無機元素を土中から吸収する．このうち，植物体中の含有率がおおむね 500 mg/kg 以上のものを多量養分元素，ほぼ 50 mg/kg 以下のものを微量養分元素といっている[3]．多量養分元素には，窒素 (N)，リン (P)，カリウム (K)，カルシウム (Ca)，マグネシウム (Mg)，硫黄 (S) などがあり，微量養分元素には，鉄 (Fe)，マンガン (Mn)，亜鉛 (Zn)，銅 (Cu)，ホウ素 (B)，モリブデン (Mo)，塩素 (Cl) などが含まれる．

植物は，これらの無機元素をすべて土中から吸収する．植物が吸収できる土中の養分元素を可給態養分という．一例として，カリウム (K) について考えてみよう．土中のカリウムは表1.1のように，①土壌溶液に溶けた K^+，②交換性の K^+，③固相の遅効性カリウム，④難効性カリウムに分けられる．植物が吸収できるのは①だけである．

図1.2は植物を栽培したときの，植物体と土中のカリウムの分配関係を示した模式図である．植物が小さいときには植物体のカリウムは少なく，土中には交換性のカリウムが残存する．植物が成長するに従って植物体のカリウムが増加し，

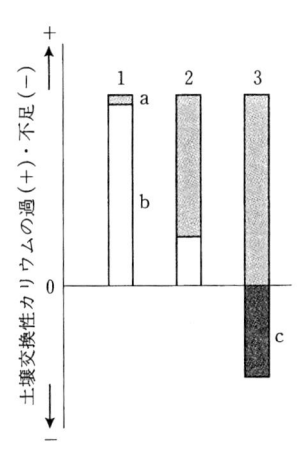

1：植栽時（初期状態），2：生育中期，3：収穫期，
a：植物体中のカリウム，b：土壌の交換性カリウム，
c：収穫期になると植物体中のカリウム量がもともと土壌中に保持されていた交換性カリウムより多くなる．この不足分 c は，他の形態（非交換性）のカリウムが植物によって吸収されたことを示す．

図 1.2 植物のカリウム吸収[3]

表 1.1 土中カリウムの形態と有効性[3]

可給態カリウム			無効態カリウム
速効性		遅効性	難効性
①土壌溶液中に溶けた K^+	②交換性 K^+	③粘土鉱物層間または風化鉱物中の非交換性 K	④一次鉱物（長石，雲母など），粘土鉱物（イライト）結晶中の K

①そのままで有効，②他の陽イオンと交換して有効化，③酸処理などによって溶出または交換性に変化，④鉱物の風化・分解によって溶出または②，③に変化．

その分，土中の交換性カリウムが減少する．さらに栽培を続けると交換性のカリウムはほとんどなくなるが，植物はそれ以上にカリウムを吸収している．すなわち，植物は①と②以外のカリウムもある程度利用している．このことは，土中で③→②→①の形態変化が起こっていることを示唆している．

遅効性のカリウムも含めて，土中の可給態カリウムが消失すれば，植物はカリウム欠乏症となり，正常に生育できない．このことは，他の養分元素についても同じことである．したがって，収穫物として人が取り去った養分元素を元に戻さなければ，長期的な植物の正常な生育は確保できない．一般に，同じ系内で生産された有機質肥料だけでは土中の養分に偏りが生じ，土を必要な養分レベルに保つことが困難になる．そのため，有機肥料の添加や客土等が行われる．これらをさらに人工的に進めたのが化学肥料の発明と使用である．

1.1.3 保水機能

植物にとっての土のもう1つの重要な機能は，土が植物の必要とする水を保持できることである．いま，図1.3のような装置（テンシオメータ）を考えてみよう．土に埋設されたカップ（C）は素焼きで水を通すことができる．この素焼きのカップは水銀マノメータ（M）と連結されている．テンシオメータを水で満たして土中に埋設すると，土がある程度乾いている場合には，マノメータの水銀面が上昇し，ある高さで停止する．これはテンシオメータ内の水が素焼きのカップを透過し，周囲の土に吸い取られることによっている．すなわち，乾いた土はテンシオメータ内の水に対して吸引力を示す．引き上げられた水銀柱の高さは吸引力の大きさを示しており，吸引力は水柱の高さに換算した値，たとえばcmなどで表すのが普通である．

このように，土中水は吸引圧の小さいところから大きいところに向かって移動する．大雨や灌漑などによって表土中の

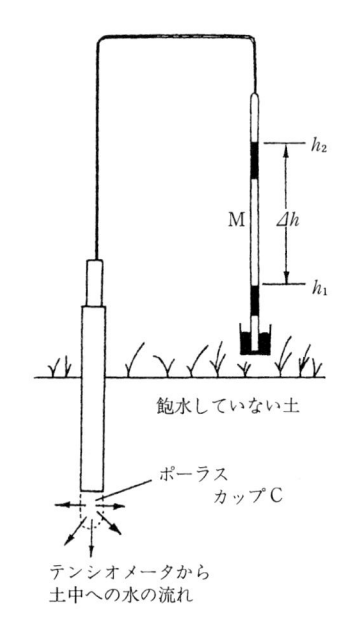

M：水銀マノメータ，h_1：吸引圧の初期値（水銀溜めの水銀面とポーラスカップの中心までの高さの差による），h_2：平衡後の水銀柱の高さ．$h_2 - h_1 = \Delta h$を水柱高に換算したものがポーラスカップ周辺の土壌の水分吸引圧に相当する．

図 1.3 テンシオメータによる水分吸引圧の測定[3]

水分が増えると，水分吸引圧が重力より小さくなり，土中水は鉛直下方に重力排水される．重力水は1～2日で排水されてしまうので，植物のための貯蔵水分としてはあまり意味がない．土中の水分が減少し，重力排水が停止する限界の吸引圧は土の構造等によって異なるが，水柱の高さで30～70 cmぐらいである．重力排水がほぼ終了したときの水分量を圃場容水量という．

蒸発によって土が乾燥するときには，表土の水分吸引圧が下層のそれに比べて著しく大きくなり，土中水は表層に吸い上げられる．その状況を示したのが図1.4 (a) である．この図において，深さz_1とz_2の間を移動する水の量は，両点の吸引圧の差に比例し，距離に反比例する．同様な水の移動は，図1.4 (b) に示すように，植物の根の周りでも起こっている．このように，土中水は乾湿の変動につれて土中の吸引圧の差を小さくする方向に常に流動している．

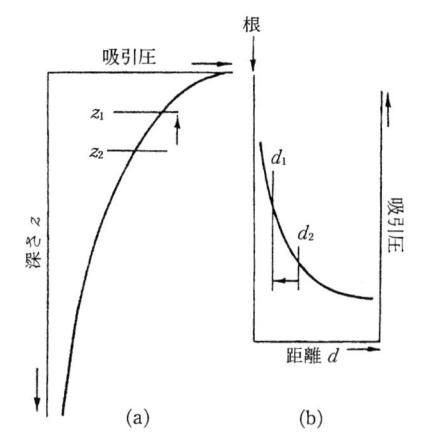

(a) 土壌面が乾燥して，表層の水分吸引圧が大きくなり，下層から表層に向かう水の流れ（毛管上昇）が起こる．(b) 植物の根の周りで水分吸引圧が高まると，その外側の土壌から，根に向かう水の流れが生ずる．

図1.4　土中水分の移動の原理[3]

植物は土中水の流動経路に根を張り巡らし水を吸収する．しかし，根の周辺の土中水の吸引圧が7 000 cmを越える付近から水の吸収が困難になり，15 000 cm（約15気圧）を超えると，水を吸収できなくなって枯死する．これを永久しおれ水分点という．圃場容水量と永久しおれ水分点の間の吸引圧で保持された水分は，植物が利用できる有効水ということができる．

1.2　水質浄化機能

1.2.1　濾過機能による水質浄化

土は汚水の浮遊成分の除去に有効な濾過機能をもっている．通常の場合，上水や排水の最終処理工程は，砂濾過だけでも十分な浮遊成分の除去が可能である．土は砂粒子以外にさらに細かいシルトや粘土および腐植物質の集合体であるので，砂よりはるかに大きい浮遊物質除去能力をもっている．浮遊物質を数十～数千/mg含む汚水を土に浸透させると，通常，浮遊成分の95％以上の除去率が得られる．土の浮遊成分を除去する能力が高いのは，浮遊成分を捕捉する土の間隙分布の多様性にある．

表 1.2 土の間隙径と水分張力の概略値 [1]

間隙の大きさの範囲	間隙直径 (μm)	水分張力 (MPa)
粗間隙, 広い	> 50	0〜0.06
粗間隙, 狭い	50〜10	0.06〜0.3
中間隙	10〜0.2	0.3〜1.5
細間隙	< 0.2	> 1.5

表 1.3 間隙容積の割合 [1]

	間隙容積 (%)	粗間隙 (%)	中間隙 (%)	細間隙 (%)
砂質土	42 ± 7	30 ± 0	7 ± 5	5 ± 3
シルト質土	45 ± 8	15 ± 0	15 ± 7	15 ± 5
粘土質土	53 ± 8	8 ± 5	10 ± 5	35 ± 0
亜泥炭	70	5	40	25
高位泥炭	90	25	50	15

　表1.2に土の間隙直径と水分張力の概略値を，表1.3に代表的な土の間隙容積等を示す．種々の間隙が存在し，それに応じた水分張力のあることがわかる．通常の畑地などでは，50 μm 程度以上の粗な間隙は気相で占められている．0.2 μm 程度以下の細かい間隙は，浮遊成分の捕捉効率は非常に高いが，汚水の浸透速度は非常に小さく，すぐに目詰まりを生じる．

　砂質土の間隙の大部分は粗な間隙であり，目詰まりしにくいが，浮遊成分の捕捉率は低くなる．粘性土の間隙の大部分は細かい間隙で，浮遊成分の捕捉率は高いが目詰まりしやすい．土壌式浄化装置に適する土は，耐水性が安定していて団粒の発達した黒ボクといわれている．しかし，黒ボクでも長期間にわたって汚水を浸透すれば，とくに湛水状態で継続的に浸透を続けると，団粒が破壊されて目詰まりが生じる．

　図1.5は砂質土，黒ボク，沖積土を直径4.4 cm，高さ20 cmのカラムに，容積がおのおの1.5，0.8，1.2 g/cm^3 となるように充填し，210日間連続的に蒸留水と二次処理下水を，湛水状態で66 l/m^2/日の速度で浸透し続けたときの浸透速度の変化を示したものである．長期の湛水浸透では，汚水の浮遊成分の捕捉により，汚水の浸透速度は蒸留水よりもかなり低下することがわかる．また，沖積土では浸透開始後約30日で，黒ボクでは約90日で，浸透速度が急速に低下している．砂質土では急速な低下は見られない．このようなことから，砂を用いても浮遊成分の除去率は

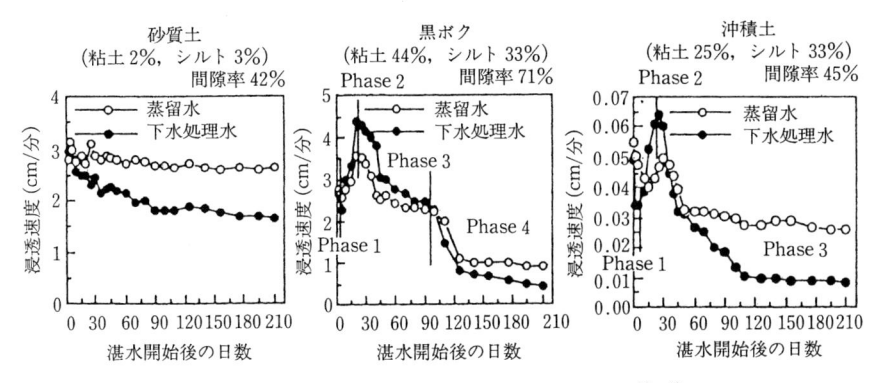

図 1.5　各種土質の長期湛水での浸透速度の変化 [1], [4]

95%以上は可能であるので，浮遊成分の除去のみを目的とするときには砂質土の方がよい．土壌式浄化法では，短期的な浄化性能の優劣よりも，目詰まりを起こさず長期の使用に耐え得ることが優先される．

　土の目詰まりの原因は2つある．1つは有機性浮遊成分，微生物細胞，微生物代謝産物などによる目詰まりである．これらが，まず細間隙や中間隙を塞ぎ，次いで粗間隙をも塞ぐことによって起こる．もう1つは団粒構造の破壊によるものであり，より深刻な目詰まりといえる．普通の生物系排水はナトリウムイオンに富んでいて，このイオンは粘土粒子の分散を促進し団粒を破壊する．分散して単粒になった粘土の透水性は非常に小さくなる．一部で実用化の研究が行われている毛管浄化法や毛管浸潤マット法も，目詰まりが最大のネックになっている [5], [6]．

1.2.2　粘土粒子による吸着浄化

　汚水浄化で粘土粒子による吸着機能が働くのは，とくにリン酸の除去機能が重要であるが，短期的にはアンモニウムイオンの除去にも有効である．土粒子によるリン酸の吸着除去は，活性水酸化鉄と水酸化アルミニウム成分によって行われる [7]．リン酸吸着の反応速度はイオン交換などに比べて遅いので，除去効率は汚水と土中の活性成分との接触時間，すなわち汚水の土中への浸透速度によって異なる [8]．とくに，汚水中のリン酸濃度が高いと影響が大きい．汚水の質，浸透方法，土質などによって，活性成分のリン酸吸着に対する反応率は違ってくる．

　土のアンモニウムの吸着能は陽イオン交換容量（CEC）で推定できる．モンモリロナイトやバーミキュライトなどの2：1型粘土鉱物の多い土では，汚水処理の初期では効果がある．土のアンモニウムイオン吸着による最大除去量は，処理速度，汚

水濃度，共存カチオンの種類などによって異なるが，通常，陽イオン交換容量の10〜30％の範囲にあるといわれる[9]．物理化学的吸着による窒素の浄化は数か月から半年しか効果がない．

1.2.3 微生物による分解浄化

汚水中の有機性汚濁成分の分解は，土中の生物とくに微生物によって行われ，この有機物分解に関する活性は表土（A 層）に集中する．土中生物の食糧となる有機物は，植物根と落葉落枝であり，A 層に主として供給されるからである．表1.4 に表土中に存在する動物と微生物の数と存在量（バイオマス）をまとめた．バイオマスで多いのは微生物とくにバクテリア，放線菌，糸状菌である．動物ではミミズが多い．

表 1.4 表土中の微生物と動物[1]

生物		数 (個/m^2)	サイズ (μm)	バイオマス (g/m^2)
微生物	バクテリア	$10^{13} \sim 10^{14}$	$0.5 \sim 1$	$45 \sim 450$
	放線菌	$10^{12} \sim 10^{13}$	$1 \sim 2$	$45 \sim 450$
	糸状菌	$10^{10} \sim 10^{11}$	$0.3 \sim 10$	$112 \sim 1120$
動物	原生動物	$10^9 \sim 10^{10}$	$10 \sim 80$	$2 \sim 17$
	線虫	$10^6 \sim 10^7$	$500 \sim 2000$	$1 \sim 11$
	その他の動物	$10^3 \sim 10^5$	$500 \sim 2000$	$2 \sim 17$
	ミミズ	$30 \sim 300$	$2 \sim 5000$ 以上	$11 \sim 110$

土の有機物分解機能を考えるとき，分解微生物の棲みかとなる間隙の大きさと分布および土の表面積が重要である．分解微生物が活性を保ち，集積を可能にする間隙は，少なくとも 1〜10 μm 以上の中間隙である必要がある．あまり大きい間隙は，汚水と微生物との接触効率が悪くなり，浄化性能は落ちる．また，小さすぎれば微生物の繁殖により目詰まりが発生する．

1.2.4 森林土の浄化作用

わが国は，国土面積の約 67％にあたる 2500 万 ha が多様な森林で覆われている．その大部分は，気候，地質，地形，植生などの立地環境条件が複雑な山岳地に位置し，そこに分布する土も多様である．また，わが国の森林は，施肥や耕耘などの人為的な作用をほとんど受けていないため，自然立地環境の特性に応じた水や物質の循環系が形成されている．したがって，森林土の浄化機能を考えるうえでは，自然生

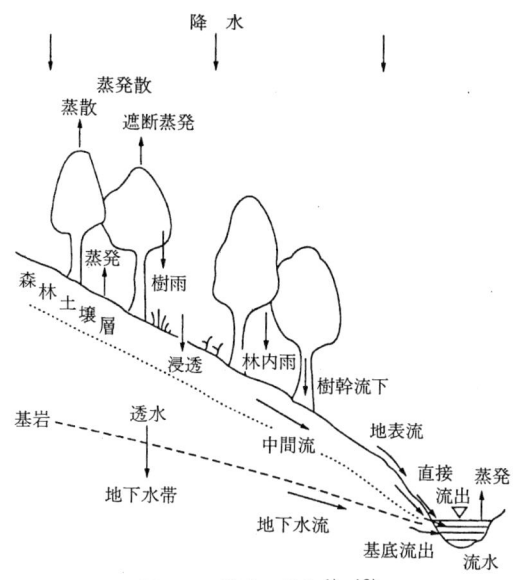

図 1.6 降水の行方[1), 10)]

態系としての水や物質の循環や動態という面から，実態を明らかにする必要がある．

図1.6は森林における降雨の流出プロセスを示したものである．日本の年平均降水量は約1 750 mmであるが，全国319の流域の流出試料によると，山地の年平均流出量はおおよそ2 110 mmとなり，一般にいわれる全国平均をかなり上回っている．

降水の一部は，樹冠層に捕捉されて蒸発し，樹冠層を通過した部分が，林内雨や樹幹流として地表面に達する．降雨強度によって違うが，林内雨や樹幹流として地表に達する量は，降水量の70～90％程度とみられている．樹冠層での遮断蒸発量，地表面からの蒸発量，植物による蒸散量を合計すると，降水量の35～40％が流出せずに消失していると推定される．

森林流域からの流出のうち，地表流は，土の浸透能を越えるような多量の降雨があった場合に発生することになるが，表1.5に示すように，森林土の浸透能は数百mmあり，森林斜面上で地表流が発生する頻度は非常に少ないといえよう．

図1.6の中間流は，土中に浸透した水が斜面の土層に沿って移動する部分である．土の表層部は粗な間隙が多く，浅い層を移動する中間流の移動速度は比較的速いが，深い層では粗な間隙が少なく，移動速度は遅くなる．こうした中間流と地下水流が降雨のないときにも徐々に流出し，渓流が枯れることなく維持される．

表 1.5　地被区分別の浸透能 [11]

(最終浸透速度 mm/h, ( ) 内は測定地区数)

林地			伐採跡地		草生地		裸地		
針葉樹林		広葉樹	軽度	重度	自然	人工	崩壊地	歩道	畑地
天然林	人工林	天然林	攪乱	攪乱	草地	草地			
211.4 (5)	260.6 (14)	271.6 (15)	212.2 (10)	49.6 (5)	143.0 (8)	107.3 (6)	102.3 (6)	12.7 (3)	99.3 (3)
林地平均 258.2 (34)			伐採跡地平均 158.0 (15)		草地平均 127.7 (14)		裸地平均 79.2 (12)		

図 1.7　森林生態系における窒素とミネラルの流れ [1]

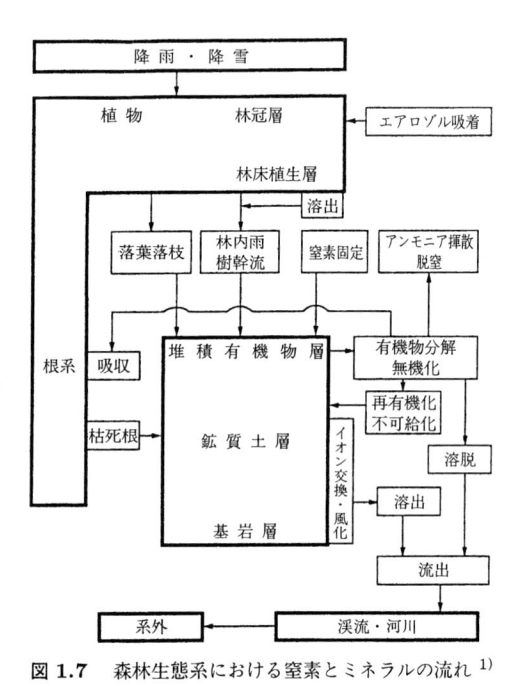

図 1.7 に，森林生態系における窒素とミネラルの流れを示す．森林では，施肥などによる人為的なインプットがないので，生態系としてのインプットは，降雨やエアロゾル吸着に伴う部分，微生物による窒素固定が主要なものである．アウトプットとしては，伐採による木材の搬出を除けば，有機物の分解や風化に伴う流出と脱窒が主要な部分と考えられる．概略的に見ると，日本の森林地帯では，無機態および有機態窒素として，林外雨で 10 kg/ha/年，林内雨と樹幹流を合わせて 10〜15 kg/ha/年程度が流入していると推定されている [1]．

一方，森林生態系には膨大な量の物質が蓄積されている．それらのうち，窒素の大部分は土中に含まれている．しかも，有機態窒素として存在している割合が高く，無機態窒素は全体の1%以下にすぎないといわれている[12]．また，植物も物質の貯蔵という面で大きな働きをしている．森林によってかなり差があるが，およそ数10～150 kg/ha/年の窒素が吸収されており，この値は降雨によるインプットの数倍から10倍程度になる．生長の盛んな若い森林では，植物体に吸収され，生長に伴って固定される物質量は，系外への流出抑制に大きな役割を果たしている．

1.3 空気浄化機能

1.3.1 空気浄化のメカニズム

土が種々のガスを吸収することはよく知られている[13]．空気の浄化に関連する土の機能をまとめると図1.8のようになる．浄化対象となる空気中の汚染物質には，硫黄酸化物，窒素酸化物，炭化水素，その他の汚染物質がある．また，悪臭物質としてはアンモニア，メチルメルカプタンなどがある．浄化のメカニズムは物質ごとに異なるが，図1.8に示した3つの機能が重要である．

第1は，土による汚染物質の捕捉である．これは，気相中の汚染ガスを液相あるいは固相の表面に捕捉する機能であり，浮遊粒子状物質の土によるフィルトレーションもこの範疇に入る．第2は，物理・化学的な形態変化である．土に捕捉されたガス状物質が，水との反応や粒子表面の電気化学的反応によりイオン化する過程や，それらが粘土鉱物や土中有機物に，イオン吸着やキレート結合するものである．第3

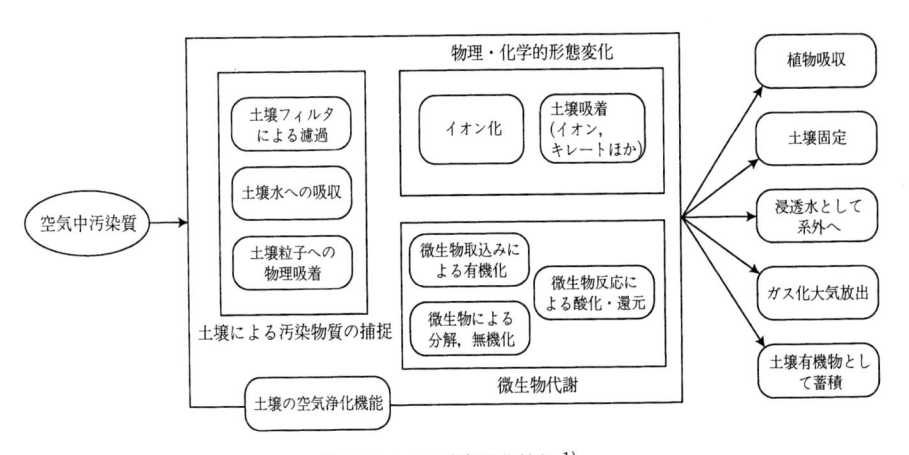

図1.8 土の空気浄化機能[1]

は，微生物の代謝による形態変化である．この過程は，第2の変化に引き続く場合が多いが，ガス状汚染物質に直接作用する場合もある．これは，微生物による無機物質の有機化，有機物質の微生物による分解と無機化，微生物による無機元素の酸化・還元などである．

土の空気浄化は，上記3つの機能が複合的に作用する点に特徴があり，活性炭などの物理・化学的処理とは異なり，浄化機能に自己再生という性質を有している．そのため，除去された空気中の汚染物質は，最終的には植物による吸収，土による固定，浸透水中に溶解した形での系外への流出，無害化されたガスとしての大気への放出，土中有機物としての蓄積などの経路をたどる．

1.3.2 浄化される化合物
(1) 硫黄化合物

土による二酸化硫黄（SO_2）の吸収は，ほとんど化学的なものであるが，生物的な吸収もあるといわれている．土中では，生物的な酸化により亜硫酸から硫酸に変化していること，乾いた土より湿った土の方が吸収量が多いことなどが明らかにされている[14]．pH，有機物含有量，粘土含有量，粒度分布などにはあまり影響を受けない．

硫化水素（H_2S）も土に吸収されることが知られている．吸収量は二酸化硫黄に比べて小さい．土の乾湿，微生物量，pH，有機物含有量，粘土含有量には依存しないとされている．水への溶解度が高いので吸収速度は非常に速い．脱臭に役立つのは細菌であり，pH範囲は中性と酸性にはっきり分かれ，最適温度は30℃といわれている[15]．

悪臭ガスのメチルメルカプタン（CH_3SH）も土に吸収される．吸収量は硫化水素に比べて少なく，湿った土では減少すること，微生物は影響しないこと，pH，有機物含有量，粘土含有量には影響されないことなどが知られている．

(2) 窒素化合物

土と一酸化窒素（NO）の関係については，生成および吸収の両面があり，土の種類や状態により，生成と吸収のバランスが著しく異なるようである[13]．この関係を統一的に説明するまでには至っておらず，吸収のメカニズムの解明は今後の課題といえる．

二酸化窒素（NO_2）の土への吸収については，たとえば，黒ボクを40 cm充填したカラムにNO_2を通気し，通気速度10～30 mm/s，NO_2濃度50～300 ppmにおいて，ほとんどのNO_2が吸収され，60日間の連続通気実験で吸収された窒素は，ほとんど有機態窒素になったという報告がある[13]．NO_2の土への吸収は，化学的お

よび物理的な反応によるものであり，吸収後に微生物によって NO_3^- にまで酸化され，土中の窒素サイクルに取り込まれることが明らかにされている．

温室効果ガスの一酸化二窒素（N_2O）の土への吸収については，水田で吸収されることが報告されている[16]．水田における吸収は，N_2O の溶解度と還元層の発達に影響されると考えられているが，メカニズムについてはまだ明らかにされていない．

(3) 一酸化炭素とオゾン

ほとんどの土で一酸化炭素（CO）は吸収される．土を殺菌すると吸収は完全に停止すること，30℃で最も高い吸収量が得られること，窒素のない環境では吸収が完全に阻害されることが明らかにされている[17]．このようなことから，一酸化炭素の吸収は微生物的な作用によると考えられている．土がオゾン（O_3）をきわめてよく分解することは古くから知られており，オゾン利用水処理での土による廃オゾン処理法として一般的である[18]．

(4) 炭化水素

温室効果ガスのメタン（CH_4）の土への吸収は，主にメタン酸化菌によるところが大きいといわれている．北米大陸の土を用いた実験によると，アセチレン（C_2H_2）は湿った土で，かつ殺菌されていない土でのみ吸収されることから，アセチレンの吸収は微生物の作用によるものと考えられている[15]．エチレン（C_2H_4）も土に吸収される．実験的な検討から，エチレンの吸収は好気性の微生物によることが確認されている[19]．一般に，炭化水素の土への吸収は，分子量が多いほど，不飽和なほど，分岐が少ないほどよく吸収され，芳香族およびアルコール，ケトン，エーテルもよく吸着されるとみられている．

1.3.3　土の空気浄化機能の利用方法

以上にみてきたように，土は空気中の有害成分を吸収し浄化する機能がある．この機能を利用する人工的な方法として，悪臭ガスと有毒ガスを土を用いて除去することが検討されている．

わが国で発生する公害問題のうち，悪臭に対する苦情は騒音に次いで多く，平成4年度の調査では1年間に約1万件である．その内訳を見ると，製造業に起因するものが25.5%と最多であり，これには多くの業種が含まれている．単一業種で比較すると，畜産に起因するものが14.7%で第1位である．また，畜産が原因となる環境問題の発生件数は，平成6年の調査では2 725件であり，そのうち悪臭問題は1 631件で，全体の60%を占める．悪臭発生は公害問題の中でも主要なものであり，とくに畜産は悪臭の主要な発生源となっている．

表 1.6 悪臭防止法により規制される悪臭物質と臭気強度別濃度 (ppm)

悪臭物質	臭気強度		
	2.5	3	3.5
アンモニア	1	2	5
メチルメルカプタン	0.002	0.004	0.01
硫化水素	0.02	0.06	0.2
硫化メチル	0.01	0.04	0.2
二硫化メチル	0.009	0.03	0.1
トリメチルアミン	0.005	0.02	0.07
アセトアルデヒド	0.05	0.1	0.5
プロピオンアルデヒド	0.05	0.1	0.5
ノルマルブチルアルデヒド	0.009	0.03	0.08
イソブチルアルデヒド	0.02	0.07	0.2
ノルマルバレルアルデヒド	0.009	0.02	0.05
イソバレルアルデヒド	0.003	0.006	0.01
イソブタノール	0.9	4	20
酢酸エチル	3	7	20
メチルイソブチルケトン	1	3	6
トルエン	10	30	60
スチレン	0.4	0.8	2.0
キシレン	1	2	5
プロピオン酸	0.03	0.07	0.2
ノルマル酪酸	0.001	0.002	0.006
ノルマル吉草酸	0.0009	0.002	0.004
イソ吉草酸	0.001	0.004	0.01

　現在用いられている臭気対策としては，臭気を水に溶解させる水洗法，排気中の臭気成分を燃焼させる燃焼法，活性炭やゼオライトなどに臭気を吸着させる吸着法，酸，アルカリ，次亜塩素酸ソーダなどを用いる薬液処理法，微生物による生物学的脱臭法などがある．土も臭気物質を除去する機能があり，土壌脱臭法が一部実用化されている．現在，悪臭防止法で規制の対象となる悪臭物質は表 1.6 のようになっており，悪臭に関する規制は強化される傾向にある．

　活性炭やゼオライトなどを用いる吸着脱臭は吸着能力は高いが，脱臭材の表面がガス成分によって飽和されると，脱臭材を交換しなくてはならない．土による脱臭においては，微生物が活動しやすい環境を維持し，土の吸着能力および微生物の酸

化・分解能力以下の悪臭ガスを通気するならば，土の脱臭能力を長期にわたって維持することができる．そのためには，土の通気性，温度，水分，pHなど種々の条件を適切に維持する必要がある．

　土壌脱臭装置に用いられる土としては，団粒構造が発達していて，通気性，透水性，保水性がよく，腐植含有量が多く，微生物が活性を保ちうる土が適している．腐植質火山灰土（黒ボク）の畑の表土はこれらの条件を備えており，土壌脱臭装置に用いられるのはほとんど黒ボクである．

　一方，大都市圏における二酸化窒素にかかわる環境基準の達成状況は，自動車交通量の増加やディーゼル化の進展などにより，自動車排出ガス規制の強化にもかかわらず依然として厳しい状況にある．このような都市部の大気汚染対策として，低濃度の窒素酸化物による大気汚染については，トンネル排気を対象に，触媒，活性炭，化学プラント処理の開発も進められているが，土や植物といった自然を構成する要素を利用し，窒素酸化物を吸収したり除去したりするシステムが考えられている．

　交通量のきわめて多い道路沿道での，土を用いた沿道大気の浄化実験によれば，土の性質，通気方式，植栽，オゾン前処理の有無などによって除去効果は異なるが，次のような結果が得られている．一酸化窒素（NO）の除去率は5～25%であり，オゾン前処理を行うと90%以上を示すようになる．二酸化窒素（NO_2）については90%以上となっている．その他の大気汚染物質としての，二酸化硫黄（SO_2），浮遊粒子状物質（SPM），一酸化炭素（CO）に対しても除去性能がよく，90%以上の除去率を示している[1]．このように，土は複数の大気汚染物質を同時に除去できることが確認されている．土を用いた排気ガス浄化システムとして，道路沿道のほかに，地下駐車場やトンネルの汚染空気を建物周辺の造園緑地に押し込み，土を通して大気に放出し，土を通過する間に汚染物質を除去する試みなどが検討されている[21]．

1.4　生態系と土の浄化機能

1.4.1　生物圏と生態系

　地球上で生き物が生活する場所を生物圏と呼んでいる[22]．普通の生き物が生活できる場所は，海面の上下それぞれ約5 km，合計10 km程度の厚さである．これは，われわれにとってきわめて広い空間であるが，半径6 320 kmの地球にとってはごく薄い空間であり，たとえば，半径15 cmの地球儀ならば，やや厚手の0.24 mmの紙1枚の厚さでしかない．

　生き物が生活する場所には，地圏，水圏，気圏の各成分が入り組んでいる．大きくみれば，それらの成分によって形成された種々の環境の中で，生物群集を構成す

る種々の生き物が，それぞれ違った形の生活をしている．小さい範囲でみても，いろいろな微細な環境が入り組んでいる．たとえば，植物が育つ基盤である土をとってみても，土中には植物の根のみならず，小は菌類や細菌類などから大きなミミズやダンゴムシまで，種々の微生物や動物が生活している．それらの活動により，また遺体や排泄物によって，土の構造はいろいろに形成され維持されていて，生態系での物質の循環に大きく寄与している．

生き物は1匹あるいは1頭というような単独では成り立たない．同種の個体が集まった個体群として，さらに，いろいろな種の集まった生物群集としてのまとまりの中で生活できる．もちろん，人間もその中で生活しているから，生物圏の中では他の生き物の生活と無関係ではありえない．

生物群集は大きく分けると，図1.9に示すように，生産者，消費者，分解者に分けることができる．それらは食物連鎖を通して互いに段階的に結びついている．それらの段階を栄養段階と呼んでいる．生産者とは，栄養段階の基礎となるものであり，地圏，水圏，気圏から無機物（水，二酸化炭素，植物栄養素）を取り入れ，光合成などを通して有機物を生産する生き

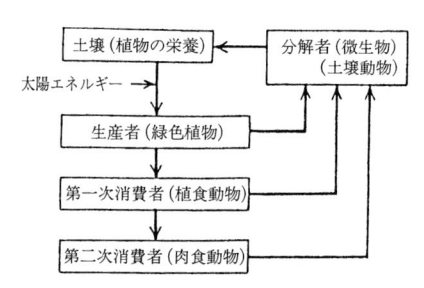

図 1.9 生態系内での物質の循環[22]

物である．そのほとんどは葉緑素をもつ緑色の植物である．有機物は生きものの物質であるが，自然界では有機物はもちろん無機物の石灰岩でさえも，その起源は生きものとは無関係ではない．消費者は有機物を食物として生活する生きものである．生産者（植物）を直接食べる一次消費者（植食動物，草食動物），さらにそれを食べる二次消費者（肉食動物），またさらにそれを食べる三次消費者（肉食動物）と続く．

動物が飲食したものはすべて消化吸収されるのではなく，多くの糞や尿を排泄する．植物も落葉や落皮がある．また，命のあるものは必ず死がある．排泄物や死体がそのまま残ると，地表はそれらで埋まるだけでなく，物質の循環が滞るだろう．しかし，死んだ生物体も有機物であるから，それを食べる生きものがいる．それは有機物を分解して，最後には無機物にまで戻してしまうから，分解者（還元者）と呼ばれる．動物も植物も死ねば地に落ちるから，その働きをする主なものは土壌微生物であり，その活動を助けているのが土壌動物である．

地圏，水圏，気圏に戻された無機物は，再び生産者に利用される．その結果，生態系での物質の循環が完結することになる．このように，地圏，水圏，気圏の諸要素と，それらを基盤にして生活する生物群集が，組織的な大きなまとまりを作って，

全体として，物質やエネルギーが循環するシステムが成り立っている．このまとまりを生態系と呼んでいる．この生態系において，土は生産者である植物を生長させる重要な基盤であるとともに，有機性物質の分解の場としても，地球上で重要な位置を占めている．

1.4.2 物質循環と浄化機能

健全な生態系の保全や維持の観点から，土壌微生物の果たす役割は非常に大きい．土中での物質循環と微生物との関係について，炭素，酸素，窒素，硫黄を例にとると，図1.10のように表すことができる．有機物は，好気性条件下では，好気性や通性嫌気性の有機酸化細菌により，分子状酸素を用いて炭酸ガスと水などに酸化分解される．嫌気性条件においても，嫌気性や通性嫌気性の有機酸化細菌によって，酸発酵・メタン生成過程で分解され，メタンが生成される．メタンは好気性ゾーンに上昇し酸化分解される．また，嫌気性条件下では，有機物は酸化態窒素や硫酸塩中の結合酸素を用いても酸化分解される[23]．

このようにして，有機物中の炭素は炭酸ガスとして気圏に戻り，生産者の炭素源として使われるようになる．土中に負荷されたあるいは有機物（蛋白質）の分解の過程で生成されたアンモニアは，好気性条件下で酸化され，酸化態窒素（亜硝酸，硝酸）となる．いわゆる硝化である．酸化態窒素は土粒子に吸着されないので，土中の水とともに移動し，嫌気性条件下で有機物の酸化のための酸素源として用いられ，窒素ガスにまで還元され（脱窒），気圏に戻ることになる．窒素ガスは窒素固定によ

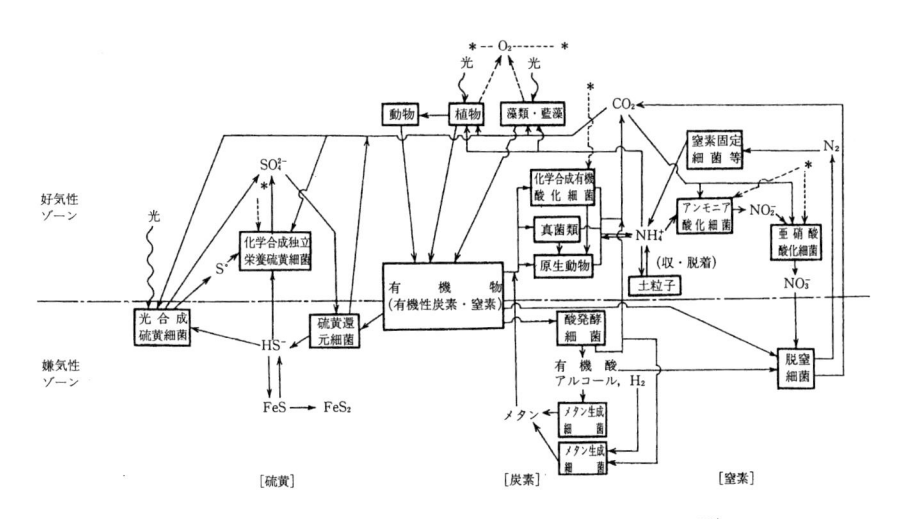

図1.10 土中を中心とした系での炭素，窒素，硫黄の循環[23]

りアンモニアに変換される．アンモニアは生物の蛋白質合成の窒素源として有機物に組み込まれる．

　硫黄は，光が到達する箇所や好気性条件下では硫酸塩に酸化されている．硫酸塩は土中の水とともに移動し，嫌気性条件下で有機物分解のための酸素源として用いられ，硫化物に還元される．これは上方に拡散し，再び硫酸塩に酸化される．酸化態窒素は，硫黄や硫化物の酸化の際の結合酸素源としても用いられ，窒素ガスに変換する過程（硫黄脱窒）もある．このように，各元素の循環過程は互いに関連し，この循環過程は多様な微生物の能力によって支えられている．

1.5　土のpHと緩衝作用

　土の反応，すなわち土が酸性，中性，アルカリ性のいずれであるかは，土中における物質の溶解，沈殿，溶脱，集積などを通して，物質循環や作物生育などに大きな影響を及ぼす．土の反応を決定するのは，土壌溶液の水素イオン濃度「H^+」(mol/dm^3)であり，これは次式で定義される水素イオン指数pHによって表される．

$$pH = -\log[H^+] \tag{1.1}$$

　土壌溶液中のH^+の大部分は，粘土粒子表面あるいはその近傍に存在する．この交換性のH^+が，ほかの塩基で置換されることによる酸性が活酸性であり，活酸性は土の酸性の強度因子（pHが指標）となる．

　わが国のように降水量の多い地域では，土中水の下降過程で，塩基の溶脱すなわちH^+によるCa^{2+}，Mg^{2+}，K^+，Na^+などの交換性塩基の置換が起こり，$[H^+]$が大きくなる．つまり，pHが低下し，土の反応は酸性を示す．土の酸性をもたらす主要な物質は水に溶解した炭酸であり，これは土中有機物の分解や空気中のCO_2に由来する．このほかに酸性雨（pH=4.1〜4.6）などの影響も挙げられる．

　一方，乾燥地域では降水量が少なく，土中水の移動は蒸発に伴う上昇運動が主体となるため塩基の溶脱が進まず，土の反応は微酸性から微アルカリ性を示すものが多い．乾燥地域で排水不良なところでは，土中水の下降運動がほとんど生じないため，蒸発によって土中水に溶解していた塩類が表面付近に集積し，いわゆる塩類土やアルカリ土が生成される．

　土に酸やアルカリを添加したときの土壌溶液のpHの変化は，水に添加した場合に比較するとはるかに小さい．土の酸やアルカリに対して反応の低いことを，土のpH緩衝能という．酸の場合には交換性塩基が，アルカリの場合には交換性のH^+とアルミニウムイオンが緩衝能の主体として機能する．

化石燃料の大量消費により，現代では日常的に，かなりの量の硫酸や硝酸を含んだpHの低い雨が観測されている．土の緩衝作用は，このようにしてもたらされる酸を中和することのできる能力として重要である．土の酸に対する緩衝作用は，生物的要因と非生物的要因とに分類される．生物的要因の第1は，植物の根によるSO_4^{2-}，NO_3^-の吸収であり，第2は微生物による脱窒および硫酸還元である．非生物的要因にはさまざまな機構が関与するが，粘土鉱物と腐植が重要な意味をもっている．

1.6　土の環境容量

環境容量という用語は，カーソン（R. Carsonn）の『沈黙の春』が出版された後，わが国でも，昭和40年代に環境問題が顕在化した頃に出てきた概念である．これが契機となって，有害物質や生活環境にかかわる排水基準が定められるようになった．環境科学辞典によれば，環境容量とは「系外からの汚染物質が環境の中へ放出されても，自然の自浄能力によって，その物質による環境への悪影響が生じないような場合に，この環境の収容力を環境容量と呼ぶ」と説明されている．

また，生産力，適応力，再生能力を維持しながら，健全な生命体を保持できる生態系の収容力ともいわれ，農業についていえば「土，水，大気，植生，昆虫，微生物などの環境構成要素が保全されるための各種インパクトをどれだけ許容しうるかをいう」と定義されている．

土の環境容量は，土が本来有している物質循環機能（生産力，適応力，再生能力）によって形成されるものと考えられるが，土の生産力を維持しつつ，外部から投入された物質を消化し，つまり，土に加えられた有機・無機物質が分解・代謝され，植物などにより吸収され，系外の環境に悪影響を及ぼさない限界能力を量的にとらえたものと理解される．

このような定義によって土を考えると，農業においては，施肥や多量の糞尿などの有機資材の投入により，土の化学・物理・生物的性質などが悪化し，持続的な作物生産が維持できなくなる許容量ということになる．しかし，作物の生産が維持されていても，土からの浸透水が地下水を汚染したり，湖沼に流入して湖沼の環境容量を越えてしまうような場合には，もっと大きな生態系での環境容量を考える必要がある．

1.7 活性炭

　土ではないが，汚染された空気や水の浄化によく使われる活性炭について触れておきたい．活性炭は炭（たん）という文字からわかるように，炭（すみ）の一種である．炭は古くから毒を取り除く物質として知られており，古代エジプトにおいて，木炭が毒消しの薬として使用されたという記録がある．

　有機物を炭化させたものが炭であるが，炭には無数の小さい孔が空いており，比表面積が非常に大きい．1gあたりの表面積である比表面積は，普通の炭の場合で$50 \sim 400 \, m^2$であり，これはテニスコートなみの面積に相当する．活性炭の定義としては，有機物を炭化させてできた炭のうち，比表面積が$700 \, m^2$以上のものとされている．この大きな比表面積が活性炭の強力な吸着力のもとになっている．

　表1.7は代表的な吸着剤の化学組成，比表面積，孔の平均径，用途などを示したものである．活性炭の比表面積は$700 \sim 1\,800 \, m^2$であり，吸着剤の中で最大の比表面積をもっている．また，活性炭は孔の大きさが最も小さく，さらに，化学組成が炭素で非極性つまり選択性をもたないため，その用途はガス分離，精製，溶剤回収，浄水など広範な分野にわたっており，万能型の吸着剤といえる．

　その他の吸着剤は特定の分野に限定されて使われている．乾燥剤としてよく知られているシリカゲルや活性アルミナは，水分を優先して吸着する性質をもっているため，ガスや溶剤の乾燥に使用されている．多孔性樹脂は孔の大きさが活性炭ほど小さくないため，液相における大きな分子の除去に適しており，脱色に用いられる．飲料水の浄化で話題になっている備長炭は，比表面積としては活性炭の約1/10しかないため，吸着性は高くないが，カルシウム，カリウム，マンガンなどのミネラル分を多く含み，水をおいしくする点が評価されているといえよう．

表1.7　代表的な吸着剤[24]

	吸着剤	化学組成	比表面積 (m^2/g)	平均孔径 (Å)	用途
	活性炭	C	$700 \sim 1\,800$	$8 \sim 20$	ガス分離，精製，溶剤回収，脱色，浄水等
その他	シリカゲル	SiO_2	$500 \sim 900$	$20 \sim 40$	ガスの乾燥，溶剤の脱水
	活性アルミナ	Al_2O_3	$100 \sim 400$	$40 \sim 100$	ガス，液体の乾燥
	多孔性樹脂	高分子	$140 \sim 450$	$80 \sim 240$	脱色
	備長炭	C	100	$40 \sim 160$	浄水

表 1.8　活性炭の細孔 [25)]

区分		孔の大きさ (Å)	表面積比 (%)
細孔	マクロ孔	500 以上	0.01
	トランジショナル孔	20〜500	10
	ミクロ孔	5〜20	90

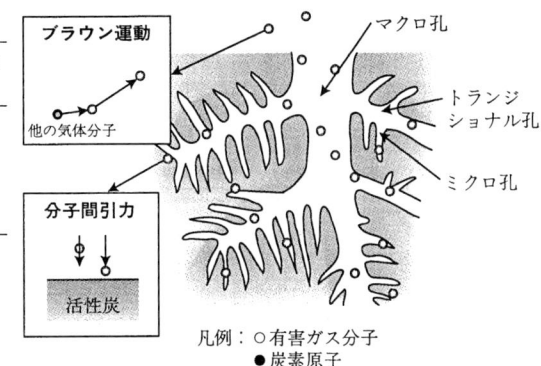

図 1.11　活性炭の吸着原理（物理的吸着） [25)]

　活性炭は一般の炭から作るが，炭化の際に比表面積を大きくするために，水蒸気などのガスあるいは塩化亜鉛などの薬品を使用して，400〜1 000 ℃で反応させるプロセスがとられる．これによって 700〜1 800 m^2 という比表面積をもつ活性炭ができる．

　活性炭の孔は総称して細孔と呼ばれるが，孔の直径の大きいほうから，表 1.8 のように，マクロ孔，トランジショナル孔，ミクロ孔の 3 つに区分される．活性炭の表面積の約 90%はミクロ孔により形成されている．

　図 1.11 は細孔の断面を模式化したものである．有毒ガスの分子は，ブラウン運動によって衝突を繰り返しながら拡散していくことにより，活性炭表面のマクロ孔を通ってトランジショナル孔へ，さらにミクロ孔へと浸入していく．

　ミクロ孔へ浸入した有毒ガスは，活性炭の炭素原子との分子間引力により捕捉され，活性炭の表面に吸着される．吸着したガス分子はポテンシャルエネルギーが低下して安定する．ミクロ孔で吸着されないガスは，迷路のように複雑に入り込んだほかの孔で，同じようなプロセスを経ていずれ吸着される．この種の吸着は分子間引力によるものであり，物理吸着と呼ばれている．活性炭の物理吸着はきわめて強力なものであるが，すべてのガスを吸着できるわけではない．

　物理吸着は分子間引力によるものであるが，分子間引力は対象ガスの分子量に大きく依存している．たとえば，地下鉄サリン事件で有名になったサリンは，分子量が大きいので，サリン分子と炭素原子の分子間引力は大きく，活性炭に非常によく吸着する．

参考文献

1) 岩田進午，喜田大三監修：土の環境圏，フジ・テクノシステム，1997．
2) 駒村研三：土をよく知ろう (2) —土壌の多面的機能と作物生産の関わり，果実日本，日本園芸農業協同組合連合会，Vol.49, No.2, pp.68–69, 1994．
3) 那須淑子，佐久間敏雄：土と環境，三共出版，1997．
4) Jiang,Y. and Matsumoto, S. : Change in microstructure of clogged soil in soil wastewater treatment under prolonged submergence, Soil Sci., Vol.41, No.2, pp.207–213, 1995.
5) 土壌浄化研究会編：土壌圏の科学—土壌浄化法の基礎，土壌浄化センター，1983．
6) 新見　正，有水　彊：汚水の土壌浄化法研究—総論，毛管浄化研究会，1977．
7) 若月利之：多段土壌層法による生活排水中の窒素，リンおよび BOD 成分の除去とその浄化性能の評価，土肥誌，Vol.60, No.4, pp.335–344, 1989．
8) 尾形　保：土壌処理による窒素とリンの除去，用水と排水，Vol.20, No.1, pp.86–91, 1978．
9) 木村真人：土壌中の生物と元素の循環，季刊化学総論，土の化学，学会出版，No.4, pp.129–146, 1989．
10) 中野秀章，有光一登，森川　靖：森と水のサイエンス，日本林業技術協会，1989．
11) 村井　宏，岩崎勇作：林地の水および土壌保全機能に関する研究（第1報），森林状態の差異が地表流下，浸透および浸食に及ぼす影響，林試研報，Vol.274, pp.23–84, 1975．
12) 堤　利夫：森林の物質循環，東京大学出版会，1987．
13) 陽　捷行編：土壌圏と大気圏，朝倉書店，1994．
14) 陽　捷行，岡山清司，福祉定雄：有機添加土壌から発生する含流ガス成分，日本土壌肥料化学雑誌，Vol.52, pp.375–380, 1981．
15) 西田耕之助監修：消・脱臭技術の進歩と実務，総合技術センター，1992．
16) Minami, K. and Fukushi, S. : Methods for measuring N_2O flux from water surface and N_2O dissolved in water from agricultural land, Soil Sci., Vol.30, pp.495–502, 1984.
17) Inman, R. E., Ingersoll, R. B. and Levy, E. A. : A natural sink for carbon monooxide, Soil Science, Vol.172, pp.1229–1231, 1971.
18) 宗宮　功編：オゾン利用水処理技術，公害対策技術同友会，1989．
19) Abeles, F. B. et al. : Fate of air pollutants ; Removal of ethylene, sulfur dioxide and nitrogen dioxide by soil, Soil Sci., Vol.173, pp.914–916, 1971.
20) 佐藤紳一郎，金子和己：土壌を用いた汚染空気浄化法に関する研究（第3報），第35回大気汚染学会講演要旨，1995．
21) 高見勝重：土壌による大気浄化システム，交通工学，Vol.34, No.6, pp.38–44, 1999．
22) 高橋史樹：自然環境保全にかかわる基礎知識，生態系（構造と機能），土と基礎，Vol.46, No.2, pp.65–70, 1998．
23) 土質工学会編：環境地盤工学入門，土質工学会，1994．
24) 橋本健治：新しい高性能吸着剤（実験データ集），経営開発センター，1976．
25) 林　武由，中島　要，若松義文：除毒物質としての「活性炭」，防衛技術ジャーナル，Vol.19, No.7, pp.4–8, 1999．

第2章　地盤汚染の現状と環境基準

　地下水の汚染は地下水の通路・容器である地盤（土壌）が汚染されていることを意味しており，両者は一体となって発生する．ただ，地下水は飲用等によって人の生活に直接的に影響することから，地下水汚染の方が影響も発見も早いという特徴をもっている．このようなことから従来，地下水汚染と土壌汚染を分けてきた経緯がある．本章においても，従来の見方に従って，土壌と地下水の汚染に分けて，それらの経緯について概観するとともに，歴史的な汚染事例，わが国の現在の地盤・地下水汚染の状況，汚染に対応する土壌・地下水の環境基準つまり行政の対応について考える．また最後に，ダイオキシン等の化学物質による環境汚染の現状と人の健康の関係について考える．

2.1　土壌・地下水汚染小史

　わが国の土壌（地盤）・地下水汚染は渡良瀬川流域の鉱毒汚染，神通川流域のカドミウム汚染や土呂久の砒素汚染など，鉱山由来の農用地汚染に始まる．最近では農用地に加えて，工場跡地などの再開発や水質汚濁防止法に基づく地下水質の常時監視により，市街地の地盤・地下水汚染も数多く顕在化してきている．こうした市街地の汚染では，トリクロロエチレンやテトラクロロエチレンなどの揮発性有機塩素化合物のほかに，水銀，カドミウム，砒素，六価クロムなどの重金属類が検出されることが多い．

　土壌や地下水に関する主な汚染事例と関連する環境基準類などの概略の変遷をまとめると表2.1のようになる．このうち，昭和43年に原因の判明した富山県神通川流域のイタイイタイ病は，土壌汚染の重要性を認識させる転機となった．この汚染が，土壌のカドミウム汚染に起因することが明らかにされたことによって，改めて土壌汚染の深刻さが認識され，昭和45年には公害対策基本法に土壌汚染が追加さ

表 2.1　地盤・地下水汚染関連年表

明治 10 年	足尾銅山鉱毒水による渡良瀬川流域の農用地汚染
昭和 42 年	公害対策基本法
昭和 43 年	イタイイタイ病がカドミウム汚染によると判明
昭和 45 年	公害対策基本法改正：土壌汚染を追加
昭和 45 年	農用地の土壌の汚染防止等に関する法律
昭和 50 年	六価クロム鉱滓埋立汚染が顕在化
昭和 51 年	ラブキャナル事件
昭和 52 年	廃棄物の処理および清掃に関する法律の改正
昭和 56 年	米国シリコンバレー地下水汚染が判明
昭和 57 年	環境庁による地下水汚染実態調査開始
昭和 61 年	市街地土壌汚染に係わる暫定対策指針（9 項目）
平成元年	水質汚濁防止法の改正
平成 3 年	土壌環境基準の設定（10 項目）
平成 4 年	国有地にかかわる土壌汚染対策指針の設定
平成 5 年	環境基本法
平成 6 年	土壌環境基準の項目追加（25 項目）
平成 6 年	重金属に係わる土壌汚染調査・対策指針
	有機塩素化合物に係わる土壌汚染調査・対策暫定指針
平成 8 年	水質汚濁防止法の改正
平成 9 年	地下水の水質汚濁にかかわる環境基準の設定
平成 11 年	平成 6 年の土壌汚染調査・対策指針の改訂

れ，同年「農用地の土壌の汚染防止等に関する法律」が制定され，カドミウム，銅，砒素が特定有害物質に指定された．

市街地における地盤・地下水汚染が顕在化したのは比較的最近のことである．昭和 50 年頃以降の東京都江東区の六価クロム鉱滓埋立による汚染が社会問題化したことに端を発している．地盤汚染の発生源の多くが，工場などで発生する廃棄物の不適正な処分にあることを踏まえて，昭和 52 年には「廃棄物の処理および清掃に関する法律」が改正され，廃棄物の最終処分基準が重金属を中心とした 8 項目について設定された．

また，汚染土壌対策の指針として，昭和 61 年に「市街地土壌汚染に係わる暫定対策指針」が環境庁より告示され，公有地の汚染対策だけでなく，私有地の対策にも準用することが明示された．一方，大気や水質に制定されていた環境基準と同様な基準制定の社会的必要性の高まりから，平成 3 年には「土壌環境基準」が制定され，農用地と市街地を包括する汚染の判定を含む土壌環境基準が制定された．

一方，地下水にかかわる環境問題としては，古くから地盤沈下が最大のものであり，それを防止するため，地下水の揚水規制が行われてきた．環境汚染としての地下水の水質の問題は比較的新しい問題である．環境庁が初めて全国規模での地下水質の実態調査をしたのは昭和57年であった．この調査は，前年に発生した米国のシリコンバレーにおけるトリクロロエチレンなどの揮発性有機塩素系溶剤による地下水汚染問題を契機としている．この調査およびその後の調査から，全国的に地下水の汚染が進行していることが明らかにされた．

　平成元年からは，水質汚濁防止法に基づく地下水質の常時監視が行われるようになり，都道府県知事が公共用水域とともに，地下水についても測定計画を策定して水質の測定を行っている．平成5年には，水質汚濁防止法における地下浸透の規制項目である有害物質が，10項目から23項目に拡充されるなど，一層の地下水汚染防止対策が図られた．さらに，平成6年には，汚染対策を行ううえで必要な技術を取りまとめた暫定指針が策定されている．しかし，以上のような取り組みが行われてきたにもかかわらず，依然として汚染が見られることから，平成8年には水質汚濁防止法が改正され，有害物質を含む水の地下への浸透が禁止された．平成11年には，平成6年に策定された土壌汚染調査・対策指針が改正されている．

2.2　歴史的な汚染事例

2.2.1　足尾銅山の鉱毒事件

　わが国の鉱山開発が本格化したのは明治以降であり，これによる土壌汚染公害の典型的かつ悲劇的な例は，明治10年に操業が再開された足尾銅山によるものであろう．それは，群馬，栃木，茨城の3県にまたがり，現在にまでおよぶ渡良瀬川流域の鉱毒被害である．明治初期から中期にかけての同鉱山による鉱毒被害には，日本における土壌汚染を含む公害の本質がすべて現れており，公害の原点といわれている．

　鉱毒発生の原因は，銅製錬の排水，製錬に伴う砒素を含む二酸化硫黄の排出，また，製錬用燃料として山林の伐採による鉱山周辺の森林荒廃によって多発した洪水による，大量の鉱滓，鉱屑，廃石などからの銅の流出である．この鉱毒が田畑に浸透し，用水に混入して作物を枯らし，人畜を倒し，下流の渡良瀬川流域の農漁業，さらには人の健康に深刻な被害を与えた[1]．

　この鉱毒公害において，鉱毒調査委員会が組織され，その報告に基づいて，政府は鉱毒予防工事を鉱山側に命じた．これとともに渡良瀬川を改修し，鉱毒の著しい栃木県谷中村を廃村として，住民を強制的に退去させて洪水調節用の遊水池としたのが，明治40年のことであった．その後，一時的に小康状態が保たれたが，昭和

10年代に浮遊選鉱法が導入されて，大量の微粒子が排出され，これが流失して下流の農耕地に被害を与えた．さらに，昭和35年に一部の鉱滓堆積場が決壊し，2 000 m^3 もの鉱滓が渡良瀬川に流出し，農地約6 000町歩が汚染され，公害問題が再燃した．当時の水質保全法や工場排水規制法に基づき，渡良瀬川の銅の水質基準を 0.06 ppm，鉱山廃水のそれを 1.3 ppm とした．昭和53年には，桐生市，太田市，群馬県および企業による公害防止協定の細目協定が成立している．損害賠償についても調停が行われているが，決定された賠償額は被害全体のほんの一部にすぎない．鉱山は昭和48年に製錬部門を残して閉山している．

2.2.2　神通川流域のカドミウム汚染（イタイイタイ病）

大正9年頃から富山県の神通川流域に，後に「イタイイタイ病」として知られる骨軟化症に似た患者が，激しい痛みを訴える奇病がみられるようになった．はじめは大腿部や腰部に疼痛を覚える程度であったが，年が経つにつれて徐々に痛みは全身に広がり，特有のアヒル様の歩行となり，簡単に骨折するようになる．骨格の変形などが起こり，身体を動かすだけでも痛みを感じて「痛い痛い」と叫ぶのでこの名がつけられた[2]．

発病者は神通川の水を農業用水および家庭用水として使用していた地域に限定されており，他の支流の水を利用する地域では患者は確認されなかった．また，この地域は，大正から昭和にかけて稲がよく実らないという事実もあった．最初は原因不明の風土病と考えられていたが，患者の発生が神通川下流の特定地域に限定されることから，この病気の主因が，神岡鉱業所の排水や浮遊物に含まれるカドミウムによることが突き止められた．昭和43年に，日本公衆衛生協会の研究班は，神通川流域の土壌中のカドミウム，亜鉛，鉛などの重金属は，三井金属神岡鉱業所とその関連施設からのものが主体をなしていると結論した．同報告書には，神通川扇状地の土壌中のカドミウムの分析値とイタイイタイ病の発病率との関係が示されている．この地域で生産された稲はカドミウムで汚染されており，その処理は大きな社会的・政治的な問題となった．

2.2.3　土呂久の砒素汚染

砒素による汚染は，大分県高千穂町の土呂久鉱山周辺の砒素汚染が契機となって，全国の砒素鉱山周辺の汚染が問題視されるようになった．同鉱山は徳川幕府の直轄鉱山として銀，銅が採掘され，佐渡金山などとともに古い歴史を有している．

大正9年に亜砒酸（As_2O_3）の焙焼が本格的に始められ，多量の亜砒酸が放出されるようになった．焙焼は原鉱石の硫砒鉄鉱を加熱して亜砒酸をとりだす方法であ

り，土呂久鉱山では，気化した亜砒酸を窯とよばれるいくつかの石室に導いて冷却するという，いたって原始的な方法を用いており，焼滓に多量の砒素が残るとともに，排煙中にも多量の砒素や二酸化硫黄が排出された．この排煙などによる被害は，土壌汚染とともに人畜および作物に及んだ．慢性砒素中毒患者が多発し，焙焼炉から 100 m のところに住んでいた一家は全員死亡したという．

昭和38年の鉱山下流の土壌調査報告によれば，深さ 0～30 cm の水田土壌で，亜砒酸 300～840 ppm が検出されている[3]．また，この汚染土壌を用いた試験栽培によると，水稲中に 112 ppm，陸稲中に 6.3 ppm の亜砒酸が検出されている．慢性砒素中毒患者・遺族らと鉱山側との和解が成立したのは，訴訟後20年以上経ってからであった．

2.2.4 東京の六価クロム処理問題

最近において社会問題となった，いわゆる市街地の地盤と地下水汚染の例として，東京都江東区の六価クロム処理問題がある．クロム鉱滓が見つかったのは，江東区が所有していた江東区東砂の 1 200 m^2 の土地で，戦後は東京都が借りてゴミ捨て場などに使っていたが，平成2年3月，区が所有者から購入し，平成6年7月から心身障害者施設の建設を始めた．

ところが，着工から間もなくして，土中から鉱滓が見つかり工事を中断した．同年9月に，それが六価クロム鉱滓であることが確認された．区は，この土地の周辺に長年にわたってクロム鉱滓を投棄したり，埋めたりしていた企業が排出したものと判断し，処理費用を負担するよう申し入れたが，同社は，見つかった鉱滓はわが社から出たものと認めたものの，費用の支払いは拒否した．このため区は，平成7年6月の補正予算に処理費1億4千万円を計上し，撤去工事を再開する一方，同社に対して費用を払うよう交渉を続け，その後，処理に関する協定が結ばれている[4]．

六価クロムは，クロム鉛の製造やクロムメッキを行う過程などで排出される鉱滓や廃液などに含まれる有害物質で，昭和46年に産業廃棄物として処理することが廃棄物処理法の施行で義務づけられている．上記の問題を端緒として，全国各地のメッキ工場などでも，六価クロムを含む廃液や鉱滓が投棄されていたことが社会問題化してきた．

2.2.5 ラブキャナル事件

有害廃棄物の処理処分が人々の関心を集め，不安感を抱かせるきっかけとなったのは，すでにいくつかの事例で示したように，不適正投棄による汚染問題の発覚にある．このような事例はわが国だけではない．国際的にまた歴史的に有名な事件が，米国の

ラブキャナル事件であり，その後次々と発覚していった汚染事例が，米国では1976年の資源保護回復法（Resource Conservation and Recovery Act：RCRA）の制定に加えて，1980年の汚染修復のためのスーパーファンド法（包括的環境対処補償責任法，Comprehensive Environmental Response, Compensation, and Liability Act：CERCLA）の制定にいたるきっかけとなったことはよく知られているところである[5), 6)]．

ラブキャナル事件は，Public Health Time Bomb の爆発ともいわれ，米国はもちろん世界的に注目を集めた環境汚染であった．この事件は，米国ナイアガラフォールズ市のラブキャナル地区にあったフッカーケミカル社が使用していた化学廃棄物の投棄場による大規模な汚染問題である．

ラブキャナルは，19世紀末にラブという事業家が，ナイアガラ川と接続する船の運航可能な水力発電用の運河を建設する目的で作った運河の名称である．しかし，約1.6 km ほど掘っただけでこの計画は放棄され，その用地はフッカーケミカル社に買い取られた．同社は，ここを廃棄物の投棄場所として利用し，1940年代から1953年まで，少なくとも約2万tの廃棄物（農薬，可塑材，苛性ソーダなどの生産工程から発生した化学廃棄物）が投棄された．推定投棄量は表2.2のようになるといわれている．

この投棄場所は，不透水性の粘土層であり，廃棄物を投棄した運河の表層を粘土で被覆した後，1953年にナイアガラフォールズ市へ譲渡された．その後，同地には学校が建設され，周囲には多くの住宅が建設されていった．1970年代後半になって，過去に投棄された化学物質が住宅の地下室などから滲出し，健康への影響が懸念されるにいたった．1978年8月には，廃棄物埋立地に隣接した地区の約240戸が立ち退き，同地を州政府が買い上げた．1980年には，さらに周辺の700戸あまりが移転する状況にいたったのである．種々の環境調査と疫学調査が，1978年前後より州政府，連邦政府により実施され，汚染地域は3.6 ha に及ぶことが確認された[8]．

表2.3に埋立地近傍の88家屋の地下室で検出された空気中の化学物質のうち，有害性のある10種について，また，表2.4には表流水や底質などから検出された化学物質とその濃度を示した．トルエン，キシレンなどの揮発性有機化合物（VOCs）をはじめ，砒素，鉛等の重金属類まで，非常に多様な有害物質が検出されている．トリクロロフェノール製造残渣も投棄されたといわれ，そのため，ジベンゾフランなどのダイオキシン類が検出されており，これが当時非常にショッキングなニュースとして伝えられた．汚染の程度は非常に高く，人体への影響は，表2.5のような項目が挙げられている．

表 2.2 化学廃棄物の推定投棄量 [7)]

廃棄物性状	重量 (t)
各種の酸塩化物	400
塩化チオニル	500
各種の塩素化物	1 000
ドデシルメルカプタン (DDM)	2 400
トリクロロフェノール (TCP)	200
塩化ベンゾイル	800
金属の塩化物	400
液状の二硫化物 (LSD/MCT)	700
ヘキサクロロシクロヘキサン (BHC, リンデン)	6 900
クロロベンゼン	2 000
塩化ベンジル	2 400
硫化物	2 100
他	2 000
計	21 800

表 2.3 埋立地近隣家屋の地下室空気中で検出された主要化学物質と濃度 [7)]

化学成分	調査家屋での検出頻度 (%)	最高濃度 ($\mu g/m^3$)
クロロホルム	26	24
ベンゼン	23	270
トリクロロエチレン	84	73
トルエン	61	570
テトラクロロエチレン	93	1 140
クロロベンゼン	7	240
クロロトルエン	36	6 700
m-& p-キシレン	40	140
o-キシレン	19	73
トリクロロベンゼン	13	74

表 2.4 水, 底質から検出された主要化学物質と濃度 [7)]

対象	調査時期	化学物質と濃度	
下水 (雨水排除用下水管 3 地点)	1978 年 8 月	ヘキサクロロシクロヘキサン	($1.4 \sim 50\,\mu g/l$)
		トリクロロフェノール	($0.1 \sim 11.3\,\mu g/l$)
		クロロベンゼン	($0.3 \sim 0.4\,\mu g/l$)
		テトラクロロベンゼン	($18 \sim 130\,\mu g/l$) 他
河川底質 (10 地点)	1978 年 9 月	ベンゼン	($0.1 \sim 1.7\,\mu g/kg$)
		ヘキサクロロシクロヘキサン	($31 \sim 1\,200\,\mu g/kg$)
		トリクロロフェノール	($0.5 \sim 90\,\mu g/kg$)
		クロロベンゼン	($0.4 \sim 2.9\,\mu g/kg$)
		テトラクロロベンゼン	($24 \sim 240\,\mu g/kg$)
水道水	1978 年 9 月	クロロホルム	($25\,\mu g/l$)
		ブロモジクロロエタン	($6\,\mu g/l$)
		テトラクロロベンゼン	($2\,\mu g/l$)
家屋地下室浸出水, 地表水 (北区域)	1979 年 6 月	フェノール	($0.4 \sim 4.7\,\mu g/l$)
		ペンタクロロフェノール	($54 \sim 70\,\mu g/l$)
		トリフルオロ m-クレゾール	($12 \sim 102\,\mu g/l$)
		トリクロロベンゼン	($1\,030\,\mu g/l$)
		ヘキサクロロベンゼン	($250\,\mu g/l$)

表 2.5　検出主要化学成分の影響[7]

成分	急性	慢性
ベンゼン	麻酔 皮膚刺激	白血球増加 貧血症, 慢性リンパ増加
トルエン	麻酔	貧血症, 白血球減少
安息香酸	皮膚刺激	
リンデン	けいれん	
トリクロロエチレン	中枢神経抑圧 皮膚刺激 肝臓障害	指麻痺 呼吸・心臓障害 視覚障害, 失聴
ジブロモエタン	皮膚刺激	
ベンズアルデヒド	アレルギー	
ジクロロメタン	麻痺	呼吸困難
四塩化炭素	麻酔 肝炎, 腎臓障害	腫瘍
クロロホルム	中枢神経抑圧 皮膚刺激	

　汚染土の量は約 5 000 m^3 と推定され，まず緊急対策として，運河周辺の排水システムの建設を行い，また投棄地表面を粘土被覆する工事が行われた．その後のスーパーファンド法に基づく浄化修復対策として，約 6 000 m^3 の土壌掘削，固化・安定化，修復後の地下水のモニタリングが実施されている．この事例の場合，緊急避難を実施したこともあり，汚染修復には総計 1.4 億ドルを要したとされている．オクシデンタル社はその支払いに同意はしたものの，その負担範囲については，多くの論争が当事者間で続いている．

　このラブキャナル事件をきっかけに米国全土の調査がなされ，1977 年当時で 75 万件の排出事業者から 6 000 万 t の有害廃棄物が，5 万か所のサイトに投棄されたとされている．スーパーファンド制定に至る経緯から，その後の修復経緯と制度的変遷は文献に詳しく，有害廃棄物政策に対する多くの貴重な指摘がなされている[9]～[11]．

2.2.6　イタリアのセベソ事件

　1976 年 7 月 10 日 12 時 37 分，イタリア北部のセベソという小都市にある，2,4,5-トリクロロフェノール（TCP）生産工場で爆発事故が発生した．これが，その後のダイオキシン汚染問題として，また有害物質の越境移動問題として，世界的論争を喚起した事件の発端である．この爆発事故において，約 2 kg のダイオキシンによって，1 810 ha の土地が汚染されたと伝えられている．

周辺住民は避難を余儀なくされ，約 20 万 m^3 にのぼる汚染土の浄化修復が求められることとなり，種々の浄化方法が検討された結果，2 億ドルをかけて陸上保管されることになった．この間，人体への影響や動植物への影響のほか，汚染土の処理問題など，ダイオキシン類の有害性に関する議論がまき起こるとともに，有害廃棄物の越境移動問題が生ずることとなる．すなわち，東ドイツに向かったとされる，事故の過程で生じた有害廃棄物を入れたドラム缶が行方不明となり，その後フランスで発見されたとする事件である．

この廃棄物は，その後 1985 年に，スイスのバーゼルにあるチバガイギー社の焼却炉で 250 万ドルをかけて焼却されたが，越境移動問題を深刻に考えた欧州共同体（EC）や経済協力開発機構（OECD）で，有害廃棄物の越境移動規制に関する検討が始まった．その結果として，1989 年 3 月に国連環境計画で採択されたのが「有害廃棄物の越境移動およびその処分の規制に関するバーゼル条約」である．バーゼル条約は地球規模の環境保全を念頭に置いた，国際的な有害廃棄物管理の枠組みの確立を目指すものである．

2.2.7　わが国における不法投棄事件

わが国においても，1980 年代に入って，トリクロロエチレンなどによる地盤や地下水の汚染，溶剤タンクからの漏洩といった事件が明らかになるとともに，産業廃棄物の不法投棄事件も次々と発覚している．福島県いわき市の廃坑への廃油類の投棄事件，佐賀県唐津市のドラム缶などの不法投棄事件，香川県豊島（てしま）の産業廃棄物投棄事件などがそれである．なかでも豊島の事例は，投棄された廃棄物の量・質の両面から特筆されるべきものである．これまでわが国で表面化した投棄事件について，詳細な調査が行われた例はきわめて少ないが，豊島の場合，廃棄物の撤去を求めた地元住民から，公害等調整委員会に調停申請がなされ，調停作業の過程で詳しい汚染調査が行われ公表されている．

豊島問題は，香川県の許可を受けた産業廃棄物処理業者が引き起こした不法投棄事件である．この業者は，昭和 58 年に金属くず処理の許可を受け，廃車処理工程で発生するシュレッダーダストや廃油汚泥などを受け入れ，埋立処分をしてきた．埋立浸出水の廃水処理は行わず，一部の廃棄物に対して金属回収を目的として野焼きを行ってきた．その後，平成 2 年に兵庫県警の強制捜査により廃棄物の搬入は止められ，ドラム缶に入った廃油など一部は撤去されたものの，大半の廃棄物は放置された．公害等調整委員会の見積りによれば，堆積物として 46 万 m^3，湿潤重量で 50 万 t が，約 7 ha にわたって放置されていた．

掘削による含有量調査によれば，すべての廃棄物試料からカドミウムや鉛など 8 項

目の有害物質が検出されている．なかでも，鉛，銅，亜鉛が平均濃度で 1 000 mg/kg を越え，PCB（ポリ塩化ビフェニール）も最高濃度で 58 mg/kg，多くは 1 mg/kg 以上を示した．溶出試験においても，半分以上の試料からカドミウム，鉛，砒素，1,2-ジクロロエタン，銅，ニッケルなどが検出されている[12]．

　豊島で投棄された廃棄物の多くが，有害性の高い産業廃棄物であったことが明らかにされたわけであるが，この影響はすでに地下水に現れている．沖積層の地下水では鉛とベンゼンが検出され，それが水質基準を越えている．花崗岩の地下水でも環境基準を越える濃度で鉛が検出されている．ダイオキシンも検出され，最大では 39 ngTEQ/g を示している．なお，TEQ は Toxicity Equivalent Quantity の略であり，すべてのダイオキシンが強い毒性を示すわけではないので，最も毒性の強い 2,3,7,8-TCDD に換算した等価濃度で毒性を評価する値である．豊島のダイオキシンは野焼きによって生成したものと考えられている．また，地下水からもダイオキシンが検出されており，このことは，投棄廃棄物からさまざまな有害物質が地下に浸透し移動していることの証拠であり，すでに海水も汚染されていると考えられている．

　豊島の不法投棄された産業廃棄物の撤去をめぐる，住民と香川県との調停が成立したのは平成 12 年 6 月であり，産廃処理業の申請から 25 年，住民が公害調停を申請してから 7 年経過している．この調停を受けて，県は処理施設を建設し，廃棄物を運搬し処理するわけであるが，300 億円程度の費用と十数年の年月がかかると考えられている．

2.3　農用地汚染の現状

　ここで，農用地の汚染について簡単に触れておきたい．農用地の土壌汚染の歴史は古く，すでに述べたように，足尾銅山の鉱毒汚染，神通川流域におけるカドミウム汚染によるイタイイタイ病などはその代表である．農用地の土壌汚染は，そのほとんどが，鉱山，工場などの事業活動に伴って排出された重金属類や有害化学物質によって汚染された，水または大気を媒体としてもたらされた二次公害ともいうべきものである．また，農用地に限らず，土壌汚染の一般的な特徴でもあるが，いったん汚染されると，水質や大気の汚染が解消されても，土壌中に蓄積している有害物質はそのままでは容易には減少せず，半永久的に残留し，悪影響を与えつづけるという蓄積性汚染でもある．このため土壌汚染対策としては，排出規制措置だけでは十分ではなく，これらと並行して，汚染土壌の除去，非汚染土の投入などの，汚染土そのものの対策が必要となる．

表 2.6　農用地土壌汚染対策地域の指定要件

特定有害物質	指定要件
カドミウムおよびその化合物 (設定年月日 昭和 46.6.24)	(1)　米中のカドミウム濃度が 1 ppm 以上であると認められる地域 (2)　(1) の近傍であって，土壌中のカドミウムの量が (1) の地域と同程度以上であり，土性も (1) の地域とおおむね同一であり，米中のカドミウム濃度が 1 ppm 以上となるおそれが著しいと認められる地域
銅およびその化合物 (設定年月日 昭和 47.10.17)	土壌中の銅濃度が 125 ppm (0.1 規定塩酸抽出) 以上であると認められる地域 (水田に限る)
ヒ素およびその化合物 (設定年月日 昭和 50.4.4)	土壌中のヒ素濃度が 15 ppm (1 規定塩酸抽出) (その地域の自然的条件に特別の事情があり，この値によりがたい場合には都道府県知事が環境庁長官の承認を受けて 10～20 ppm の範囲内で定める別の値) 以上であると認められる地域 (水田に限る)

このような背景から，昭和 45 年に公害対策基本法の一部が改正され，新たに土壌の汚染が追加されるとともに，「農用地の土壌の汚染防止等に関する法律」(以下，農用地汚染防止法という) が制定された．農用地汚染防止法に基づく特定有害物質として，カドミウムおよびその化合物，銅およびその化合物，砒素およびその化合物が指定され，それらの指定要件は表 2.6 のように定められている．平成 6 年度までに実施した調査によると，農用地の土壌汚染が明らかになった地域は，全国で 128 地域，7 140 ha となっている．汚染地域は 36 都道府県にわたっているが，地域的には偏在しており，秋田，富山両県の面積を合わせると，全面積の半分近くを占めている．

汚染原因別にみると，鉱山や製錬所関係が面積比で約 90% となっており，残りの約 10% が一般の工場などである．また，汚染の経路の約 85% は水質汚濁型であり，残りの約 15% が大気汚染型あるいは大気汚染と水質汚濁の複合型の汚染となっている．

近年における各種排出規制の徹底により，新たな発生源に由来する農用地汚染の発生の可能性は非常に小さくなったと考えられている．今後の調査で新たに基準値以上の汚染地域が発見されたとしても，それは過去にすでに汚染されていたところが確認されるという場合であり，面積的には小規模のものに限られると予想されている．

汚染された農用地の修復対策としては，汚染土壌を除去し，非汚染土壌を投入する排土客土工法，汚染土壌の上に非汚染土壌を入れる上乗せ客土工法，汚染された表層土壌と非汚染の下層土壌を入れ替える反転工法，汚染土壌と投入した非汚染土壌を混合し，特定有害物質の濃度を低下させる希釈工法などの物理的工法がよく用いられている．一般に，カドミウムによる汚染農用地では，20 cm ほどの上乗せ客土，銅および砒素については，汚染の程度に応じて，客土や希釈工法を採用してい

る例が多い．また，汚染農用地の畑作物への作物転換や宅地化など，土地利用の合理化による方法もある．

2.4 市街地における地盤・地下水汚染の現状

2.4.1 地盤汚染の現状と土壌環境基準

　農用地以外のいわゆる市街地における土壌汚染問題の発生は，昭和50年頃から顕在化した，東京都における六価クロム鉱滓埋立による土壌汚染が社会問題化したことに端を発していることはすでに述べた．この問題によって，昭和52年に「廃棄物の処理および清掃に関する法律」の一部が改正され，廃棄物の最終処分基準が整備され，廃棄物による環境汚染の未然防止が図られることとなった．また昭和61年，公用地として転換される国有地について，土壌汚染の判断の基準や汚染土壌の修復対策を講ずるときの目安となる基準として「市街地土壌汚染に係わる暫定対策指針」が環境庁によって作成されている．

　以上のような経緯を経て，市街地においても土壌汚染対策が重要となってきたことから，基準を定める必要性が生じ，環境基本法の精神に基づいて，平成3年8月，カドミウムなどの10物質について「土壌の汚染に係わる環境基準」（以下，「土壌環境基準」という）が設定された．第1章で述べたように，土壌が環境機能要因として果たしている役割は多様であり，かつ，これらは複合的に発現するものであるが，現在設定されている土壌環境基準は，土壌のもつ多様な機能のうち，主に「農作物を生産する機能を保全する観点」および「水質を浄化し地下水を涵養する機能」から設定されている．前者に関しては，表2.6の農用地汚染防止法による3物質の指定要件がそのまま環境基準となっている．後者については，いわゆる市街地などにおける土壌汚染の基準となるもので，項目の追加などの見直しを行い，現在は表2.7に示すような25項目についての基準値が定められている．

　環境庁は，平成6年度に，土壌汚染の実態の把握や対策の実施状況を明らかにする目的で，全国的なアンケート調査を実施した．この調査は，地方公共団体にとって，土壌汚染として問題となった事例を対象としているため，調査の対象物質には，土壌環境基準の25項目以外の物質も含まれている．これによると，図2.1に示すように増加の傾向にある．ただ，地下水と異なり，市街地での土壌汚染の状況は体系的に把握されにくく，後から述べる地下水環境基準を超過している井戸に比べると少ない．

　表2.8は1997年までに判明した業種別の市街地での土壌汚染の累積件数である．土壌環境基準項目だけでなく，亜鉛，銅，ニッケルなど，多様な物質が多様な業種

表 2.7 土壌環境基準と測定方法

対象物質	環境基準	測定方法
カドミウム	検液 1 l につき 0.01 mg 以下（かつ，農用地においては米 1 kg につき 1 mg 未満）	検液：JIS K 0102 の 55，環告 59 号付表 1（昭和 46 年） 米：農林省令第 47 号（昭和 46 年）
全シアン	検液中に検出されないこと	JIS K 0102 の 38（38 の 1.1 を除く）
鉛	検液 1 l につき 0.01 mg 以下	JIS K 0102 の 54，環告 59 号付表 1
六価クロム	検液 1 l につき 0.05 mg 以下	JIS K 0102 の 65.2，環告 59 号付表 1
ヒ素	検液 1 l につき 0.01 mg 以下（かつ，農用地（田に限る）においては，土壌 1 kg につき 15 mg 未満）	検液：JIS K 0102 の 61，環告 59 号付表 2 土壌：総理府令第 31 号（昭和 50 年）
総水銀	検液 1 l につき 0.0005 mg 以下	環告 59 号付表 3
アルキル水銀	検液中に検出されないこと	環告 59 号付表 4 および環告 64 号付表 4（昭和 49 年）
PCB	検液中に検出されないこと	環告 59 号付表 5
セレン	検液 1 l につき 0.01 mg 以下	JIS K 0102 の 67.2，環告 59 号付表 2
銅	農用地（田に限る）において土壌 1 kg につき 125 mg 未満	総理府令第 66 号（昭和 47 年）
有機リン	検液中に検出されないこと	環告 64 号付表 1，JIS K 0102 の 31.1 のうちガスクロマトグラフ法以外のもの（メチルジメトンは環告 64 号付表 2）
チウラム	検液 1 l につき 0.006 mg 以下	環告 59 号付表 6
シマジン	検液 1 l につき 0.003 mg 以下	環告 59 号付表 7 の第 1，第 2
チオベンカルブ	検液 1 l につき 0.02 mg 以下	環告 59 号付表 7 の第 1，第 2
ジクロロメタン	検液 1 l につき 0.02 mg 以下	JIS K 0125 の 5.1，5.2，5.3
四塩化炭素	検液 1 l につき 0.002 mg 以下	JIS K 0125 の 5.1，5.2，5.3.1，5.4.1，5.5
1,2-ジクロロエタン	検液 1 l につき 0.004 mg 以下	JIS K 0125 の 5.1，5.2，5.3.1，5.3.2
1,1-ジクロロエチレン	検液 1 l につき 0.02 mg 以下	JIS K 0125 の 5.1，5.2，5.3.2
シス-1,2-ジクロロエチレン	検液 1 l につき 0.04 mg 以下	JIS K 0125 の 5.1，5.2，5.3.2
1,1,1-トリクロロエタン	検液 1 l につき 1 mg 以下	JIS K 0125 の 5.1，5.2，5.3.1，5.4.1，5.5
1,1,2-トリクロロエタン	検液 1 l につき 0.006 mg 以下	JIS K 0125 の 5.1，5.2，5.3.1，5.4.1，5.5
トリクロロエチレン	検液 1 l につき 0.03 mg 以下	JIS K 0125 の 5.1，5.2，5.3.1，5.4.1，5.5
テトラクロロエチレン	検液 1 l につき 0.01 mg 以下	JIS K 0125 の 5.1，5.2，5.3.1，5.4.1，5.5
1,3-ジクロロプロペン	検液 1 l につき 0.002 mg 以下	JIS K 0125 の 5.1，5.2，5.3.1
ベンゼン	検液 1 l につき 0.01 mg 以下	JIS K 0125 の 5.1，5.2，5.3.1

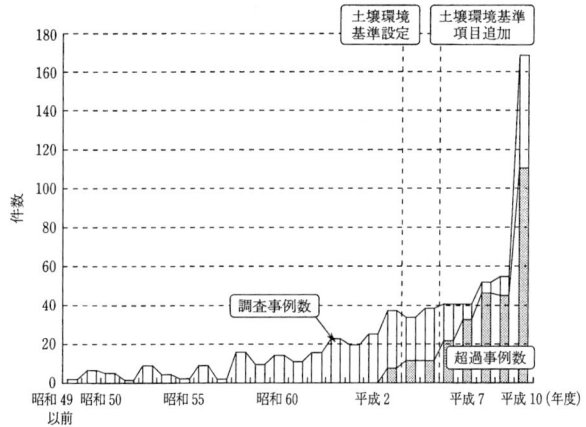

図 2.1 市街地地盤汚染の年度別判明件数

表 2.8 業種別・汚染物質別の市街地土壌汚染事例（1997 年度までの累積件数）[13]

	件数	カドミウム	全シアン	鉛	六価クロム	ヒ素	総水銀	PCB	トリクロロエタン	トリクレン	パークレン	延べ数
金属製品	63	11	19	21	36	10	8	3	8	12	7	155
洗濯業等	60	0	0	0	0	0	0	0	14	20	59	104
化学工業	49	20	10	24	10	20	28	5	4	8	5	185
電気機械	44	5	2	9	4	3	4	4	16	26	18	104
非鉄金属	27	9	1	17	3	16	4	0	2	4	4	84
輸送機械	20	4	1	5	4	5	4	1	10	11	9	63
一般機械	17	5	0	5	3	6	4	0	9	12	9	67
鉄鋼業	17	11	2	10	7	10	9	1	0	0	0	68
窯業等	11	6	1	5	3	5	4	1	1	1	2	33
廃棄物処理業	10	5	0	5	3	3	4	1	2	3	2	42
学術研究	9	3	1	5	0	2	7	1	0	1	0	23
木材・木製品	7	3	0	3	3	7	1	0	0	0	0	24
合計	467	123	50	175	99	146	132	30	79	123	141	1 397

で検出されている．金属製品や非鉄金属では重金属，各種機械器具製造や洗濯業でトリクロロエチレン等の汚染が多い．また，化学工業では多様な化学物質による複合汚染が見られる．土壌汚染が判明した経緯としては，調査や水質汚濁防止法に基づく地下水の監視などによる場合が多い．

2.4.2　地下水汚染の現状と地下水環境基準

　環境庁が初めて全国規模での地下水質の実態を調査したのは昭和57年であった．この調査は，政令都市のほか，地域的なバランスを考慮して，熊本市，高松市など全国15都市，1360の井戸水を対象として行われた．その結果を示したのが表2.9である．トリクロロエチレンとテトラクロロエチレンが調査全体の3割近くの井戸で検出され，当時の世界保健機構 (WHO) の飲料水水質暫定ガイドライン値 (それぞれ $0.03\ mg/l$，$0.01\ mg/l$ で，現在の水質環境基準値) を超過する井戸も3％以上の割合でみられるなど，化学物質による全国規模の汚染が発見された．

　地下水を含む公共用水域の環境基準は，昭和45年に最初に設定されて以後，幾度かの改正を経て現在に至っている．最近では，平成5年3月に，人の健康に関連する項目いわゆる健康項目として，有機塩素系化合物等を追加するなどの大幅改正が行われるとともに，環境基準項目にはしないものの，知見やデータの集積に努めるべきものとして，表2.10 (2) のような要監視項目が設定されている．この要監視項目は地下水にも共通して適用される．

　地下水に関しては，平成元年の水質汚濁防止法の改正によって，地下水質の常時監視が行われるようになっていたが，環境基準は設定されておらず，汚染の判断および評価の目安として，公共用水域の環境基準の健康項目と同じ項目と基準値が用いられてきた．その後の平成8年の水質汚濁防止法の改正により，汚染された地下水の浄化措置命令等の地下水の水質保全関連の施策が充実されたことなどに伴い，地下水の水質汚濁防止に関する行政上の目標を設定し，関連する施策の総合的推進の必要性から，平成9年3月に地下水の水質汚濁にかかわる環境基準として，表2.10に示す23の健康項目が設定され，これが現在の地下水に関する環境基準となっている．

　環境庁は平成元年以降，表2.10の地下水質の環境基準に基づいて行われている全国の調査結果をとりまとめて公表している．調査は以下の3つの方法によっている．①地域の全体的な地下水質の状況把握を目的とする概況調査，②概況調査等により新たに発見された汚染について，その汚染範囲の確認を目的とする汚染井戸周辺地区調査，③前記②により確認された汚染の継続的な監視等を目的とした定期モニタリング調査の3種である．

　平成5年度の調査は，全国2018の市区町村で実施され，それの概況調査および定期モニタリング調査の結果を示したのが表2.11である．トリクロロエチレンとテトラクロロエチレンによる汚染が圧倒的に多い．また，四塩化炭素やシス-1,2-ジクロロエチレンなどによる汚染もみられる．シス-1,2-ジクロロエチレンは，諸外国では溶剤として使用されている例もあるが，わが国における使用実績は不明である．

表 2.9 1982年度（昭和57年度）環境庁地下水汚染実態調査結果（検出状況）[7]

区分	浅井戸			深井戸			計			（参考）河川		
検体数	1083			277			1360			139		
物質名	検出検体数 (%)	検出範囲 (μg/l)		検出検体数 (%)	検出範囲 (μg/l)		検出検体数 (%)	検出範囲 (μg/l)		検出検体数 (%)	検出範囲 (μg/l)	
硝酸性窒素および亜硝酸性窒素	980 (90)	20～80000		202 (73)	20～12000		1182 (87)	20～80000		127 (91)	20～25000	
塩化メチル	2 (0)	2		0 (0)	—		2 (0)	2		0 (0)	—	
ジクロロメタン	5 (0)	2～6		1 (0)	6		6 (0)	2～6		9 (6)	1～5	
クロロホルム	240 (22)	0.5～28		65 (24)	0.5～31		305 (22)	0.5～31		40 (29)	0.5～13	
四塩化炭素	84 (8)	0.05～2200		47 (17)	0.05～1.7		131 (10)	0.05～2200		8 (6)	0.05～0.20	
1,1-ジクロロエタン	20 (2)	1～175		9 (3)	1～30		29 (2)	1～175		0 (0)	—	
1,2-ジクロロエタン	14 (1)	1～33		2 (1)	3～13		16 (1)	1～33		1 (1)	7	
1,1,1-トリクロロエタン	142 (13)	0.2～1600		44 (16)	0.2～70		186 (14)	0.2～1600		33 (24)	0.2～93	
1,1-ジクロロエチレン	10 (1)	1～7		3 (1)	1～5		13 (1)	1～7		0 (0)	—	
cis-1,2-ジクロロエチレン	88 (8)	1～537		31 (11)	1～338		119 (9)	1～537		2 (1)	1	
trans-1,2-ジクロロエチレン	15 (1)	1～15		5 (2)	2～10		20 (1)	1～15		0 (0)	—	
トリクロロエチレン	289 (27)	0.5～4800		90 (33)	0.5～210		379 (28)	0.5～4800		54 (39)	0.5～16	
テトラクロロエチレン	289 (27)	0.2～23000		83 (30)	0.2～190		372 (27)	0.2～23000		50 (36)	0.2～3.0	
ベンゼン	3 (0)	4～11		0 (0)	—		3 (0)	4～11		0 (0)	—	
トルエン	12 (1)	2～42		8 (3)	3～15		20 (1)	2～42		2 (1)	14	
キシレン	5 (0)	3～17		0 (0)	—		5 (0)	3～17		1 (1)	3	
フタル酸ジ-n-ブチル	27 (2)	2～48		1 (0)	8		28 (2)	2～48		1 (1)	9	
フタル酸ジエチルヘキシル	40 (4)	4～18		5 (2)	5～10		45 (3)	4～18		4 (3)	5～21	

表 2.10　地下水質の環境基準

(1) 健康項目

項目	基準値	項目	基準値
カドミウム	0.01 mg/l 以下	シス-1,2-ジクロロエチレン	0.04 mg/l 以下
全シアン	検出されないこと	1,1,1-トリクロロエタン	1 mg/l 以下
鉛	0.01 mg/l 以下	1,1,2-トリクロロエタン	0.006 mg/l 以下
六価クロム	0.05 mg/l 以下	トリクロロエチレン	0.03 mg/l 以下
ヒ素	0.01 mg/l 以下	テトラクロロエチレン	0.01 mg/l 以下
総水銀	0.0005 mg/l 以下	1,3-ジクロロプロペン	0.002 mg/l 以下
アルキル水銀	検出されないこと	チウラム	0.006 mg/l 以下
PCB	検出されないこと	シマジン	0.003 mg/l 以下
ジクロロメタン	0.02 mg/l 以下	チオベンカルブ	0.02 mg/l 以下
四塩化炭素	0.002 mg/l 以下	ベンゼン	0.01 mg/l 以下
1,2-ジクロロエタン	0.004 mg/l 以下	セレン	0.01 mg/l 以下
1,1-ジクロロエチレン	0.02 mg/l 以下		

(2) 要監視項目

項目	指針値	項目	指針値
クロロホルム	0.06 mg/l 以下	フェノブカルプ (BPMC)	0.02 mg/l 以下
トランス-1,2-ジクロロエチレン	0.04 mg/l 以下	イプロベンホス (IBP)	0.008 mg/l 以下
1,2-ジクロロプロパン	0.06 mg/l 以下	クロルニトロフェン (CNP)	0.005 mg/l 以下
p-ジクロロベンゼン	0.3 mg/l 以下	トルエン	0.6 mg/l 以下
イソキサチオン	0.008 mg/l 以下	キシレン	0.4 mg/l 以下
ダイアジノン	0.005 mg/l 以下	フタル酸ジエチルヘキシル	0.06 mg/l 以下
フェニトロチオン (MEP)	0.003 mg/l 以下	ホウ素	0.2 mg/l 以下
イソプロチオラン	0.04 mg/l 以下	フッ素	0.8 mg/l 以下
オキシン銅 (有機銅)	0.04 mg/l 以下	ニッケル	0.01 mg/l 以下
クロロタロニル (TPN)	0.04 mg/l 以下	モリブデン	0.07 mg/l 以下
プロピザミド	0.008 mg/l 以下	アンチモン	0.002 mg/l 以下
EPN	0.006 mg/l 以下	硝酸性窒素および亜硝酸性窒素	10 mg/l 以下
ジクロルボス (DDVP)	0.01 mg/l 以下		

　重金属類による汚染は砒素などでみられるが，鉛，砒素，水銀については，天然由来によると思われるものが多い．

　有害物質のうち，鉛，砒素などの重金属類には天然由来と考えられる場合も多いので，原因が人為的汚染に限られる有機塩素系化合物（ベンゼンを含む）に限定してみると，いずれかの調査でいずれかの項目について基準を超えた市区町村は 355 (11%) であった．このうち，市区町村における最高検出濃度が基準値の 100 倍を越えるものは 45，10～100 倍のものは 118，10 倍以下のものは 192 となっている．た

表 2.11 1993年度（平成5年度）地下水質測定結果[7]

物質	概況調査 調査数（本）	概況調査 超過数（本）	概況調査 超過率（%）	定期モニタリング調査 調査数（本）	定期モニタリング調査 超過数（本）	定期モニタリング調査 超過率（%）	評価基準	物質の主な用途
カドミウム	2625	0	0.0	641	0	0.0	0.01 mg/l 以下	顔料，ニッカド電池，電気メッキ，安定剤
全シアン	2462	0	0.0	609	1	0.2	検出されないこと	製錬，メッキ
鉛	2627	6	0.2	667	3	0.4	0.01 mg/l 以下	鉛管，鉛板，蓄電池，マッチ，爆薬
六価クロム	2676	1	0.04	683	5	0.7	0.05 mg/l 以下	研磨剤，顔料有機合成の触媒，メッキ
ヒ素	2561	37	1.4	794	100	12.6	0.01 mg/l 以下	半導体材料，木材防腐剤，殺鼠剤
総水銀	2626	3	0.1	657	15	2.3	0.0005 mg/l 以下	乾電池，蛍光灯，触媒，医薬品，水銀電池
アルキル水銀	621	0	0.0	349	0	0.0	検出されないこと	〃
PCB	1512	0	0.0	337	0	0.0	検出されないこと	トランス等の絶縁油，触媒，複写紙
ジクロロメタン	964	0	0.0	368	0	0.0	0.02 mg/l 以下	溶剤
四塩化炭素	2383	1	0.04	1270	17	1.3	0.002 mg/l 以下	フルオロカーボン類の原料，溶剤
1,2-ジクロロエタン	924	0	0.0	399	0	0.0	0.004 mg/l 以下	塩化ビニルモノマー，樹脂の原料
1,1-ジクロロエチレン	1010	1	0.1	583	6	1.0	0.02 mg/l 以下	塩化ビニリデン原料
シス-1,2-ジクロロエチレン	1010	9	0.9	582	22	3.8	0.04 mg/l 以下	溶剤（使用実績は不明）
1,1,1-トリクロロエタン	3960	0	0.0	3383	5	0.1	1 mg/l 以下	金属の常温洗浄，蒸気洗浄
1,1,2-トリクロロエタン	974	0	0.0	368	0	0.0	0.006 mg/l 以下	溶剤，塩化ビニリデン原料
トリクロロエチレン	4480	15	0.3	3658	309	8.4	0.03 mg/l 以下	脱脂洗浄剤，溶剤
テトラクロロエチレン	4480	24	0.5	3678	670	18.2	0.01 mg/l 以下	脱脂洗浄剤，ドライクリーニング溶剤
1,3-ジクロロプロペン	908	0	0.0	342	0	0.0	0.002 mg/l 以下	農薬（土壌くん蒸剤，殺線虫剤）
チウラム	892	0	0.0	322	0	0.0	0.006 mg/l 以下	農薬（殺菌剤）
シマジン	892	0	0.0	320	0	0.0	0.003 mg/l 以下	農薬（除草剤）
チオベンカルブ	892	0	0.0	320	0	0.0	0.02 mg/l 以下	農薬（除草剤）
ベンゼン	909	1	0.1	335	0	0.0	0.01 mg/l 以下	染料等の原料，ガソリン中に含有
セレン	940	0	0.0	330	0	0.0	0.01 mg/l 以下	ガラス，窯業

表 2.12　地下水概況調査における環境基準項目の検出状況 [13]

	調査数	検出数	超過数	超過率 (%)	調査年
カドミウム	21 780	71	3	0.014	1989～1997
全シアン	20 666	1	1	0.005	1989～1997
鉛	12 595	256	26	0.21	1993～1997
六価クロム	23 040	34	4	0.017	1989～1997
ヒ素	13 407	934	271	2.02	1993～1997
総水銀	21 693	20	17	0.078	1989～1997
セレン	9 998	19	0	0.0	1993～1997
ジクロロメタン	12 227	37	2	0.016	1993～1997
四塩化炭素	21 037	159	11	0.052	1989～1997
1,2-ジクロロエタン	12 038	29	2	0.017	1993～1997
1,1,1-トリクロロエタン	35 214	1 146	8	0.023	1989～1997
1,1,2-トリクロロエタン	12 136	12	0	0.0	1993～1997
1,1-ジクロロエチレン	12 347	61	10	0.081	1993～1997
cis-1,2-ジクロロエチレン	12 297	129	29	0.24	1993～1997
トリクロロエチレン	40 078	1 015	172	0.43	1989～1997
テトラクロロエチレン	40 075	1 521	304	0.76	1989～1997
1,3-ジクロロプロペン	10 999	20	0	0.0	1993～1997
ベンゼン	11 389	20	1	0.009	1993～1997
シマジン	10 370	9	0	0.0	1993～1997
累計	42 568	—	809	1.9	1989～1997
累計	21 801	—	485	2.2	1993～1997

　だ，汚染事例が多いからといって，必ずしもその地域で地下水の汚染が進んでいるわけではない．公表される内容や件数は，その自治体の地下水の利用の程度や担当者の関心などに左右されることもあるといわれる．
　地下水汚染の有無を確認する概況調査では，平成9年度（1997年）までに4万本余の井戸が調査され，表2.12に示すように，1.9%の約800本の井戸で，いずれかの項目が基準値を超過していた．水質環境基準の見直しが行われ，砒素と鉛の基準値の見直しが行われた1993年以降だけを見ると，2.2%の井戸で水質環境基準と同じ値に設定された地下水環境基準を超える汚染が見られた．基準超過率が最も高いのは砒素であるが，水銀，鉛とともに，主として，もともと地盤にあったものが地下水に溶出したものと考えられている．
　砒素に次ぐのがテトラクロロエチレンやトリクロロエチレンであるが，これらは，製造・使用における不適切な取扱いや廃棄によって，地盤・地下水に浸入したもの

と考えられる．これに次いで超過率の高いのが，cis-1,2-ジクロロエチレンや1,1-ジクロロエチレンであり，これらは，地盤中で化学的あるいは生物的な反応を受けて分解する過程で生成したものと考えられている．さらに，ジクロロエチレンの微生物分解で生成した塩化ビニルも高濃度で地下水から検出されている．最新の平成10年度の調査によると，テトラクロロエチレンとトリクロロエチレンの2物質で，環境基準を超えた井戸が計45あり，前年度の3.5倍に急増しており，その中には飲用の井戸5本も含まれている．

表 2.13 業種別と汚

業種区分	事例件数 6年度調査結果	%	<参考> 4年度調査結果 %	カドミウム	シアン	鉛	六価クロム	ヒ素	水銀
繊維工業	2	0.9	0.6	1	1	1		1	1
木材・木製品製造業	2	0.9	1.1			2		2	
化学工業	33	14.2	17.5	8	3	12	4	8	17
石油・石炭製品製造業	1	0.4	—						
プラスチック製品製造業	2	0.9	1.1	1		1			
ゴム製品製造業	1	0.4	—						
窯業・土石製品製造業	7	3	2.8	2		2	1	1	1
鉄鋼業	4	1.7	1.1	1	1	2	2	1	1
非鉄金属製造業	9	3.9	4.0	4		5		4	
非鉄金属鉱業	1	0.4	—	1					
金属製品製造業	45	19.4	19.8	4	13	7	27	2	1
（電気めっき業）	(29)	(11.1)	(12.4)	(2)	(9)	(3)	(24)	(1)	(1)
一般機械器具製造業	2	0.9	0.6						
電気機械器具製造業	29	12.5	10.2	2	1	5	3		1
輸送用機械器具製造業	8	3.4	3.4	1	1	2	3	2	
精密機械器具製造業	2	0.9	1.1						
ガス業	3	1.3	1.1		3				1
再生資源卸売業	4	1.7	1.7			1			
洗濯業	21	9.1	9.0						
廃棄物処理業	8	3.4	3.4	2		2	1		1
自然科学研究所	8	3.4	4.0	3		5		2	7
その他	12	5.2	6.8			2		1	2
不明	28	12.1	10.7	6		8	1	4	8
合計	232	100.0	100.0	36	23	54	46	28	42
		%		8.6	5.5	13.0	11.0	6.7	10.0
（参考）平成4年度調査結果	177			30	20	43	36	23	33

2.5 市街地における汚染の原因

　平成6年度の環境庁の土壌汚染に関する調査のうち，汚染源となった業種別の結果を示したのが表2.13である．汚染原因となった業種には，化学工業，電気メッキ業，電気機械器具製造業，洗濯業が多い．汚染物質としては，鉛，六価クロム，水銀等の重金属類に加え，トリクロロエチレンとテトラクロロエチレンの増加が目立っ

染物質別の事例件数[7)]

| 基準項目 | | | | | | | その他の項目 | | | | | | | 合計 |
PCB	四塩化炭素	1,2-ジクロロエタン	シス-1,2-ジクロロエチレン	1,1,1-トリクロロエタン	トリクロロエチレン	テトラクロロエチレン	銅	亜鉛	ニッケル	フェノール	弗素	油分	その他	(延べ数)
1					1								1	8
								1		1			1	7
2				1	2	1	3	2	1	3	1	1	5	74
				1	1	1								3
														2
					1	1								2
				1	1	2								11
1								1						10
					2	1		2	1					20
														1
1			5	8	4		2							74
(1)			(2)	(4)	(3)		(1)							(51)
			1	1										2
4			4	13	5		1							39
				2			1					1		14
			1	2	1									4
												1		5
2					1									4
			1	2	21									24
1			1	2	2		1	1				1		15
1				1			3							22
3												6	1	15
3	1	2	3	2	6	6	1	9		1		2		63
19	1	2	3	18	44	47	5	22	3	5	1	12	8	419
4.5	0.2	0.4	0.7	4.3	10.5	11.2	1.2	5.3	0.7	1.2	0.2	2.9	1.9	100.0
17	1	2	3	8	28	31	5	16	3	4	1	6	5	315

表 2.14　土壌汚染に伴い影響が確認された媒体 [14]

媒体	6年度調査事例件数	汚染物質および件数（複数検出事例あり）	＜参考＞4年度調査事例件数
地下水	85	Cd (8)　CN (9)　Pb (3)　Cr^{6+} (16)　As (3)　Hg (2)　四塩化炭素 (1)　1,2-ジクロロエタン (2)　cis-1,2-ジクロロエチレン (3)　MC (9)　TCE (36)　PCE (35)　フェノール (1)　F (1)　その他 (6)	63
伏流水	3	CN (1)　四塩化炭素 (1)　MC (2)　TCE (2)　PCE (2)　その他 (1)	1
表流水	16	Cd (3)　Pb (2)　Cr^{6+} (5)　As (1)　Hg (1)　PCB (1)　TCE (1)　Ni (1)　その他 (3)	10
その他	8	CN (1)　Cr^{6+} (2)　Hg (1)　PCB (1)　MC (1)　フェノール (1)　F (1)　その他 (1)	3
合計	112（延べ件数） 109（事例数）		77 75

注 1) TCE：トリクロロエチレン　PCE：テトラクロロエチレン　MC：1,1,1-トリクロロエタン
　 2) 同一事例で複数の媒体に影響のあるものもあることから，事例延べ件数と事例数数は一致しない．

ている．とくにこの調査では，これらの物質が，平成6年2月に土壌環境基準項目へ追加されたこともあり，汚染事例の増加がみられる．

また，表2.14に示すように，土壌汚染に伴い土壌以外の環境へ影響が及んでいる例が延べ112件（事例数は109件）あり，このうち重金属などの物質が影響を及ぼしているものは54件（地下水35件，伏流水1件，表流水13件，その他5件）である．六価クロムが地下水16件，表流水5件を占めている．他の環境要素へ影響を及ぼしている有機塩素系化合物としては，トリクロロエチレンとテトラクロロエチレンが全体の約7割となっている．

2.6　ダイオキシン類による土壌汚染

2.6.1　歴史的背景

ゴミ焼却場周辺土壌のダイオキシン類による汚染に対する社会的関心が高まっている．ダイオキシンの名が広く知られるようになったのは，ベトナム戦争で使用された枯葉剤に，不純物としてダイオキシン類が含まれていて，奇形をはじめとする生殖障害が報告されてからである．ダイオキシンそのものは1872年に合成されたが，ダイオキシン類による汚染問題が顕在化するのは，ダイオキシン類に関係する農薬の生産が開始された第二次世界大戦後のことである．

従来，ダイオキシン類による汚染は，農薬に含まれる不純物や産業廃棄物に由来すると考えられていたが，1976年には，オランダで都市ゴミ焼却場の排ガスからダイオキシン類が検出され，社会的に注目されるようになった．わが国でも1983年以来，排ガス中から検出されている．ダイオキシン類は自然発火による森林火災でも発生することから，古い時代から環境中に存在したと考えられている．実際，底質のコアサンプルや過去の土壌サンプルなどで年代ごとの変化を見ると，かなり古い時代からダイオキシン類が検出されている．しかし，今世紀から急激な増加が始まっており，化学工業の急速な発展との関連が示唆されている．

2.6.2 生成と発生源

ダイオキシン類の生成過程は大きく分けて3つある．1つはクロロフェノールやそれを出発点とする農薬などの製造過程，2つはゴミ焼却などの燃焼過程，3つは塩素殺菌や塩素漂白の過程である．燃焼過程では，塩化ベンゼンがダイオキシン類の前駆物質と考えられている．したがって，塩化ベンゼンの生成しやすい塩素を含んだプラスチックなどの燃焼はダイオキシン類が発生しやすい．

諸外国とわが国のダイオキシン類の発生源を示したのが表2.15である．わが国で

表 2.15　各国における大気へのダイオキシン排出源 [15]

主な発生源	アメリカ 1995年 g (I-TEQ)*	ドイツ 1994年 g (I-TEQ)	スウェーデン 1993年 g (N-TEQ)**	日本 1997年 g (I-TEQ)	日本 1998年 g (I-TEQ)
一般ゴミ焼却	492〜2460	30	3	4320	1340
有害廃棄物焼却	2.72〜14	2	0.007		
産業廃棄物焼却				1300	960
医療廃棄物焼却	151〜1510	0.1	0.001		
未規制小型焼却炉				325〜345	325〜345
火葬場	0.07〜0.75	2.38	0.37〜0.73	1.8〜3.8	1.8〜3.8
製鋼用電気炉				187	114.7
製鉄プラント		181.02	2.007〜19.49	120.2	101.6
非鉄プラント	177.13〜1767.45	91.6	4.43〜4.57	62.036	42.036
交通（自動車排ガス）	12.6〜126	4.8	0.872〜2.88	2.14	2.14
タバコ喫煙	0.25〜2.5			0.075〜13.2	0.079〜13.9
総量	1026〜7541	334	22〜88	6330〜6370	2900〜2940

（ダイオキシン排出抑制対策検討会第二次報告，1996.6 より）
*I-TEQ : International TEF (1988) による換算値
**N-TEQ : Nordic TEF (1988) による換算値

はゴミの焼却率が高く，ダイオキシン類発生量の 90% 以上が廃棄物の焼却炉由来である．総排出量は，1997 年の約 6 300 g から 1998 年には約 2 900 g と半減している．これは，規制導入により，最も寄与率の高い一般廃棄物の焼却炉からの排出が大幅に減ったためである．これに伴って排出源ごとの寄与率も変わり，未規制焼却炉の寄与率が 5% から 11% と拡大し，未規制焼却炉が無視できない存在となってきている．一方，諸外国でも廃棄物焼却由来の排出が多いが，対策の進んだドイツやスウェーデンでは総排出量も少なく，廃棄物焼却よりも冶金プロセスからの排出の方が多くなっている．

2.6.3 汚染の現状

ダイオキシン類による土壌汚染は，大気に排出されたものが降雨や降塵に伴って土壌に浸入したか，以前に散布された農薬に不純物として含まれていたものが農用地に残留したかである．わが国のダイオキシン類の大気濃度は諸外国に比べて高いが，土壌濃度は発生源周辺および一般環境とも，表 2.16 に示すように，他の先進国に比べてほぼ同じ程度である．しかし，焼却施設地内からは，居住地等の暫定ガイドライン値 1 000 pg-TEQ/g をはるかに上回る高濃度の汚染土壌が見つかっている．一方，ダイオキシン類は水に溶けにくいため，一般環境中の地下水の濃度は 0.37 pg/l 以下と低く，公共用水域と比べても低い値になっているが，埋立処分地やその周辺では，地下水から高濃度のダイオキシン類が検出される例もある．

もう 1 つの社会的に注目されている環境ホルモンの汚染実態については，表 2.17 に示すような結果がある．7 種類の環境ホルモンの疑いがある化学物質と人畜由来の女性ホルモンの 17-β-エストラジオールが地下水から検出されている．一般に，地下水は検出率，検出濃度とも公共水域に比べて低いが，アジピン酸ジエチルヘキシルとスチレンはむしろ地下水から検出されやすい．

表 2.16　わが国および諸外国での土壌中のダイオキシン類濃度レベル [13]

	一般環境	発生源周辺
日本	0.12〜370 pg-TEQ/g	0.001〜550 pg-TEQ/g
ドイツ	0.01〜173 pg-BGA-TEQ/g	0.01〜800 pg-BGA-TEQ/g
英国	0.5 pg (2,3,7,8-TCDD)/g〜230 pg-TEQ/g	12〜250 pg-TEQ/g
米国	0.02 pg-TEQ/g〜590 pg (2,3,7,8-TCDD)/g	1.7〜53 pg-TEQ/g
オランダ	1〜16.4 pg-TEQ/g	2〜252 pg-TEQ/g
カナダ	nd〜110.1 pg-TEQ/g	nd〜55.3 pg-TEQ/g

表 2.17 環境ホルモンの疑いのある化学物質の地下水からの検出状況 [13]

	検出地点数	濃度範囲 (μg/l)	
4-tert-ブチルフェノール	2	< 0.01～0.04	(< 0.01～0.72)
ノニルフェノール	7	< 0.05～0.34	(< 0.05～7.1)
4-n-ヘプチルフェノール	0	—	(< 0.01～0.06)
4-tert-オクチルフェノール	6	< 0.01～0.06	(< 0.01～1.4)
ベンゾフェノン	0	—	(< 0.01～0.09)
ビスフェノール A	2	< 0.01～0.39	(< 0.01～0.94)
2,4-ジクロロフェノール	0	—	(< 0.01～0.20)
フタル酸ジエチル	0	—	(< 0.1～1.1)
フタル酸ジ-n-ブチル	0	—	(< 0.3～2.3)
フタル酸ジ-2-エチルヘキシル	3	< 0.3～1.3	(< 0.3～9.9)
アジピン酸ジ-2-エチルヘキシル	2	< 0.05～0.07	(< 0.05～0.05)
スチレン	6	< 0.01～1.0	(< 0.01～0.09)
17-β-エストラジオール	3	< 0.001～0.011	(< 0.001～0.035)

( ) 内は公共用水域における検出濃度範囲 (μg/l)

2.6.4 法規制の動向

以上のような状況のもとで，ダイオキシン類による環境汚染の防止やその除去を図り，健康を保護するための施策の基本とすべき基準，必要な規制，汚染土壌に対する措置等に関する法的な枠組みの整備が求められている．このような背景から，1999年7月，ダイオキシン類対策特別措置法が公布され，2000年1月から施行された．

この法律では，ダイオキシン類をそれまでのポリ塩化ジベンゾ・パラ・ジオキシン（PCDD）とポリ塩化ジベンゾフラン（PCDF）に加えて，コプラナーポリ塩化ビフェニール（コプラナー PCB）と定義し，施策の基準として，耐容1日摂取量（TDI），大気汚染・水質汚濁（水底の低質の汚染を含む）・土壌汚染に関する環境基準を定めることとしている．また，ダイオキシン類の発生源となる施設を政令で指定し，個別の施設に対する排出ガスおよび排出水に関する排出基準を定めることとなっている．

さらに，焼却炉等ダイオキシン類の発生源となる施設が集中する地域においては，とくに対策の強化が求められていることから，政令によってダイオキシン類排出に関する総量規制地域を設け，地域での総量削減計画を作成し，総量規制基準を設定することとなった．そのほか，廃棄物焼却に伴うばい塵・焼却灰の処理，汚染土壌

表 2.18　ダイオキシン類対策特別措置法に基づく特定施設，廃棄物焼却炉の排出基準 [15]

燃焼室の 処理能力	新設の 排出基準	既設の排出基準	
		2002 年 11 月まで	2002 年 12 月以降
4 t/h 以上	0.1 ng-TEQ/m^3	80 ng-TEQ/m^3	1 ng-TEQ/m^3
2 t/h～4 t/h	1 ng-TEQ/m^3	〃	5 ng-TEQ/m^3
2 t/h 未満	5 ng-TEQ/m^3	〃	10 ng-TEQ/m^3

の除去対策，大気・水質・土壌の汚染状況の調査・測定等，ダイオキシン類に対する総合的対策が検討され，以下のような規制値が定められた．

耐容 1 日摂取量（TDI）は 4 pg-TEQ/kg/日，大気環境基準は 0.6 pg-TEQ/m^3，水質環境基準は 1 pg-TEQ/l，土壌汚染に関する環境基準は 1 000 pg-TEQ/g と決められた．また，表 2.18 に示すように，特定施設に対して規制する排出基準としては，水質排出基準は 10 pg-TEQ/l，大気の排出基準は施設の種類や規模によって異なるが，廃棄物焼却炉は施設の燃焼能力が 50 kg/h 以上のものが特定施設となり，最も厳しい基準は，新設の 4 t/h 以上の焼却能力を有する廃棄物焼却炉に適用されるもので，0.1 ng-TEQ/m^3 となっている．

2.6.5　廃棄物処理施設からの有害物質の排出

ゴミ焼却施設や廃棄物最終処分場等の施設に搬入される廃棄物には，多種多様な有害物質が含まれている．そのため，処理の過程を通して種々の有害物質が生成され，排ガスや排水に含まれている可能性がある．これらの調査結果の一例を紹介しておきたい．これは，都市ゴミ焼却施設における排出実態調査結果であり，全連続ストーカ炉，準連続流動床炉，準連続ストーカ炉の 3 つのタイプの施設を対象に実施された [15]．結果の概要を表 2.19 に示す．多くの有害物質が検出されていることがわかる．一部の有害物質では，規制値レベルに近い値を示したものや超えたものが見られるが，ドイツやオランダの規制値，京都府条例と比較しても十分低いレベルにある．

一方，大気汚染防止法では，健康の保護と生活環境の保全を目的として，表 2.20 に示すような物質を指定している．これらのうち，廃棄物焼却炉については 4 種類であったが，1997 年 8 月にダイオキシン類が新たに指定されている．大気汚染防止法においては，200 kg/h 以上の焼却能力をもつものが規制の対象となる．

2.6 ダイオキシン類による土壌汚染

表 2.19 都市ゴミ焼却施設の排ガスにおける有害化学物質の検出状況 [15]

有害化学物質のタイプ	測定対象物質（検出された物質は太字で示した）	検出された物質の排出レベルと日本, ドイツ, オランダの規制値, 京都府条例との比較
揮発性物質（10物質）	**クロロホルム**, **ジクロロメタン**, 1,2-ジクロロエタン, 塩化ビニル, **トリクロロエチレン**, テトラクロロエチレン, ベンゼン, トルエン, フロン11, **フロン12**	ドイツ・オランダの規制値と比較しても十分低いレベルにあった.
半揮発性物質（12物質）	**ダイオキシン類(PCDDs, PCDFs)**, ベンゾ(a)ピレン, ベンゾフルオランテン, ベンゾペリレン, ベンゾアントラセン, ピレン, ナフタレン, ニトロベンゼン, ヘキサクロロベンゼン, クロルデン, **PCB**	ダイオキシン類の排出濃度は, 平成14年度から適用される規制値をクリアしていた. その他の物質については, ドイツ・オランダの規制値と比較しても十分低いレベルにあった.
アルデヒド類（3物質）	ホルムアルデヒド, **アセトアルデヒド**, プロピオンアルデヒド	ドイツ・オランダの規制値と比較しても十分低いレベルにあった.
その他の有機物質（8物質）	アクリロニトリル, **ジエチルヘキシルフタレート**, アニリン, エピクロルヒドリン, **フェノール**, 1,3-ブタジエン, 酸化エチレン, クロロメチルメチルエーテル	ドイツ・オランダの規制値と比較しても十分低いレベルにあった.
金属類（18物質）	As, **Hg**, Ni, **Sb**, Cr, V, Cd, **Pb**, **Zn**, Sn, **Cu**, **Mn**, Tl, Be, Co, Se, Te, **Ba**	Hg以外の金属はドイツ・オランダの規制値と比較しても十分低いレベルにあった. Hgについては, ドイツ・オランダの規制値, $0.05\,\mathrm{mg/m^3N}$ に対して, $0.009 \sim 0.038\,\mathrm{mg/m^3N}$ と規制値に近いレベルが検出された.
その他（8物質）	**二硫化水素**, 硫化水素, ホスゲン, **フッ化水素**, 亜酸化窒素, アスベスト, タルク, 臭化水素	二硫化水素は, 京都府条例と比較して十分低いレベルにあった. フッ化水素は, オランダの規制値 $1\,\mathrm{mg/m^3N}$, ドイツの規制値 $2\,\mathrm{mg/m^3N}$ に対して全連続炉BF出口で $1.9\,\mathrm{mg/m^3N}$, 煙突から $1.3\,\mathrm{mg/m^3N}$ が検出された.

$\mathrm{m^3N}$ (Normal $\mathrm{m^3}$)：標準状態の空気1立方メートル

表 2.20 廃棄物焼却施設における排出基準および一般環境大気中の環境基準, 環境指針対象有害化学物質 [15]

廃棄物焼却施設排ガス	排出基準	ばいじん, 硫黄酸化物, 窒素酸化物, 塩化水素, ダイオキシン類※
一般環境大気	環境基準	浮遊粒子状物質, 二酸化硫黄, 二酸化窒素, 一酸化炭素, 光化学オキシダント, ダイオキシン類※
	環境指針	ベンゼン, トリクロロエチレン, テトラクロロエチレン

※ダイオキシン類対策特別措置法に基づく規制基準案（2000年1月より施行）

2.7 人の健康と化学汚染物質

第2章の最後として,環境を汚染する化学物質と人の健康との関係について少し考えてみる.現在,意図的に製造・使用するものだけでなく,非意図的に生成されるものを加え,多様な化学物質が環境汚染を通して,人の健康や生態系に及ぼす影響が社会的に注目されている.そして,化学物質による環境汚染は現在の問題だけではなく,人類の未来に大きな脅威となるであろうことが指摘され始めている[13].

化学物質汚染は,従来の環境汚染と異なり,複雑・多様であり,それの管理は難しいものとなっている.表2.21に示すように,多様な化学物質が多様な経路から環境に浸入し,多様な形態の環境汚染を引き起こす.これまでの調査等によると,汚染化学物質の約半数は水質,底質,魚類,大気のいずれかから検出されている.そして,それぞれの環境媒体から,呼吸,飲料水,食品など,多様な経路を通じて化学物質が人や生物に取り込まれる.急性毒性を有する化学物質も,事故の際には深刻な影響をもたらすが,化学物質汚染でとくに問題とされるのは,長期の微量の摂取がもたらす慢性的な毒性である.さらに,内分泌攪乱化学物質いわゆる環境ホルモンは,特定の時期の摂取によって,遅れて影響が生じる遅発性毒性物質として新たに注目されている.

表2.21 化学物質汚染の特徴 [13]

1. 多様な化学物質による汚染 　①意図的に製造・使用する化学物質 　②非意図的に生成する化学物質:製造過程での不純物,処理過程での生成物, 　　環境中での反応生成物
2. 多様な経路からの環境への排出 　①排ガス,排水および廃棄物の排出,②事故に伴う漏出, 　③使用に伴う排出:農薬の散布,スプレーの使用,防虫剤・芳香剤の使用など
3. 多様な汚染の形態 　①クロスメディア汚染:大気,表流水,地下水,土壌,底泥,生物 　②多様な汚染の広がり:地球規模(フロン等)～局所土壌(トリクロロエチレン等) 　③長期的な汚染の継続:難分解性汚染物質,動きの小さい土壌・地下水
4. 多様な人体影響 　①多様な暴露経路:呼吸,飲料水,食品,土壌摂取,皮膚吸収など 　②多様な毒性:発がん性,生殖毒性,神経毒性,免疫毒性,催奇形性など 　　急性毒性,慢性毒性,遅発性毒性

2.7.1 地盤中の化学物質の毒性

化学物質による環境汚染には，フロンなどによるオゾン層破壊のように間接的にもたらされるものもあるが，最も危険なのは，毒性を有する化学物質の直接的な人の健康や生物にもたらす影響である．化学物質の作用と人の健康障害の関連をまとめると図2.2のようになろう．環境中の化学物質は，人の健康を阻害して病気を発生させ，死に至らせるだけでなく，種の絶滅にもつながるおそれが問題視されている．

人の死という観点からみればガンが重要となる．わが国では，10万人に1人の発ガンの危険性に対応して環境基準が設定されている．一生涯の摂取量が前提となるため，急性毒性物質については，問題が明らかになってから対策を行っても，健康障害の発生を抑制することができる．一方，特定時期の摂取が，後になって障害をもたらす遅発性毒性は，問題が明らかになってから対応しても，健康障害の発生を抑制することができないおそれがある．このことも，環境ホルモンが従来の化学物質と比べて危険を抑制することが難しい点である．

現行の土壌環境基準は，地下水を汚染し，その飲用に伴う健康への影響を防ぐ目的で設定されているため，地下水環境基準と同じ項目が設定されている．それぞれの基準値はさまざまな毒性に基づいて定められているが，最も多いのが発ガン性である．1993年（平成5年）の水質環境基準の見直しにおいても，新たに加えられた15項目のうち8項目は，発ガン性あるいはそのおそれに基づいて基準値が設定されている．その他の毒性も慢性毒性に基づいて基準値が決められている[13]．

一方，まだ毒性評価が固まっていないことから，環境ホルモンの内分泌系への作用に基づいて基準値が設定されているものはない．要監視項目であるフタル酸ジエチルヘキシルは環境ホルモンの疑いがもたれているが，指針値は肝臓への影響を調べた亜急性毒性試験の結果に基づいて定められている．

ダイオキシン類も環境ホルモンの疑いがもたれており，多様な毒性が知られてい

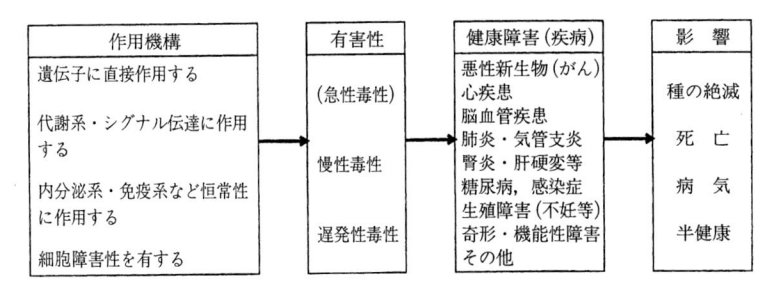

作用機構	有害性	健康障害（疾病）	影響
遺伝子に直接作用する	（急性毒性）	悪性新生物（がん）	種の絶滅
代謝系・シグナル伝達に作用する	慢性毒性	心疾患 脳血管疾患 肺炎・気管支炎	死亡
内分泌系・免疫系など恒常性に作用する	遅発性毒性	腎炎・肝硬変等 糖尿病，感染症 生殖障害（不妊等）	病気
細胞障害性を有する		奇形・機能性障害 その他	半健康

図2.2 環境中の化学物質の毒性と健康影響の類型化[13]

表 2.22　各国のダイオキシン類の1日摂取基準 [13)]

国・機関名	設定年	種類	1日摂取基準 (pg/kg-体重/日)
ドイツ	1985	耐容1日摂取量	1～10
スウェーデン	1988	耐容1週摂取量	0～5
デンマーク	1988	耐容1週摂取量	0～5
カナダ	1990	耐容1日摂取量	10
英国	1992	耐容1日摂取量	10
米国環境保護庁	1994	実質安全量	0.01
オランダ	1996	耐容1日摂取量	1
WHO欧州事務局	1998	耐容1日摂取量	1～4
日本	1999	耐容1日摂取量	4

るが,事故などによる疫学調査で各種部位におけるガンの発生が増加しており,動物実験では,発ガン性,肝毒性,免疫毒性,生殖毒性,催奇形性,知能低下などの多様な毒性が観察されている.ダイオキシン類の毒性については,世界保健機構(WHO)が専門家を集めて評価の見直しを行っており,多くの国はWHOの評価を受けて,表2.22のような耐容1日摂取量を定めている.米国では,ダイオキシン類の発ガン性に閾値がないとして扱い,各国と異なる値を定めている.

2.7.2　地盤中の化学物質の環境汚染[13)]

　環境汚染を引き起こす化学物質は,多様な経路から人や生物に摂取されるが,環境中の化学物質は,それぞれ環境媒体によって主要な摂取経路が変わってくる.土壌中の化学物質も,土壌微生物や農作物などへの影響が考えられ,農用地の土壌環境基準の一部には,作物の生育阻害の観点から基準が定められている項目もある.しかし,大部分の項目は,人の健康へのリスクを考慮して定められており,土壌中の化学物質は,まず人に対する浸入経路が問題となる.

　地下水中の化学物質は,公共用水域を涵養したり,養殖用水として利用することにより,魚などに濃縮してからの経路も考えられるが,主に飲料水として利用することにより摂取される.一方,図2.3に示すように,土壌中の化学物質はさまざまな経路を経て人の身体に浸入する.化学物質の起源や性状によって土壌中での挙動が異なり,各経路の重要性も異なってくるが,主に重金属類タイプ,揮発性有機化合物タイプ,環境残留性有機化合物タイプの3つのカテゴリーに分類される.

　重金属類は土壌に吸着されやすいため動きにくく,人間活動によって排出されたものは表層付近にとどまるため,農作物に吸収されたり,表流水などを通して魚介

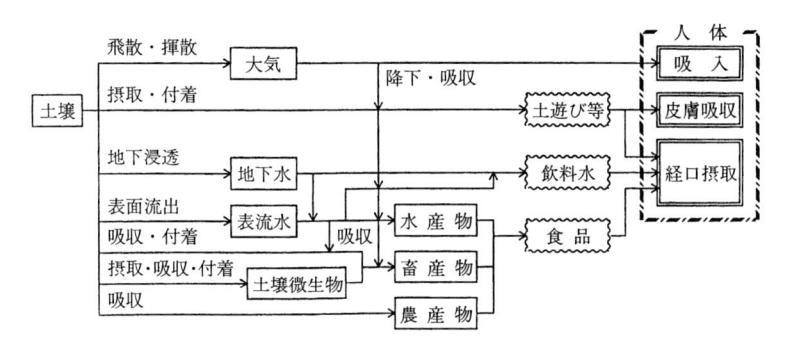

図 2.3 地盤環境中の化学物質の曝露経路 [13]

類に蓄積され，食品を経て経口摂取される割合が多い．一部，土粒子の吸入，直接的な摂取，皮膚吸収も考えられる．また，地中にもともと存在しているものが地下水に溶け出し，飲料水を通しての経路が重要となることもある．

揮発性有機化合物は地中へ浸透しやすく，地下水を汚染して飲料水を通じての経路が重要となる．土壌から揮発した揮発性有機化合物の吸収も考えられるが，特殊な場合以外はあまり大きな経路とはならないと考えられている．環境残留性有機化合物は地下へ浸透しにくいため，特殊な場合を除いて，地下水を通じての摂取は重要ではないといわれている．

わが国におけるダイオキシン類の摂取は，全体としては魚介類を通しての摂取が多いが，土壌中でのダイオキシン類は表土中にとどまるので，土壌を直接口に入れることによる経路が相対的に大きくなることもある．居住地等の土壌中のダイオキシン類の暫定的なガイドライン値は，この経路の危険性に基づいて定められている．

大気や表流水は，製造や使用の規制あるいは排出抑制によって，比較的速く化学物質が低下していくが，土壌中のものは濃度の低下が遅く，底質と並んで長期間にわたって汚染源となる．ダイオキシン類についても，廃棄物焼却の規制によって，大気中のダイオキシン濃度はすでに低下する傾向が認められており，土壌中に残留するものが問題となってくる．

参考文献
1) 荒畑寒村：谷中村滅亡史，新泉社，1970．
2) 綿貫礼子，河村　宏：荒れる大地，死をよぶ有害廃棄物，筑摩書房，1983．
3) 日本土壌肥料学会編：土壌の有害金属汚染，現状・対策と展望，博友社，1991．
4) メディア・インターフェイス編：地球環境情報 1998，ダイヤモンド社，1998．

5) 秋山紀子：ラブキャナル事件，公害研究，Vol.10, No.4, pp.39-46, 1981.
6) Health, C.W. : Assessment of health risks at Love Canal, in Health effects from hazardous waste sites, Andelman, J. B. and Underhill, D. W., Eds., Lewis Publishers, pp.211-220, 1987.
7) 平田健正編著：土壌・地下水汚染と対策，日本環境測定協会，1995.
8) 酒井伸一：地盤環境汚染の現状とその対策，3. 欧米の地盤環境汚染と未然防止対策，土と基礎，Vol.42, No.5, pp.71-78, 1994.
9) 植田和弘：アメリカの有害廃棄物政策—RCRAとSuperfund—，公害研究，Vol.16, No.1, pp.49-59, 1986.
10) 植田和弘：スーパーファンドの中間決算書—CERCLAからSARAへ—，公害研究，Vol.19, No.4, pp.14-20, 1990.
11) 東京海上火災保険編：環境リスクと環境法（米国編），有斐閣，1992.
12) 花島正孝，高月紘，中杉修身：廃棄物の不法投棄による環境汚染，廃棄物学会誌，Vol.7, No.3, pp.208-219, 1996.
13) 中杉修身：地盤環境汚染にかかわる化学物質と毒性，地盤環境汚染における指針の改定と調査・対策技術の現状講習会講演資料，地盤工学会，pp.1-7, 1999.
14) 岩田進午，喜田大三監修：土の環境圏，フジ・テクノシステム，1997.
15) 米元純三：ダイオキシン問題と健康リスク，土木学会誌，Vol.84, No.11, pp.60-63, 1999.
16) 田中　勝：廃棄物と有害物質，処理施設からの有害物質，土木学会誌，Vol.85, pp.5-11, 2000.

第3章 地盤汚染のメカニズム

　地盤・地下水汚染の現れ方は，汚染物質，地盤，地下水の相互作用によって違った形態をとる．汚染物質について考えなければならない事項には，使用方法や廃棄方法あるいは漏洩原因などの人為的なものと，汚染物質そのものの性質としての比重，粘性，濃度，浸透性，分解性などがある．一方，環境媒体としての土の性質として考えなければならない事項には，土中の生物をも含めた土の物理化学的性質がある．これらの諸要因の相互作用として起こる汚染のメカニズムを理解することは，汚染の未然防止方策を考えるうえでも，また，汚染された地盤の浄化修復対策を策定するうえからも重要である．本章においては，重金属や揮発性有機塩素化合物など，いくつかの汚染物質の土中における存在形態や挙動あるいは分解反応などのメカニズムについて考察する．

3.1　汚染物質の土中での存在形態

　地盤は土粒子と間隙から構成され，間隙には水と空気および有機物と生物が存在する．そこに浸入した汚染物質は，物質によって差はあるものの，図3.1に示すように，基本的には次の4つの形態をとる．①土粒子に吸着する，②土中水に溶解する，③間隙中の気体となる，④汚染原液のままで存在する．なお，④は液状の汚染物質についていえることであり，各存在形態の割合は，汚染物質の性状と土の性質によって異なる．

　汚染物質はそれぞれの形態に応じた形で土中を移動する．たとえば，地下水に溶解した汚染物質や間隙ガスに揮発した汚染物質は，それらの流れにのって移動する．液状の汚染物質であれば原液のままで流れることもある．また，間隙ガスは気圧や気温の変化によって鉛直方向に移動し，水平方向への移動はあまり大きくないと考えられている．したがって，土中での平面的な汚染物質の移動つまり汚染の拡大は，

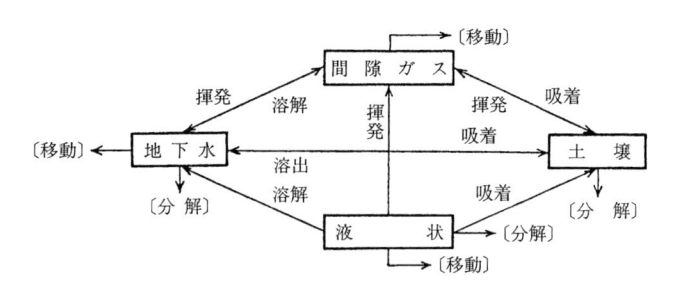

図 3.1 地盤中における汚染物質の存在形態と挙動 [1]

主に地下水の流れにのって起こる．

　土中での汚染が問題となる汚染物質は，一般には分解されにくいが，土中や地下水中でも，生物的あるいは化学的な反応によって，徐々に物質や性状が変化していく．重金属は化学的な反応によって形態が変化するだけであるが，有機物質は土中や地下水中で分解され，他の物質に変化していく．これには種々の反応が考えられるが，それらの反応速度は汚染物質や土の性質によって大きく変わる．一般に，有機物質の分解は数段階の反応に分かれていて，速やかに無害な物質にまで完全に分解されればよいが，そうでない場合には分解生成物による汚染が問題になることがある．

3.2　重金属汚染のメカニズム

3.2.1　バックグラウンド濃度

　人工的に合成され，天然中には存在しない有機塩素系化合物などとは異なり，重金属は天然中にもともと存在している．われわれが利用している重金属は，高濃度に集積された鉱石を採掘して取り出したものである．普通の土の中にも重金属は存在しており，人為起源の汚染と天然由来のものを区別することは難しい．このため，重金属による地盤の汚染の評価は，バックグラウンド濃度と比較して行うことになる．

　いくつかの土と地殻中の重金属の存在量を表 3.1 に示す．大きな変動はあるものの，これらの値は土中の天然賦存量であり，土中のバックグラウンド値と考えてよい．これらの濃度より異常に高い濃度を示す土は，人為的に重金属が負荷されたものと類推される．しかし，天然の土中における重金属等の濃度は地域的な変動が大きい．わが国でのバックグラウンド濃度は，環境庁によって水田，畑，林地，果樹園で調査されている [3]．表 3.1 と比べると砒素は高く，クロムやニッケルは少し低

表 3.1　土壌の元素組成の中央値と範囲 (ppm)[2]

	土壌 *1	土壌 *2	水田土壌 *2	地殻
Cr	70 (5～1500)	50 (3.4～810)	64 (16～337)	100
Co	8 (0.05～65)	10 (1.3～116)	9 (2.4～23.5)	～20
Ni	50 (2～750)	28 (2～660)	39 (9～412)	～35
Cu	30 (22～50)	34 (4.4～176)	32 (11～120)	55
Zn	90 (1～900)	86 (9.9～620)	99 (13～258)	40
As	6 (0.1～40)	11 (0.4～70)	9 (1.2～38.2)	2
Cd	0.35 (0.01～2)	0.44 (0.30～2.53)	0.45 (0.12～1.41)	0.15
Hg	0.06 (0.01～0.5)	0.28 (N. D.*3～5.36)	0.32 (N. D.～2.9)	0.08
Pb	35 (2～300)	29 (5～189)	29 (6～189)	15

*1　Bowen, H. J. M. 著, 浅見・茅野共訳 (1983) 環境無機化学――元素の循環と生化学, 17～34, 55～71, 博友社.
*2　Iimura, K. : Heavy Metal Pollution in Soils of Japan, 21～26 (1981).
*3　検出できず (not detect)

く，鉛やカドミウムはほぼ同じレベルである．

3.2.2　重金属と土の反応

　鉱物中に含まれる重金属は，風化作用をはじめとする種々の土の変成作用や環境の影響を受けて，一部は土壌水に溶解する．溶解した土壌水中の重金属は土の構成成分と反応する．その反応には，イオン交換的に土粒子に保持されるもの，土中の有機物や無機成分に吸着されるもの，あるいは難溶解性化合物を生成する場合などがある．また，可溶化した重金属は植物に吸収され，吸収された重金属は植物体内の物質と結合して体内にとどまる．この植物が枯死すると，吸収されていた重金属は土中に還元される．

　人工的に土に負荷された重金属の形態は一定ではないが，前記のような作用を受けて，土の構成成分と反応していると考えられている．これらの反応は土の性状によって強く影響され，とくに，吸着や難溶解性化合物には，土のpHと酸化還元電位 (Eh) の影響が大きい．

　土壌溶液に溶解した重金属はイオンとして存在するほか，土壌中とくに水田土壌中では，酢酸，乳酸，コハク酸などの有機酸を生成し，これら有機酸と可溶性錯化合物を形成する．土壌溶液中の銅 (Cu) の99％，マンガン (Mn) の93％程度，亜鉛 (Zn) の75％程度が錯体であり，コバルト (Co) はほとんどイオンで存在する．このように，土壌溶液にイオンとして存在する割合は重金属によってかなり異なってくる[4]．

3.2.3 重金属と腐植の反応

土中の腐植の主要な構成分は，酸に溶解する低分子のフルボ酸とアルカリに溶解する高分子の腐植酸である[5]．これらの酸はカルボキシル基や水酸基をもち，イオン交換能を有する．また，重金属陽イオンと強く結合して安定な錯化合物を形成する．錯化合物の形成能は pH の影響を受け，一般に，pH の上昇によって形成能は上昇する．pH の変化に伴い多少の変動はあるが，酸性〜中性域での形成能は，$Cu^{2+} > Zn^{2+} > Cd^{2+} > Mn^{2+}$ となる[6]．たとえば，ポゾドル土より抽出したフルボ酸と重金属陽イオンとの錯化合物形成能は，pH 3.5〜5.0 程度において，$Cu^{2+} > Pb^{2+}, Fe^{2+}, Ni^{2+} > Co^{2+} > Ca^{2+} > Zn^{2+} > Mg^{2+}$ の傾向が認められている[11]．

3.2.4 重金属と粘土鉱物

粘土鉱物と重金属との反応にはイオン交換と特異吸着とがある．2:1型粘土鉱物は同形置換により負電荷を生じ，pH に影響されずに重金属をイオン交換的に保持する．また，粘土の端面に生ずる Si-OH などは，pH の変化により H^+ を解離して負電荷を生じる．この負電荷の大きさは，pH や陽イオンの種類や濃度により影響される．重金属は，この粘土の端面などに生じる Si-OH などの OH 基から生じた O^- と強く結合する．これが特異吸着であり，特異吸着した重金属は一般的な陽イオン交換では脱着しない[7]．

3.2.5 重金属と水和酸化物の反応

重金属陽イオンの水和酸化物への吸着は，1〜2個の H^+ を放出するため，イオン交換と類似しているが，遊離した塩基の存在下でも起こる点においてイオン交換と異なる．この吸着は，正味の表面電荷がゼロの状態になる pH よりやや低い pH から顕著になり，吸着の強さは，溶液の pH，重金属陽イオンの濃度と種類，水和酸化物の種類などに影響される．$Cu^{2+}, Zn^{2+}, Mg^{2+}$ の吸着実験によれば，pH の上昇により重金属陽イオンの吸着率が増加し，また，重金属濃度が高いほど，共存イオンが少ないほど，Fe, Al の水和酸化物の結晶化度が低いほど，吸着率は大きくなる．低い pH で吸着率の高い重金属陽イオンほど水和酸化物への親和性が高く，親和性の大小は水和酸化物の種類により多少の差があるようである[8]．

3.2.6 重金属による不溶性物質の生成

重金属元素が土中の他の元素と反応し，溶解度のきわめて小さい化合物を生成することがある．その1つが硫化物の生成である．図3.2は，種々の酸化還元電位 (Eh) の土から，pH5.5 の酢酸アンモニウムによって，土から重金属が抽出される割合を

示したものである.

カドミウム (Cd) は図に示した実線に沿って測定点が分布している.このことは,Cd の不溶化は硫化物の生成に支配されていることを示唆している.また,これは,Cd 汚染水田土で稲作期間中は落水せず,水を張った状態を保つという,水稲の Cd 吸収を抑制する対策の根拠でもある.亜鉛 (Zn) は Cd に比べて実線より外れる場合が多い.これは,SO_4 の量に比べ可溶性の Zn の量がかなり多いため,酸化物の沈殿が不十分であったためと考えられている.

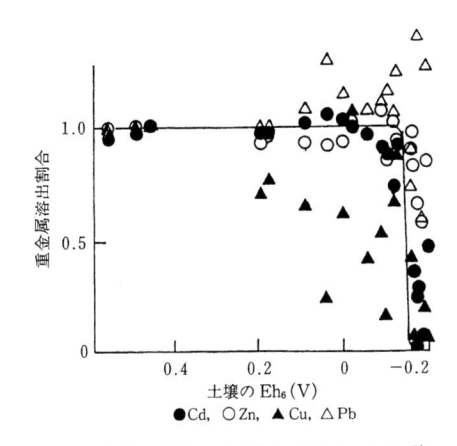

図 3.2　土壌の酸化還元電位と重金属の溶出 [9]

鉛 (Pb) の結果は実線より上の場合が多い.これは,酸化還元電位 (Eh) の低下によって,何らかの原因による可溶化が進んだものと思われる.これに対し,銅 (Cu) は実線より下の結果が多い.これは,硫化物生成による不溶化とともに,他の原因による不溶化が進み,硫化物生成以外の作用が同時に起こっていることを示している.

3.2.7　土中における重金属の形態

土中の重金属が,どのような形態でどの程度の量存在しているかを分析する方法,すなわち,重金属の形態分析については種々の方法が提案されているが,その一例を示したのが図 3.3 である.基本的には,抽出剤を変えて次のような手順で重金属を形態別に抽出する.

①土を塩化カルシウム溶液で抽出すると,土壌溶液中の交換性の重金属が抽出される (CA 画分).②残渣に酢酸溶液を加えて抽出すると,粘土に特異的に吸着されていた重金属が抽出される (AAC 画分).③残渣をピロリン酸カリウム溶液で抽出すると,有機物に特異的に吸着されていた重金属が抽出される (PYR 画分).④残渣に紫外線を照射しながら,シュウ酸,シュウ酸アンモニウム溶液で抽出すると,Al,Fe 酸化物に吸蔵されていた重金属が抽出される (OX 画分).⑤残渣をフッ酸,過塩素酸で分解すると,これまでに抽出されなかった重金属,たとえば,粘土鉱物の結晶格子に入り込んでいたような重金属が測定できる (RES 画分).

図 3.4 は,群馬県安中市の東邦亜鉛安中製錬所周辺の重金属汚染水田土の形態分析の例を示したものである.この汚染は大気経由のものであり,汚染は表層から下

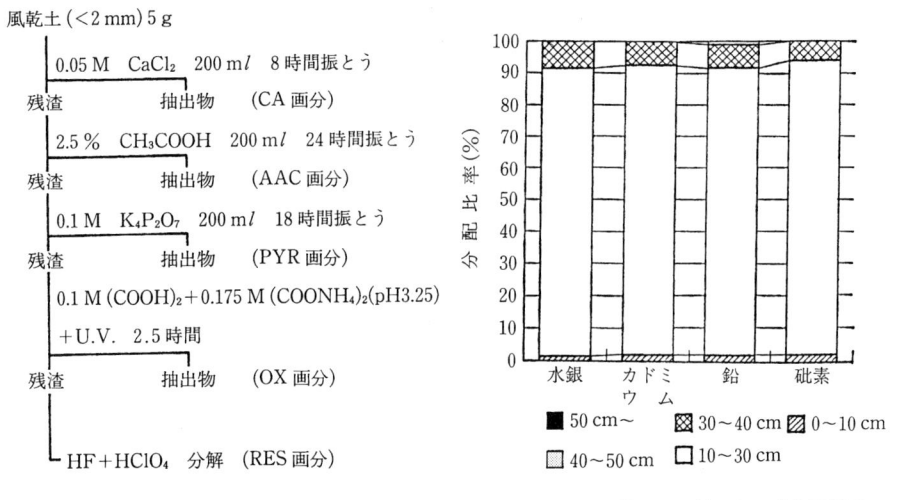

風乾土 (＜2 mm) 5 g
├ 0.05 M CaCl₂ 200 ml 8 時間振とう
│ 残渣　　抽出物　(CA 画分)
├ 2.5 % CH₃COOH 200 ml 24 時間振とう
│ 残渣　　抽出物　(AAC 画分)
├ 0.1 M K₄P₂O₇ 200 ml 18 時間振とう
│ 残渣　　抽出物　(PYR 画分)
├ 0.1 M (COOH)₂＋0.175 M (COONH₄)₂(pH3.25)
│ ＋U.V. 2.5 時間
│ 残渣　　抽出物　(OX 画分)
└ HF＋HClO₄ 分解　(RES 画分)

図 3.3 土壌中重金属の形態分析法 [10]

図 3.5 工場跡地土壌による重金属浸透実験結果 [10]

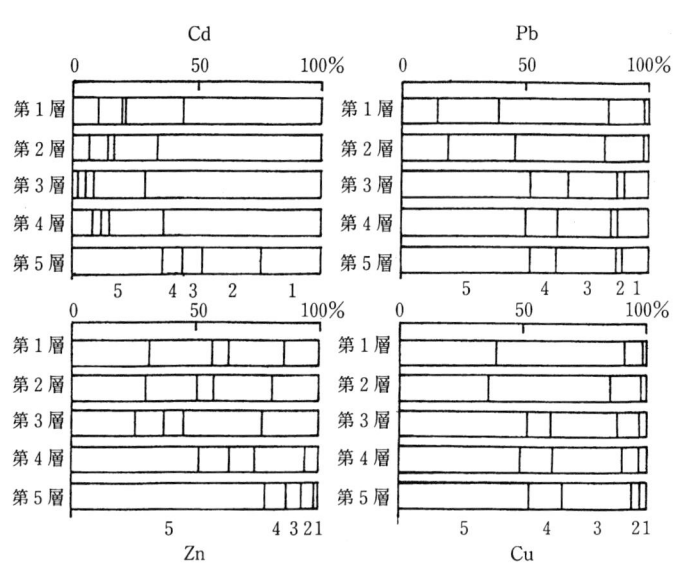

凡例: ■ 50 cm～　▨ 30～40 cm　▧ 0～10 cm　▢ 40～50 cm　□ 10～30 cm

Cd / Pb / Zn / Cu　第1層～第5層　1:CA, 2:AAC, 3:PYR, 4:OX, 5:RES

図 3.4 安中重金属汚染土壌の形態分析 [10]

層へと進行する．汚染の進行は元素により異なるが，重金属の濃度からみて，Cdと Znの汚染は3～4層に及んでいる．PbとCuの汚染の進行は遅く，第2層までと考えられる．CdのCA画分が第1～4層で50％以上と非常に多い．第5層は非汚染土と見られるが，CA画分が減少してRES画分が増加している．ZnのCA画分は汚染されている第1～3層で14～23％であり，Cdに比べると少ない．

多少の汚染が考えられる第4層のCA画分は上の層よりも減少し，第5層ではさらに減少し，RES画分が増加している．PbとCuのCA画分は非常に少ない．Pbは汚染層でPYR画分が多く，非汚染層でPYR画分が減少し，RES画分が増加している．CuもPYR画分とRES画分が多く，Pbと類似しているが，汚染と非汚染の相違はあまりない．各画分のうち，CA画分は土中で移動しやすいと考えられ，RES画分は非常に移動しにくいと考えられている．以上のようなことから，土中での可動性は Cd > Zn > Pb > Cu と考えられる[11]．

排水や廃棄物とともに土中に投棄された重金属は，一般的には水に溶けにくく，土粒子に吸着された形で存在する場合が多い．工場跡地の汚染された土を22 cmの厚さで7ヶ月放置した実験では，この間に1 067 mmの降雨があったにもかかわらず，図3.5に示すように，重金属はほとんどもとの土から移動していないという報告もある．人為起源の重金属は比較的表層の土の中に捨てられるので，揮発性有機塩素化合物に比べると，地下水を汚染する可能性は高くはない．しかし，水に溶けやすい化学形態に変化すると，降雨などに溶けて浸透し地下水を汚染する．たとえば，六価クロムは三価クロムに比べて地下水に解けやすく，砒素は還元雰囲気で溶け出しやすい．

天然土中の重金属は，一般には水に溶けにくい形態で存在するが，条件によっては溶けやすい化学形態になり，地下水を汚染することがある．深層の地下水から多く見出される砒素による地盤・地下水の汚染は，天然の中に含まれていたものが，還元的雰囲気で地下水に溶出したものと考えられている．天然起源の地下水の汚染は，汚染物質が点源から浸入する人為起源のものに比べて，汚染が広い範囲に及ぶ場合が多い．

3.3　有機塩素系化合物汚染のメカニズム

3.3.1　起源と汚染要因

揮発性の有機塩素系化合物は，①油の溶解力が高い，②揮発性が高い，③不燃性で爆発しない，④分解されにくく安定である，などの優れた性質を有している．このような特性を生かして，溶剤をはじめとして，さまざまの用途に利用されるとと

表 3.2 揮発性有機塩素化合物の生産動向（千トン/年）[1]

年度	1980	1985	1987	1989	1991	1993
ジクロロメタン	35	54	57	73	82	93
四塩化炭素	43	48	51	58	51	53
1,2-ジクロロエタン	2060	1900	2051	2463	2642	2734
1,1,1-トリクロロエタン	—	120	131	164	177	78
塩化ビニル	1656	1733	1821	2158	2299	2288
トリクロロエチレン	82	73	64	65	52	68
テトラクロロエチレン	64	72	84	91	67	64

もに，化学合成原料としても大量に使用されてきた．

表 3.2 に示すように，揮発性有機塩素化合物の中で，わが国での生産量が最も多いのは，1,2-ジクロロエタンと塩化ビニルであり，約 200 万トン/年が生産されている．塩化ビニルはもっぱらポリ塩化ビニルの合成原料として使われている．1,1-ジクロロエチレンも数万トン/年生産されており，ほとんどはポリ塩化ビニルデンや 1,1,1-トリクロロエタンの合成原料として消費されている．1,2-ジクロロエタンの大部分は塩化ビニルの原料として消費されるが，一部は溶出溶剤として用いられる．

1,1,1-トリクロロエタンは十数万トン/年が生産され，洗浄溶剤や代替フロンの原料などに用いられてきた．しかし，オゾン層破壊物質の 1 つとして，現在は生産と使用が禁止されている．四塩化炭素もオゾン層破壊物質として生産と使用が禁止されたが，これまでに約 5 万トン/年がフロンガス合成原料や溶剤などとして使用されてきた．

ハイテク汚染として地盤や地下水汚染の社会問題のきっかけとなった，トリクロロエチレンやテトラクロロエチレンは数万トン/年が生産されてきた．トリクロロエチレンは金属関連産業や半導体産業などにおいて洗浄溶剤として用いられ，テトラクロロエチレンはドライクリーニングや金属工業等においての脱脂洗浄，あるいはフロンガスの合成原料として用いられてきた．しかし現在では，フロンガスの生産規制などによって生産量と使用量は増加していない．

クロロホルムやジクロロメタンも数万〜数十万トン/年が生産されてきている．ジクロロメタンは主に洗浄溶剤，発泡剤，反応溶媒等，多様な用途に用いられている．これらの物質は，トリクロロエチレンやフロンなどの使用が規制されるに従い，それらの代替物質として生産量が増加したが，水質環境基準の健康項目に加えられたことで，生産量の伸びは頭打ちになると考えられている．クロロホルムは大部分がフロン 22 の製造原料として使用されているが，将来，生産と使用が禁止される予定

になっている．

3.3.2　環境への浸入

　たとえば，トリクロロエチレンの洗浄剤としての使用方法は，蒸気洗浄，どぶづけ，部品への吹き付け，布に染み込ませての拭き取りなど，開放系での使用がほとんどであり，そのため大気中へ揮散していく．一方，排ガスや排水あるいは廃棄物に含まれて環境中に放出されるが，揮発性が高いので大部分は大気中へ浸入することになる．廃溶剤などとして回収されるものを除くと，開放系で日常的に使用される揮発性有機塩素化合物の大部分は，排ガス等を通じて大気へ浸入していく．

　大気へ放出された揮発性有機塩素化合物は，土に直接吸着したり，降雨や降塵とともに土中に移行する可能性がある．しかし，雨水中の揮発性有機塩素化合物の濃度は低く，また，土や水に直接吸着したものも，80%以上は再び大気へ揮散していく．このようなことから，大気中から土へという経路によって，高濃度の地盤や地下水の汚染が引き起こされる可能性は低いといえる[13]．

　大気への排出に比べて，廃水等に含まれて排出される揮発性有機塩素化合物は一般に少ない．また，流下していく間に速やかに大気中へ揮散する．クリーニング施設などでは，洗浄溶剤として使用した揮発性有機塩素化合物を，水と分離して回収しているが，分離水は水溶解度あるいはそれ以上のテトラクロロエチレンを含み，水質環境基準の1万倍以上になることもある．これが何らかの原因で地下に浸透すると高濃度の汚染を引き起こす．過去においては，揮発性有機塩素化合物を含む排水がそのまま地下に浸透されており，これが大きな汚染原因となっている．

　一方，汚染原液がそのままの状態で地中で大量に発見されることがある．これは使用中や処理の過程での不適切な取扱いが原因と思われる．現在では，液状の廃溶剤をそのまま埋立処分することはもちろん禁止されているが，液状のままのあるいはドラム缶に入れた廃溶剤が不法投棄されている例もある．地中から発見される大量のものは，不適切な取扱いや不法投棄によるものと考えられている．

3.3.3　土中への浸透と移動

　土中への浸透という観点から，揮発性有機塩素化合物の特性をみると，表3.3に示す物性値からわかるように，①比重が水より大きい，②水に溶けにくい，③土粒子に吸着しにくい，④粘性が水より小さい，⑤表面張力が水より小さい，⑥揮発性が大きい，⑦分解されにくい，などを挙げることができる．ただ，水に難溶性といっても，トリクロロエチレンならば最大1 100 ppmまで溶解し，環境基準に比べれば4，5桁高い溶解性をもっている．また，量は少ないものの，土中の腐植などの有機

表 3.3　揮発性有機塩素化合物の物性と水質環境基準との比較 [11]

物質名	分子量	比重	融点	沸点	蒸気圧	粘性	水質環境基準	水溶解度	水溶解度/水質環境基準値
塩化メチレン	84.9	1.33	−96.8	39.8	440	0.442	0.02	20 000	1×10^6
四塩化炭素	153.8	1.63	−22.9	76.7	113	0.969	0.002	800	4×10^5
1,2-ジクロロエタン	99.0	1.26	−35.9	83.4	87	0.832	0.004	9 000	2.3×10^6
1,1,1-トリクロロエタン	133.4	1.35	−32.6	74.1	127	—	1	900	9×10^2
cis-1,2-ジクロロエタン	97.0	1.28	−80.5	60.3	208	—	0.04	800	2×10^4
トリクロロエチレン	131.4	1.46	−73	86.9	77	0.58	0.03	1 100	3.7×10^4
テトラクロロエチレン	165.9	1.62	−19	121.4	19	0.88	0.01	150	1.5×10^4

比重：d_4^{20}，融点および沸点：℃，蒸気圧：mmHg (25 ℃)，水溶解度：mg/l (20 ℃)，
粘性 η/mPas (20 ℃)

物には吸着する．このような性質のため，地中に浸入した原液の汚染物質は容易に下方に移動し，地下水の汚染を引き起こす [12]．

　ガラスビーズや土を詰めたカラムに，トリクロロエチレンやテトラクロロエチレンを流した実験によれば，これらの汚染物質は横方向にはほとんど広がらず，カラムの底の水の層まで流下し，土粒子が細かいと水の層の上に，粗いと水の層の底に溜まることが観察されている [13]．汚染源のボーリング調査で採取された土の揮発性有機塩素化合物の鉛直方向の濃度分布を見ると，帯水層付近の土が最高濃度を示す場合が多い．図 3.6 は，厚く積もった火砕流堆積物にトリクロロエチレンが浸入した事例である．不圧地下水面が約 42 m と深いにもかかわらず，トリクロロエチレンは帯水層まで浸透し，地下水面から帯水層の底にかけて高濃度に汚染されている．

　また，図 3.6 の例では，鉛直方向に 40 m 以上も浸透しているにもかかわらず，10 mg/kg を越える高濃度の汚染範囲は，半径 20 m 程度である．帯水層が浅い例では，10 mg/kg を越える汚染の広がりは数 m 程度に過ぎない．これまでの例から類推すると，鉛直方向に 1 m 浸透するに従い，10 mg/kg を超える汚染の横方向の範囲は，およそ 0.5 m ずつ広がっていく程度である [1]．これまでに収集された土中での揮発性有機塩素化合物の広がりをまとめると表 3.4 のようである．

　以上のようなことから，揮発性有機塩素化合物の地中での移動と存在の形態を模式的に示すと図 3.7 のようになろう．地表の原液に近い汚染物質は，地下水面より上方においては，揮発により地下空気に分配されながら鉛直方向に容易に浸透していく．このとき，不飽和土中に汚染物質が残留し，地下水面が上昇したときの地下水汚染の原因となる．地下水面下に浸透すると，地下水の流動方向に移動しながら

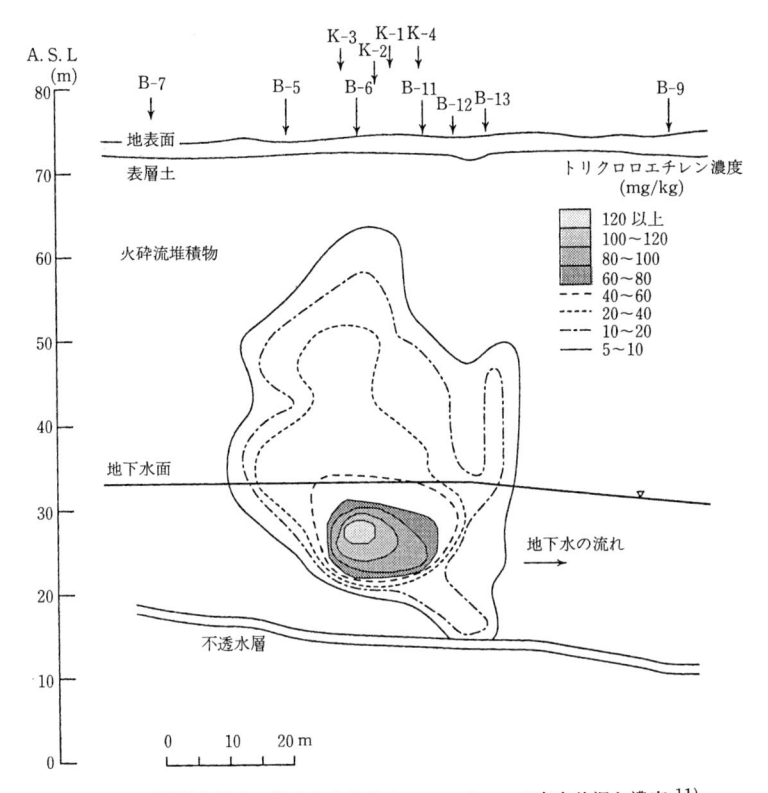

図 3.6 深層土層まで浸入したトリクロロエチレンの存在状況と濃度 [11]

表 3.4 土壌濃度 10 mg/kg を基準とした高濃度土壌汚染の広がり [1], [14]

事例	汚染物質	最高濃度 (mg/kg)	平面的広がり (m × m)	深度 (m)
1	トリクロロエチレン	6 600	7.5 × 9	7
2	トリクロロエチレン	210 000	3 × 3	4
3	トリクロロエチレン	138	45 × 40	46
4	テトラクロロエチレン	14 000	4 × 3	—
5	テトラクロロエチレン	2 600	< 3 ×< 3	(表層)

難透水層まで沈降していく．地下水に溶けた汚染物質は，地下水流により移流・拡散を繰り返しながら汚染プリュームを形成していく．また，微生物分解や化学分解により，テトラクロロエチレン (PCE) →トリクロロエチレン (TCE) →ジクロロエチレン (DCE) と分解され，物質が変わっていく．これについては後から述べる．

汚染プリュームからの溶出は長期にわたるため, 地盤と地下水汚染は, 汚染物質を除去あるいは浄化しないかぎり長期間続くことになる.

土は土粒子（固相），水分（液相），ガス（気相）の3相から構成されている. したがって，土中へ浸入した汚染物質はこれら3相の間で分配され，それぞれの濃度は気体，液体，固体間の分配特性で決まる. 揮発性有機塩素化合物は水溶解度が低く揮発性が高いことから，ヘンリー定数はかなり大きくなり，水と空気との分配では，大きく空気側に偏っている[16]. しかも，土粒子へ吸着しにくいため，土中での可動性は高いといえる. こうした性状に加え, 粘性が水より低いため，さらさらした液体であり，不飽和土中では水より浸透しやすい. ただ, 水に溶けにくいといっても，水道水質基準や水質環境基準は, かなり低い値に設定されているので，これらを基準にすると，トリクロロエチレンで37 000倍, テトラクロロエチレンで1 500倍も水に溶解する. また, 土粒子への吸着力は有機物含有量に比例するとされており, 有機物を多量に含む土では, 土中水への溶出や土中ガスへの揮発は相対的に小さくなる.

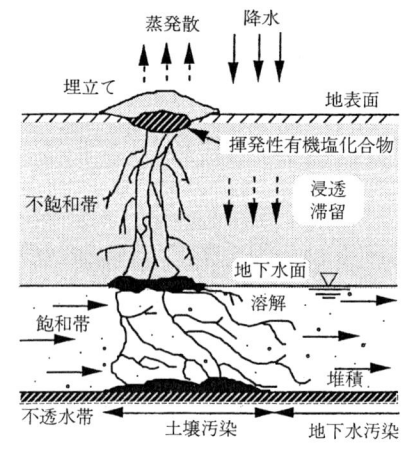

図 3.7 有機塩素化合物による地下水汚染の機構概念図[18]

図3.8は, 汚染源から下流に向かう浅層地下水中のトリクロロエチレン濃度の経年変化を示したものである. 汚染土の除去によって, 井戸の濃度が当初減衰した以外は, ほとんど変化しておらず, 汚染範囲も変化していない. しかし, 地下水の流れが変わると汚染範囲も変化する. 季節的な変動以外で, 地下水の変化をもたらす最大の要因は揚水量の変化である. 図3.9は, 下流に位置する井戸aのトリクロロエチレン濃度と上流側の2つの井戸b, cの揚水量の変化の相関を示したものである. 上流の井戸b, cの揚水を停止すると井戸aの濃度が上昇し, 揚水を開始すると井戸aの濃度が低下している.

汚染源の土壌ガスには, 飽和濃度に近い揮発性有機塩素化合物が揮散している. このような土壌ガスの気体密度は大きいので, 地下水面に向かって下方に移動した後, 地下水面に沿って放射状に広がり, 透気性のよい土ほど広がりは大きくなる. しかし, 気圧が低下すると, 上向きの土壌ガスの流れにのって揮発性有機塩素化合物も上方へ移動する. 台風時の気圧の低下とともにトリクロロエチレンの濃度が数倍に上昇した例もある. また, 地表面温度の変動による土壌ガスの移動も考えられる.

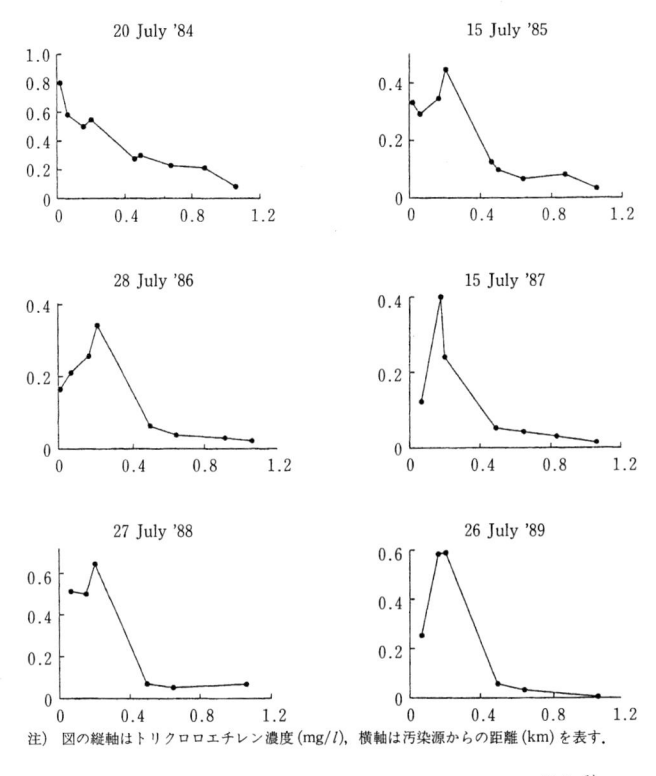

3.3 有機塩素系化合物汚染のメカニズム　67

注）図の縦軸はトリクロロエチレン濃度(mg/l)，横軸は汚染源からの距離(km)を表す．

図 3.8 汚染源事業場からの距離とトリクロロエチレン濃度 [1)]

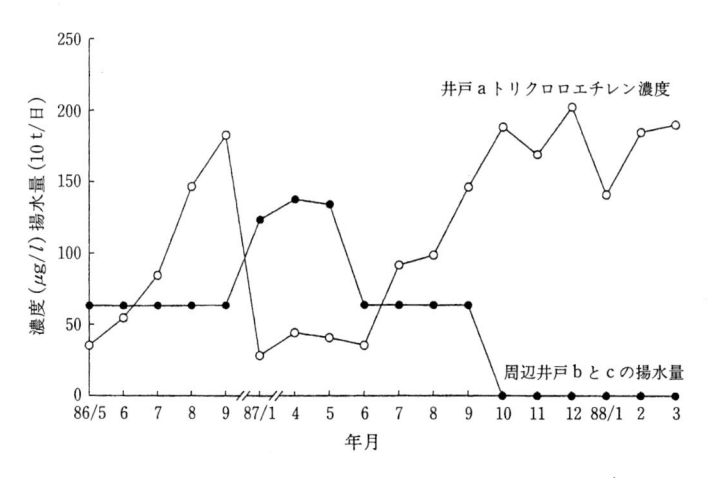

図 3.9 周辺井戸の揚水によるトリクロロエチレン濃度変化 [1)]

3.3.4 土中での分解

　トリクロロエチレンやテトラクロロエチレンは大気中では比較的容易に分解される．しかし，土中や水中では分解されにくく，化学物質の審査および製造等の規制に関する法律における微生物分解の試験でも，難分解性と判定されているが，最近の研究において，土中においても生物的あるいは化学的に分解されることが明らかになってきた．

　土中でよく見られる嫌気的条件下でのテトラクロロエチレンの分解は，図3.10に示すように，塩素が水素に1つずつ置き換わる還元的脱塩素反応によって分解されていくことが明らかになってきた．トリクロロエチレンの分解からは，1,1-ジクロロエチレン，cis-1,2-ジクロロエチレン，trans-1,2-ジクロロエチレンのいずれかが生成するが，cis-1,2-ジクロロエチレンの生成割合が高いとされている．この異性体の生成割合が，土中水中での検出状況と一致することから，土中水中のジクロロエチレン類の少なくとも一部は，トリクロロエチレンの微生物分解によっていると考えられている．

　同様に，図3.11に示すように，土中水から検出される1,1-ジクロロエタンは1,1,1-トリクロロエタンの微生物分解によるものと考えられている．しかし，地下水汚染事例の中には，cis-1,2-ジクロロエチレンよりも1,1-ジクロロエチレンが高濃度で検出される例もある．一方，1,1,1-トリクロロエタンは土中で化学的に分解され，1,1-ジクロロエチレンを生成する反応が見出されている[17]．

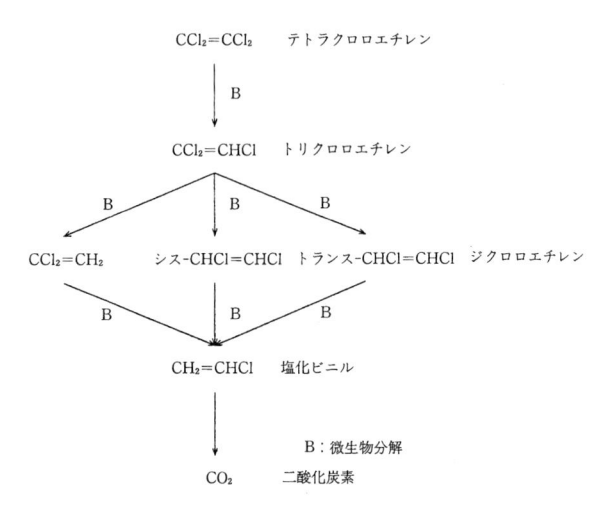

$$CCl_2=CCl_2 \quad \text{テトラクロロエチレン}$$
$$\downarrow B$$
$$CCl_2=CHCl \quad \text{トリクロロエチレン}$$
$$\swarrow B \quad \downarrow B \quad \searrow B$$
$$CCl_2=CH_2 \quad \text{シス-}CHCl=CHCl \quad \text{トランス-}CHCl=CHCl \quad \text{ジクロロエチレン}$$
$$\searrow B \quad \downarrow B \quad \swarrow B$$
$$CH_2=CHCl \quad \text{塩化ビニル}$$
$$\downarrow$$
$$CO_2 \quad \text{二酸化炭素}$$

B：微生物分解

図 3.10　テトラクロロエチレンの還元的脱塩素反応[17]

3.3 有機塩素系化合物汚染のメカニズム

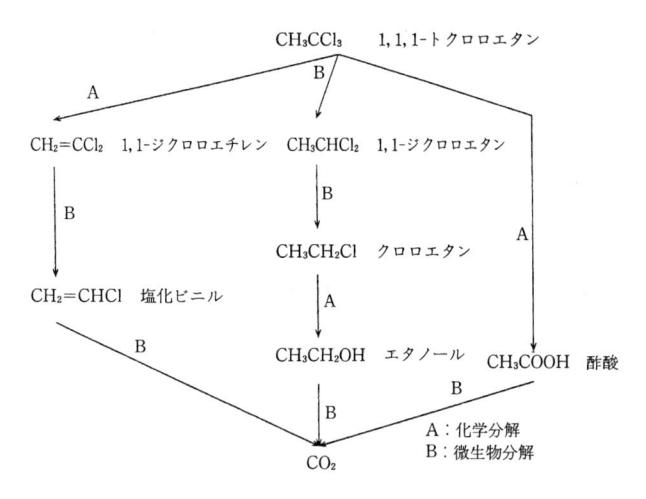

```
              CH₃CCl₃   1,1,1-トリクロロエタン
         A   ↙    ↓ B
              ↓
CH₂=CCl₂  1,1-ジクロロエチレン  CH₃CHCl₂  1,1-ジクロロエタン
   ↓ B                          ↓ B                      ↘ A
                            CH₃CH₂Cl   クロロエタン
CH₂=CHCl  塩化ビニル              ↓ A
                            CH₃CH₂OH   エタノール    CH₃COOH  酢酸
       ↘ B                       ↓ B              ↙ B
                               CO₂
                                         A：化学分解
                                         B：微生物分解
```

図 3.11 1,1,1-トリクロロエタンの分解 [17]

地下水や土中のジクロロエチレンの濃度は，汚染源から離れるに従い，また，深くなるに従い，その親となるトリクロロエチレンや1,1,1-トリクロロエタンの濃度に比べて相対的に高くなる．このことは，土中を移動しながら揮発性有機塩素化合物が分解されていることを示しているといえよう．

微生物による分解は，栄養源が地下水中に存在しないと起こらないが，図 3.12 に示すように，水溶解度に近い高濃度のテトラクロロエチレンを速やかに分解する微生物が分離されている [18], [19]．しかし，実際の土中

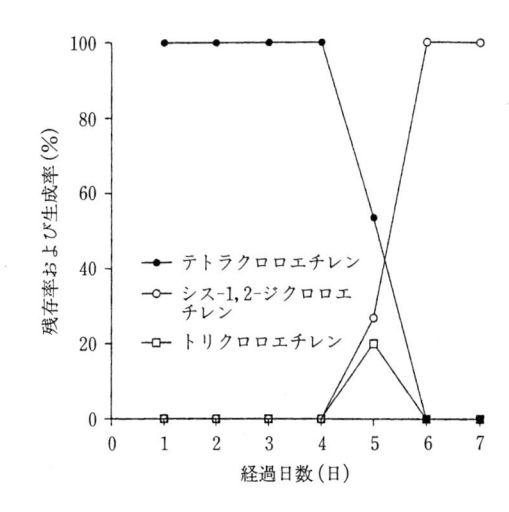

図 3.12 汚染土壌によるテトラクロロエチレンの分解と生成物 [1]

においては，高い活性を有する微生物が多数生存しているわけではなく，また，嫌気的分解に適した条件が整っているとは限らない．そのため，土中での分解反応は必ずしも速くはない．一方，嫌気的な分解だけでなく，好気的条件で分解する菌も見出されており，各種のバイオレメディエーションとして汚染の修復への応用が検

討されている．以上のような，土中における揮発性有機塩素化合物の反応については文献によくまとめられている[20]．

3.4 油類・炭化水素汚染のメカニズム

地盤汚染物質には，今までとり上げてきた重金属，揮発性有機塩素化合物，農薬(本書では対象としない)などのほかに，石油などの燃料や有機溶剤および木材防腐剤などがある．とくに，石油製品や防腐剤の中には，表3.5に示すように，有害物質としての毒性以外に，発ガン性，催奇形性，変異原生をもたらす物質，あるいは，

表3.5 石油・石炭製品に含まれる主な炭化水素系有害物質の特性 [1]

物質名	毒性	発ガン性	催奇形性	変異原性	爆発性
アセナフチレン		―			
アセナフテン	△	―			
アントラセン	△	△		△	○
エチルベンゼン	○				○
キシレン	○	―	△	―	○
クリセン		○		○	
ジベンゾ (a, h) アントラセン	○	△			
トルエン	○		―		○
ナフタレン					
ピレン	○	△		―	
フェナントレン	○			―	
フルオランテン	○	―		○	
フルオレン	○	―		―	
ペナントレン					
ベンゾ (a) アントラセン	○	○		○	
ベンゼン	○	△	―	―	○
ベンゾ (B, K) フルオラテン	○	△			
ベンゾ (a) ピレン	○	○	△	○	
ベンゾ (e) ピレン		○		○	
ベンゾ (G, H, I) ペリレン	○				
メチルナフタレン	○				

記号：○；あり，△；疑いあり，―；確認されず，無印；データなし
毒性データは下記資料から抜粋
　環境化学物質要覧 (環境庁環境化学物質研究会編，丸善発行，1988)
　国際化学物質安全性カード

その疑いのあるものが含まれている．また，これらの物質は生物学的に比較的難分解性であることから，いったん土壌が汚染されると長期間地中に蓄積され，あるいは地下水に浸入して汚染を拡大する．ここでは，とくに消費や流通量の多い石油や石炭からつくられる燃料や石油・石炭製品である有機溶剤・木材防腐剤などの炭化水素系物質による地盤汚染について概観する．

3.4.1 石油

炭化水素系物質の代表である原油の消費量は，1997年の推定で，世界で年間約40億 kl であり，原油，ナフサをはじめとして，さまざまな石油製品として世界中で輸出入されている．わが国も，中近東諸国，インドネシア，中南米などの国から，消費量の99％以上にあたる3.3億 kl の石油を毎年輸入している[21]．輸入された原油は，図 3.13 に示すような流れで精製され，ガソリン，ディーゼル油，ジェット燃料などの輸送用燃料，灯油，重油などの暖房あるいは動力燃料として使われるほかに，潤滑油，有機溶剤あるいはその他の石油化学製品の原料として，さまざまな分野で消費されている．石油製品の流通量は，他の汚染物質の製造量に比べて極端に多く，海外では輸送や貯蔵施設における地盤・地下水汚染事故が多発している[24]．

3.4.2 炭化水素系溶剤

有機溶剤は，塗料，印刷インキ，接着剤，ゴム，繊維などでの原料溶剤や反応溶剤，医薬品などでの抽出用，あるいは電子工業などでの洗浄用として，さまざまな分野で各種の用途に使われている．また，その種類も炭化水素系，塩素系，アルコール系，ケトン系，エステル系，フロン系などさまざまなものがある．これらの中で，地盤・地下水汚染として問題となるのは，難分解性と有害性という観点から，塩素系と炭化水素系の溶剤である．塩素系の溶剤としては，トリクロロエタン (TCA)，トリクロロエチレン (TCE)，テトラクロロエチレン (PCE)，四塩化炭素，クロロホルムなどがある．これら塩素系については，有機塩素化合物汚染としてすでに取り上げてきたので，ここでは，炭化水素系の溶剤について考える．

炭化水素系溶剤は，大別して脂肪族炭化水素系と芳香族炭化水素系に分けられる．いずれもその大部分は石油製品であり，一部石炭の乾留副産物として製造されている．国内の炭化水素系溶剤の主な製品と販売量および主要な用途を表 3.6 に示す．量的に圧倒的に多いのは，BTX とよばれるベンゼン，トルエン，キシレンの芳香族炭化水素である．ベンゼンはその大部分がスチレンモノマーの原材料として，キシレンはテレフタール酸を通してポリエステル原料に，トルエンは溶剤や脱アルキルによるベンゼン原料，ポリウレタン原料 (TDI) として使われている．

第3章 地盤汚染のメカニズム

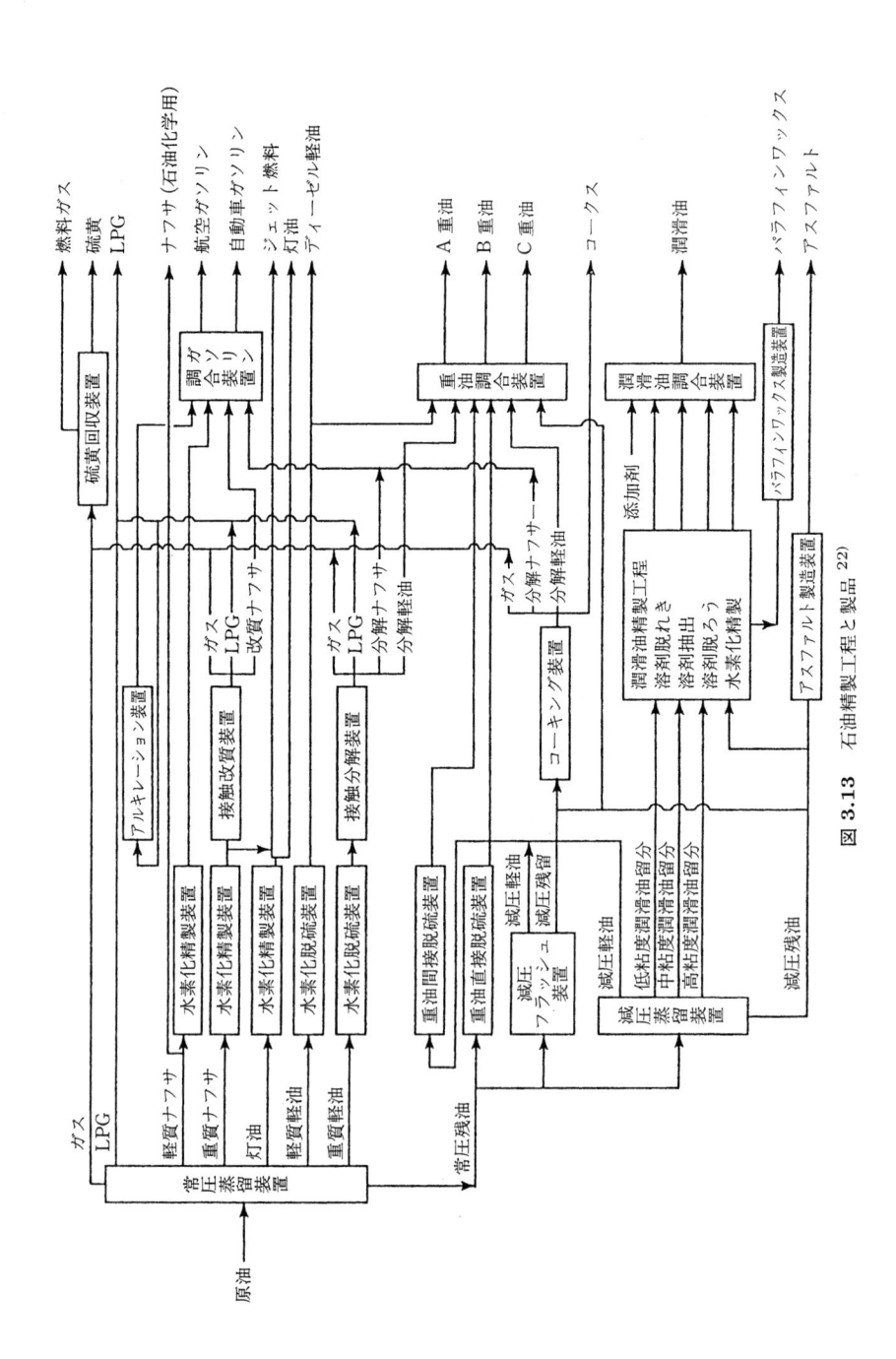

図 3.13 石油精製工程と製品 22)

表 3.6　炭化水素系有機溶剤の種類と販売量

分類	主な製品	販売量 (1988 または 1987 年)	主な用途
脂肪族	イソパラフィン系溶剤	17 700 t	潤滑油, 重合溶剤, コピー, エアロゾル
芳香族	C_9 アロマ溶剤	51 000 t	焼き付け塗料, 金属・インキ溶剤, シンナー配合剤
芳香族	C_{10} アロマ溶剤	29 500 t	焼き付け塗料, 金属・インキ溶剤, シンナー配合剤
芳香族	ベンゼン	2 488 000 t	スチレンモノマー, シクロヘキサン, フェノールキュメン
芳香族	トルエン	1 091 000 t	溶剤, 脱アルキル, TDI, 合成クレゾール, ガソリンブレンド
芳香族	キシレン	1 864 000 t	異性化ポリエステル, 塗料, 一般溶剤

(注)　C_9, C_{10} アロマ溶剤の主成分
　　　C_9 アロマ溶剤：トリまたはテトラメチルベンゼン, アルキル (C=2—4) トルエン, 分枝アルキルベンゼン (C=3—36)
　　　C_{10} アロマ溶剤：トリまたはテトラメチルベンゼン, シメン, ジエチルベンゼン, ナフタリン
(資料)「溶剤規制の動向と市場展望」：シーエムシー (1990), から抜粋, 整理

　米国における有機溶剤による汚染事例では, 塩素系溶剤にBTXなどの炭化水素系溶剤が一緒に含まれている事例が多い. しかし, わが国においては, 塩素系溶剤による汚染事例は多数あるが, BTX溶剤の汚染事例はほとんど報告されていない. これは, 塩素系溶剤が主に洗浄用として用いられているのに対して, BTXは原料として用いられているため, 管理が十分に行き渡っていることが影響しているものと考えられる.

3.4.3　木材防腐剤

　海外における地盤汚染事例で比較的多いのが木材防腐剤である. 最近では, さまざまな防腐剤が使用されているが, かつては, ペンタクロロフェノール (PCP) やクレオソートなどの使用が多く, 米国では, 製材所や貯木場跡地を中心に, これらによる汚染事例が多く報告されている. 塩素系多価フェノールであるPCPは, 催奇形性や発ガン性の疑いがあることから使用できなくなったが, クレオソートは国内でも土木用木材や鉄道枕木あるいは電柱の防腐剤として最近まで多量に使われていた. しかし, 枕木や電柱がコンクリート製になるとともに需要は減ってきている.
　クレオソートは鉄鋼生産に使われるコークスの製造過程で, 石炭乾留工程から出るコールタールを蒸留することで得られる. 150～200種のさまざまな化合物が含まれるが, その主な成分は, 85%が多価芳香族炭化水素 (PAHs), 10%がフェノール

化合物となっている．成分中には毒性が高く，発ガン性の疑いがあるものも含まれている．国内では，平成5年度で77 000トン生産され，防腐剤のほかにカーボンブラック原料，漁網染料，消毒剤，医薬などで使われている．

3.4.4 石油系炭化水素汚染のメカニズム

石油系炭化水素はその消費量と流通量がきわめて多いことから，海外諸国では，これらによる地盤汚染事例が数多く報告されている．たとえば，輸送過程での汚染事故，貯蔵タンクでの漏出事故，取扱い不注意による事故，戦争による破壊汚染，不法投棄による人災，地震など自然災害による漏出など，その原因はさまざまである．

これに対してわが国では，流通量が多いにもかかわらず，有機塩素系の溶剤や重金属汚染に比べて，汚染事例の報告はきわめて少ない．これは，ベンゼン以外の炭化水素系に対する環境基準や規制が未整備のため，調査がほとんど行われていないことも影響しているが，石油系炭化水素に対する管理が十分に行き届いていると見ることもできる．

ベンゼンなどの石油系炭化水素は，①揮発性の液体である，②水に解けにくいなど，揮発性有機塩素化合物とよく似た性状を有している．そのため，図3.1に示したように，土中においては4つの存在形態に分配されて存在していると考えられる．一方で，①水より軽い，②生物分解を受けやすいなど，揮発性有機塩素化合物とは異なる性状も有している．液体であるのでそのまま土中に浸透していくが，軽いので土粒子の間隙に引っかかりやすく，帯水層まで到達する割合は低くなるであろう．また，帯水層まで到達しても，水より軽いので帯水層の上の土中に滞留すると考えられる．

間隙ガスの流れにのった上方への移動や，地下水の流れにのった平面的な移動も行うが，水より軽い炭化水素は，これらに加えて液状のまま地下水の流れにのって移動する．揮発性有機塩素化合物の汚染においては，液状の汚染物質は汚染源のみでしか回収されないが，炭化水素の地下水汚染では，汚染源周辺の井戸などで液状の汚染物質が回収される場合が多い．

周辺の井戸で，液状の炭化水素が検出される現象には，季節的な偏りが見られる．地下水位が高いときに回収量が多くなり，水位が低下すると液状の汚染物質は見られなくなる．これは，帯水層の上に滞留した汚染物質が水位の上昇によって押し上げられ，地下水の流れにのって移動するためと考えられる．このため，汚染の広がりがほとんど変化しない揮発性有機塩素化合物による地下水汚染とは異なり，炭化水素の汚染範囲は年々広がっていくおそれのあることを示唆している．一方，炭化水素は好気的条件のもとで微生物分解を受けやすく，良分解性と判定されているも

のが多い．そのため，石油系炭化水素汚染の対策として，各種の方法を用いたバイオレメディエーションが適用されている[23),24)]．

3.5 ダイオキシン汚染のメカニズム

3.5.1 土への浸入

　ゴミ焼却をはじめさまざまの発生源から大気中へ排出されたダイオキシンは，地圏や水圏に沈降あるいは沈着し，一部は直接食物の表面へ吸着する．さらに，地圏や水圏での微粒子体での移動が起こる．水や土に入りこんだダイオキシンも，わずかながら揮発性をもつことから大気中への浸入が起こる．また，脂溶性で難分解性であることから生物濃縮が起こり，肉類や魚介類などの食品類にも一定のレベルで含有される．

　オランダにおけるダイオキシンの主な発生源であった都市ゴミ焼却炉周辺の土中濃度を，バックグラウンド値と比較した報告によると，ロッテルダムのリッケベルト地域は，大規模な都市ゴミ焼却施設が近く，表層 $0\sim2$ cm では土 1 g あたり $13\sim55$ pg のダイオキシンが検出され，平均 28 pg であったが，$2\sim10$ cm では $10\sim26$ pg と上層の約 40% となっている[25)]．地盤の上部層ほど高濃度を示している．この地域の東方 15 km にあるバックグラウンド地域での濃度は $5\sim9$ pg であり，リッケベルト地域より明らかに低い濃度となっている．オランダの土のバックグラウンド値は，通常 10 pg までで，最高でも 30 pg を超えることはないとされていることから，ゴミ焼却による影響が明らかである．

　わが国でも，ゴミ焼却炉周辺の土のダイオキシン汚染が報告されるようになってきた．とくに 1998 年に，大阪府能勢町の「豊能郡美化センター」周辺で 8 500 pg という土壌濃度が検出されたことが大きな社会問題となった．この濃度は，一般に検出される土壌濃度が $1\sim10$ pg にあることを考えるときわめて高い．先のオランダで検出された例でも最高は 252 pg，埼玉県所沢市の産業廃棄物処理施設の周辺で測定した例でも最高 220 pg である．米国のオハイオ州にある大規模なゴミ燃料焼却炉の近くの土から検出された例でも最高 843 pg であった．能勢町の施設においては，排ガス由来でダイオキシンの沈降と沈着が起ったこと，とくに，微粒子態ダストの沈降が高濃度汚染を招いた大きな理由と推測されている．しかし，排ガス以外にも，焼却残渣の飛散の可能性など多くの複合要因が考えられる．

　ダイオキシンを分解・除去できる高温溶融や化学的脱塩素化，セメント固化など，土を処理する技術はある．しかし，飛散を防止する現場施工技術や処理後の残渣の取扱いなど，多くの課題が残されている．ヨーロッパにおいても，焼却炉周辺でダ

イオキシン汚染土を入れ替えたという例は見当たらないようである．ダイオキシン濃度の高い汚染土をどのように処理するかは今後の課題とされている．

3.5.2 人体への浸入と蓄積

オランダでの発生源と土壌濃度に関する結果を見ると，表層から10cm程度以上の深さでは濃度は低く，土中でのダイオキシンの移動性は低いといえる．発生源からの連続的な排出と沈着が生じているとすれば，表土にダイオキシンは蓄積していくことになる．人は食物，空気，水からダイオキシンを摂取する．そのうち大半は食物由来である．ダイオキシンの摂取量はどのような食物を摂取するかによって大きく変わる．わが国では魚介類の寄与が，欧米の先進国では乳製品，肉類の寄与が大きい．

摂取されたダイオキシンは血流にのって各組織に到達する．肝臓と脂肪に多く蓄積するといわれているが，人の場合は脂肪により多く蓄積する．一般に，ダイオキシン類の代謝は非常に遅く，人の場合は糞中に排泄されるが，一部は腸から吸収される．ダイオキシン類の排泄速度は種によって大きく異なり，マウスやラットでは半減期が10～20日前後であるのに対して，人の場合は7～11年という半減期が報告されている．人の場合の最も効率のよい排泄経路は母乳である．1人の乳児を授乳すると，母親のもっている体内蓄積量の約半分を排泄するといわれている．したがって，母乳中のダイオキシン類の濃度，乳児への影響が問題となってくる．

わが国のダイオキシン問題の特徴は3つあるといわれている[26]．第1はゴミの焼却率が高く，これによる発生量が多いこと．第2は魚食が多く，魚介類からの摂取量が多いこと．第3は，かつて水田に大量に散布された除草剤に含まれていたダイオキシンが，相当な環境への負荷になっていることである．第1の問題点は，廃棄物を少なくするライフスタイルを検討しなければならない．第2,3の点は相互に関連する可能性がある．土の汚染は河川と海を汚染し沿岸の魚介類を汚染する．ゴミ焼却の対策を講ずれば大気中のダイオキシンは減少するが，土中のダイオキシンはなかなか減少しない．過去の環境へのダイオキシン負荷が，どの程度われわれの摂取量に寄与するのか明らかにしていく必要がある．

土や牛乳あるいは母乳の汚染は，どちらかといえば地域汚染の結果からもたらされるものといえる．一方，ダイオキシンが地球規模で循環移動していることも確認されている．極地のアザラシなどから，ダイオキシンとともにPCBあるいは塩素系殺虫剤類が同時に検出されている．こうした地球レベルの汚染につながった理由として，寒冷凝縮が考えられている．半揮発性の有機化合物は，温暖地域で使用・排出された場合，半揮発性ゆえに蒸発し，大気による長距離移動過程に入る．そし

て，より気温の低い極地付近に到達した段階で凝縮することになる．

参考文献
1) 平田健正編著：土壌・地下水汚染と対策，日本環境測定分析協会，1996．
2) 那須淑子，佐久間敏雄：土と環境，三共出版，1997．
3) 日本土壌協会編：土壌汚染環境基準設定調査―カドミウム等重金属自然賦存量調査解析，1984．
4) Hodgson, J. F., Lindsay, W. L. and Trierweier, J. F. : Micronutrient cation complexes in soil solution : II, Complexing of zinc and copper in displaced solution from calcareous soils, Soil Science Society America Proceeding, Vol.30, pp.723-726, 1966.
5) 木暮敬二：高有機質土の地盤工学，東洋書店，1995．
6) 武長 宏，麻生末雄：フミン酸の肥効発現に関する研究（第9報）ニトロフミン酸金属キレートの安定度定数について，日本土壌肥料科学雑誌，Vol.46, pp.349-354, 1975.
7) 岡崎正規：土壌中における重金属の挙動，水質汚濁研究，Vol.10, pp.407-412, 1987.
8) Okazaki, M., Takamidoh, K. and Yamane, I. : Adsorption of heavy metal cation on hydrated oxides and oxides of iron and aluminum wity different crystallinties, Soil Science Plant Nutrition, Vol.32, pp.523-166, 1986.
9) 飯村康二，伊藤秀文：水田土壌中における重金属の行動と収支―重金属による土壌汚染に関する研究（第2報），北陸農業試験場報告，Vol.21, pp.95-145, 1978.
10) 浅見輝男，久保田正亜，折笠清人：土壌中カドミウム等重金属の分画と水稲による収支，第1回土壌・地下水汚染シンポジウム報告，国立公害研究所，pp.109-118, 1986.
11) 岩田進午，喜田大三監修：土の環境圏，フジ・テクノシステム，1997．
12) 中杉修身：地下水汚染の現状と対策，産業公害，No.26, pp.741-748, 1990.
13) Hirata, T. and Muraoka, K. : Vertical migration of chlorinated organic compounds in porous media, Water Research, No.22, pp.481-484, 1988.
14) 中杉修身，平田健正：トリクロロエチレン等の地下水汚染の防止に関する研究，国立環境研究所特別研究報告，SR-15-95, 1994.
15) 村岡浩爾：研究展望・最近の地下水汚染について，土木学会論文集，No.405/II-11, pp.25-41, 1989.
16) 中杉修身：土壌・地下水汚染の現状と対策，廃棄物学会誌，5, pp.164-173, 1994.
17) 中杉修身：汚染物質の土中・地下水中における存在形態，土と基礎，Vol.42, No.6, pp.63-70, 1994.
18) 徳永隆司：テトラクロロエチレンの微生物分解，第19回環境保全・公害防止研究発表会講演集，pp.88-90, 1992.
19) 木暮敬二，倉石淳一，土屋之也：石油系炭化水素およびテトラクロロエチレン汚染地下水の生物処理における物質収支，土と基礎，Vol.45, No.7, pp.17-20, 1997.
20) 西村 実，田坂広志：バイオテクノロジーを用いた環境修復技術，公害と対策，Vol.27, p.7, 1991.
21) 資源エネルギー庁監修：省エネルギー便覧，省エネルギーセンター，1992．
22) 燃料協会編：最新燃料便覧，コロナ社，1984．
23) 木暮敬二ほか：石油系炭化水素汚染土の改良を伴うバイオレメディエーションに関する基礎的研究，土と基礎，Vol.47, No.10, pp.5-8, 1999.
24) 木暮敬二：石油系炭化水素汚染地盤の浄化技術，基礎工，Vol.27, No.2, pp.35-37, 1999.

25) 酒井伸一：ゴミと化学物質，岩波新書，pp.62–88, 1998.
26) 米元純三：ダイオキシン問題と健康リスク，土木学会誌，Vol.84, No.11, pp.60–63, 1999.

第4章　地盤汚染に関する調査・試験

　地盤汚染は目に見えない地表面下の汚染であり，長期にわたる蓄積性の汚染という特徴をもっている．また，一企業や自治体の問題であるだけでなく，社会的な影響が非常に大きい．このようなことから，地盤・地下水汚染に関する調査・試験は，何らかの統一的な方法が必要であるとともに，結果の評価においても，技術的にも社会的にも整合性のあるものでなければならない．このような観点から，地盤・地下水の汚染に関する調査・試験や対応策に関する指針等が設定されている[1),2)]．しかし，地盤・地下水汚染はさまざまである．指針化されている調査・試験の手法が主体となるが，状況に応じて各種の手法を用いる必要もあり，調査結果に応じて，段階的に適切な方法を選択しながら進めていくことが肝要である．本章においては，指針化されている地盤・地下水汚染の調査・試験において重要な位置を占める，表土調査，土壌ガス調査，ボーリング調査，地下水調査について述べる．

4.1　調査・試験の特徴

　重金属あるいは有機塩素系化合物にかかわらず，地盤・地下水汚染対策の計画や実施にあたっては，汚染物質と汚染源の特定および汚染範囲の実態を把握することがきわめて重要である．これによって，はじめて有効な対策が実施できる．これまでの汚染事例をみると，地盤・地下水汚染の多くは，次の①から③のような場合に発生し，汚染が判明することが多い．①事業所等における施設の破損や事故，または，廃棄物や排水等の不適正な処理によって発生する．そのため，過去および現在の事業活動の状況が重要な意味をもっている．②事業所等の移転またはその跡地の再利用に伴って汚染が明らかになる事例が少なくない．また，事業者の自主的な環境保全に関する取り組みから汚染の存在が判明することもある．③有機塩素系化合物による地下水汚染が判明した場合には，地下水の容器・通路である地盤汚染が起

こっていると考えるべきであり，地盤汚染と地下水汚染は一体となって発生する．

4.1.1 重金属汚染に関する調査・試験の特徴

土中における重金属の挙動は，その物理化学的な性状および媒体となる土壌の性質によって異なるが，一般に，重金属は水に溶けにくく，土に吸着されやすいため，地下へ浸入した重金属は地表付近に存在し，深部まで拡散することは少ない．しかし，土の吸着能を超えるような場合，あるいは六価クロムやシアンのように，水への溶解度が高く移動性の高い物質の場合には，地下深部にまで拡散することがある．重金属が地下水に達すると地下水に溶解し，地下水の流れとともに下流へ移動するが，土の吸着能のため，天然由来による場合を除き，地下水汚染の範囲は広くはない．

このような重金属の土中での挙動から，これの汚染調査においては次のような点に注意する必要がある．①重金属は天然に存在し，これによって地盤・地下水の環境基準を超過することもある．このような環境基準を上回る汚染が，天然由来によるものかどうかの判定はかなり難しく，汚染物質や周辺の地質状況を踏まえて，また専門家の助言をも含めて，総合的な判断を行うことが必要である．②重金属による汚染は多くの場合局所的であり，これに対応した調査が必要である．③重金属と有機塩素系化合物あるいは油分等が共存する場合には，両者の特性を踏まえた調査方法と手順を選定する．とくに，油分と共存する場合は，油分に重金属が溶解し，汚染を拡大することがある．④調査による汚染の拡散や二次汚染に注意する．

4.1.2 有機塩素系化合物汚染に関する調査・試験の特徴

揮発性をもつ有機塩素系化合物による地盤・地下水汚染の原因には，溶剤等としての使用や処理過程での不適切な取扱い，あるいは汚染物質を含む汚泥の不適切な埋立処分等がある．また，液状のままの廃溶剤の不法投棄なども汚染の原因となっている．

有機塩素系化合物による地盤・地下水汚染においては，汚染物質の多くが地表面から地下に浸透し，地盤や地下水を汚染させるものである．土中に浸透した有機塩素系化合物は，一部が地盤の間隙中に存在し，地盤汚染を引き起こすが，表土では揮発しやすい．また，粘性が低く比重が水より重いので，透水性の大きい地層中では浸透しやすく，地下水面に達すると地下水に溶出し，地下水汚染を引き起こす．表土の土壌ガスを調査することによって，おおよその状況を知ることができる．

一般に，有機塩素系化合物による地盤・地下水汚染対策においては，最も高濃度に分布している地点の有機塩素系化合物の吸引・抽出を行うことが，効果的で実用的な対策である．そのため，調査は高濃度地点の特定に重点をおいて行うのが有効

である．ベンゼンは水より軽く（比重0.87），油に含まれているため，油分とともに地下に浸透することが多く，地下水面上に存在し移動しやすい．

　上述のような特性をもつ揮発性の有機塩素系化合物の汚染調査においては，次のようなことに留意することが要求される．①地盤・地下水汚染の範囲は重金属の場合に比較して広いことが多い．そのため，調査が長期にわたることがあり，これに対応した適切な方法，配置，数量等を選定する．②重金属や油分と複合汚染されている場合には，両者の特性を踏まえた調査法や手順を用いる．なお，油分とともに存在する場合，有機塩素系化合物の揮発が抑制され，表土の土壌ガス調査だけでは正確な汚染状況を把握できないことがある．

4.2　調査・試験の手順

　重金属汚染にかかわる調査・試験の流れを図4.1に示す．調査は，既存の資料等を用いた汚染地区の土地利用の履歴や汚染物質の使用状況などを明らかにすることから始まる．これらの結果をもとに，表土調査，ボーリング調査，地下水調査を行うとともに，土質や汚染の試験を行い，汚染物質，汚染源，汚染の範囲等を確定する．さらに，これらの調査・試験に加えて，対策法やその範囲の設定等いわゆる調査・試験結果の評価が必要である．

　有機塩素系化合物による地盤・地下水汚染にかかわる調査・試験の手順は図4.2のようである．有機塩素系化合物による地盤・地下水汚染の調査・試験においては，次の2つの場合に分けて考える．①地盤汚染に関する調査を実施する場合，②地下水汚染の判明を契機として，汚染源を特定するために調査する場合の2つである．①と②の場合で多少の差異はあるが，基本的には，資料等調査，土壌ガス調査，ボーリング調査，地下水調査，結果の評価より構成されており，各調査段階とサンプリングに応じた分析試験等が実施される．なお，有機塩素系化合物による地盤・地下水汚染は，地下水の影響が大きいので，これの挙動には十分な配慮が必要である．また，実際の現場においては，必ずしも図4.1あるいは図4.2に示す順序で調査・試験が行われるとは限らず，調査の段階や目的に応じて適宜選択されるとともに，場合によっては組合せを変えて実施することもある．

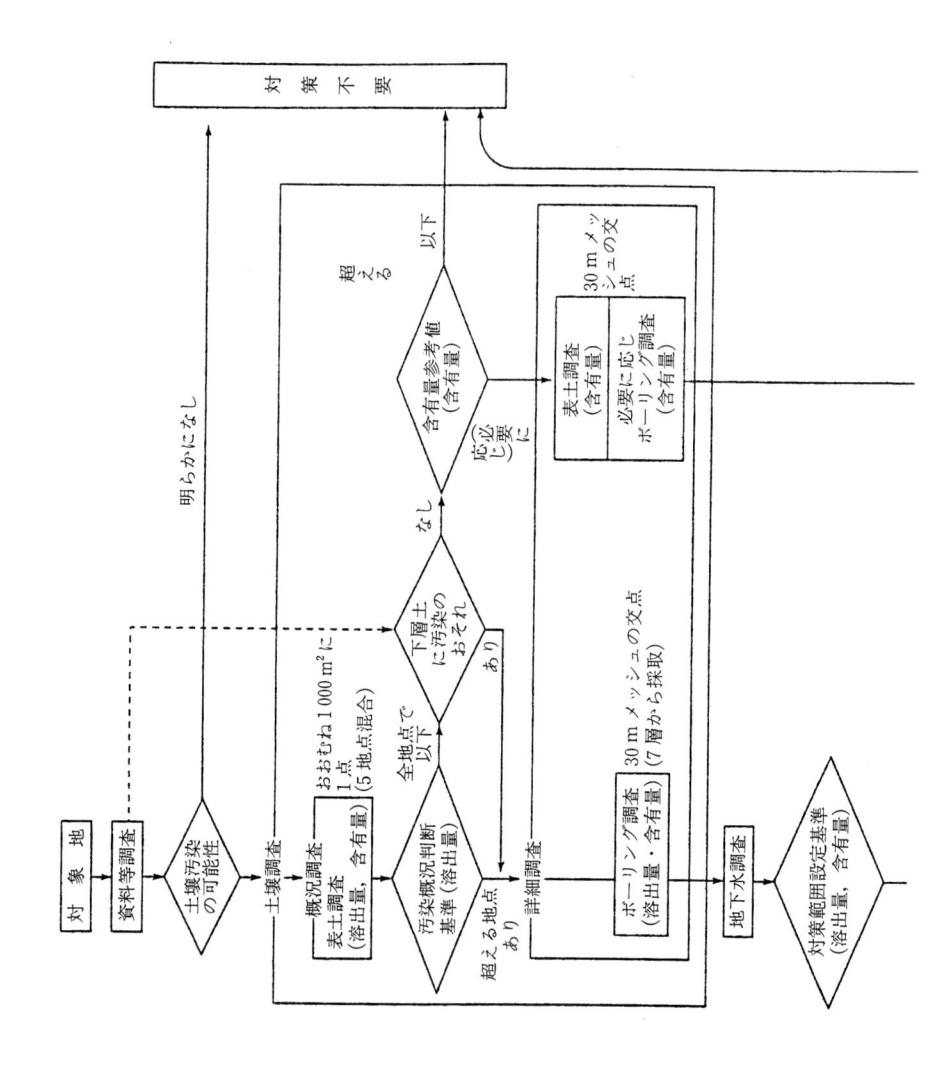

82　第4章　地盤汚染に関する調査・試験

```
対象地 → 資料等調査 → 汚染可能性
                ↓明らかになし
              対策不要

土壌調査:
  概況調査
    表土調査（溶出量、含有量）
    おおむね1000m²に1点（5地点混合）
  ↓
  汚染概況判断基準（溶出量）
    全地点で以下 → 下層土に汚染のおそれ
                    なし → 含有量参考値（含有量）
                            以下 → 対策不要
                            超える → 表土調査（含有量）
                                     必要に応じボーリング調査（含有量）
                                     30mメッシュの交点
                    あり → 応じて必要に
    超える地点あり → 詳細調査
                     ボーリング調査（溶出量・含有量）
                     30mメッシュの交点（7層から採取）

地下水調査 → 対策範囲設定基準（溶出量、含有量）
```

4.2 調査・試験の手順　83

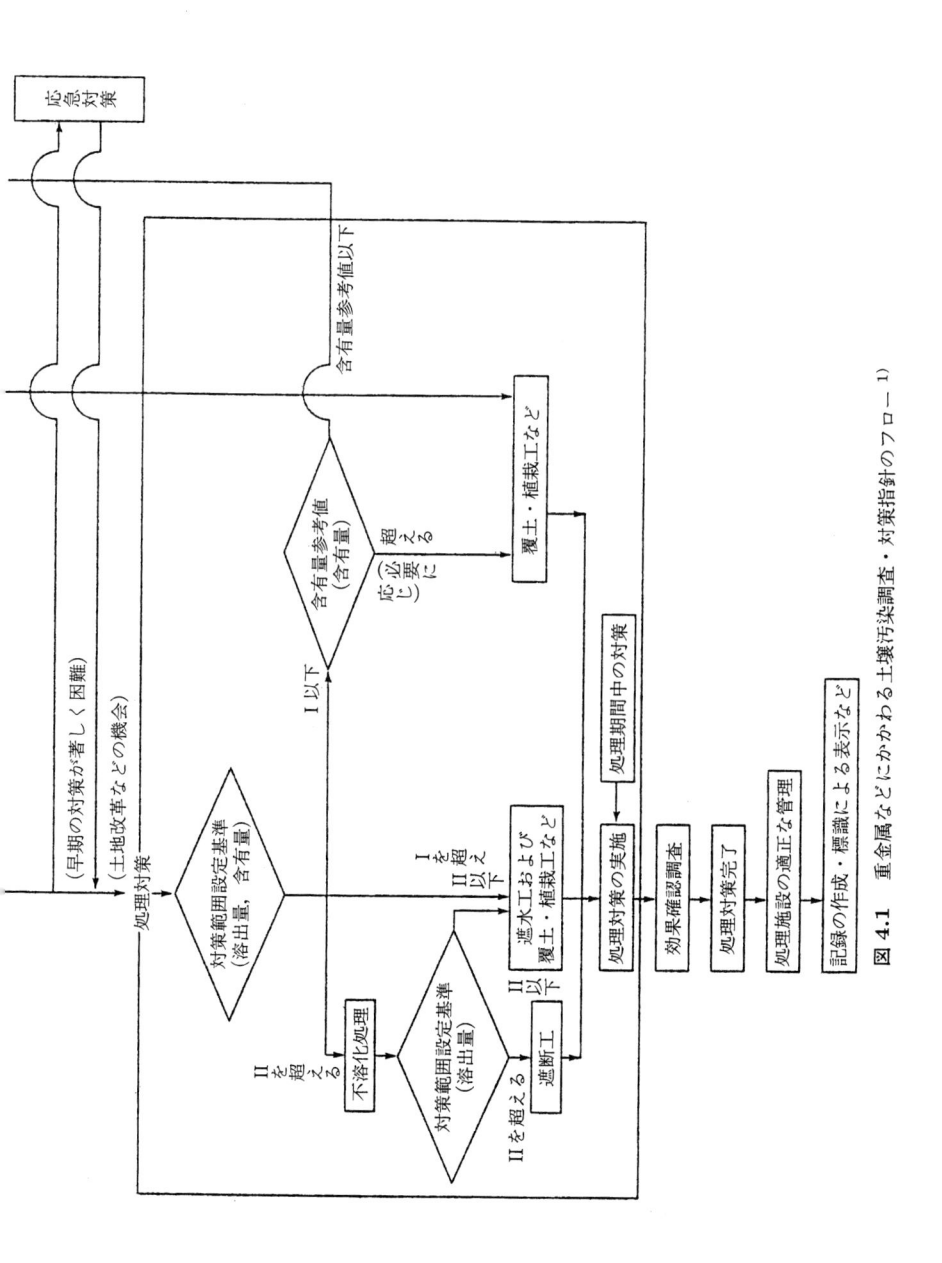

図 4.1　重金属などにかかわる土壌汚染調査・対策指針のフロー[1]

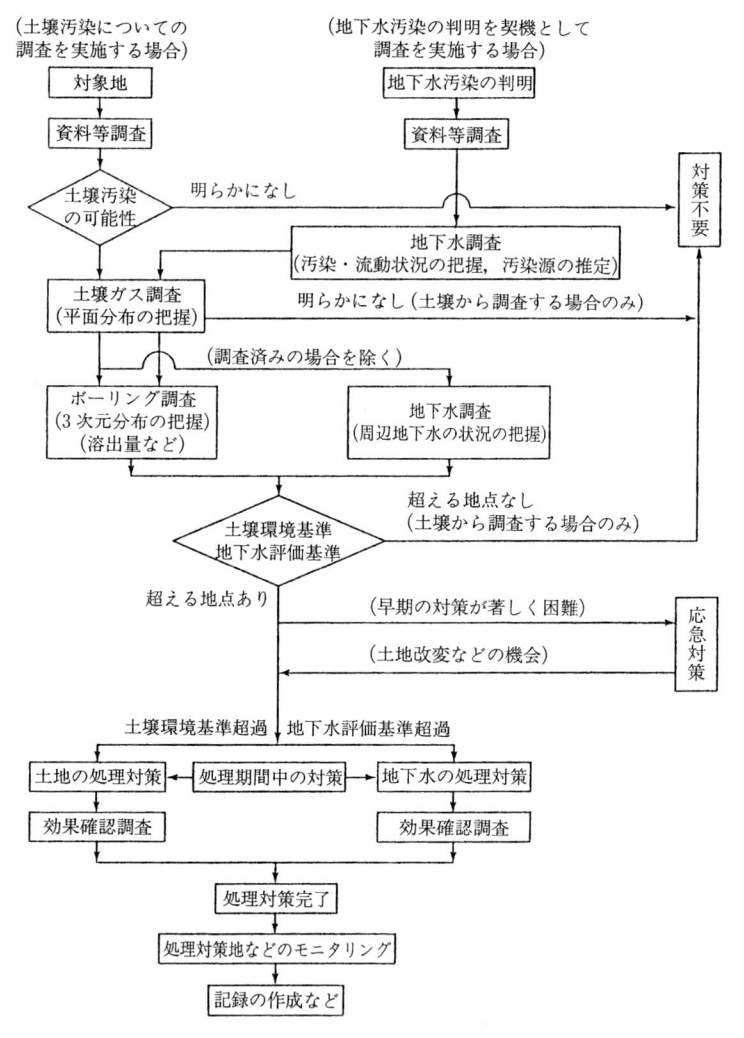

図 4.2　有機塩素系化合物などにかかわる土壌・地下水汚染調査・対策フロー[1]

4.3　資料等調査

　重金属および有機塩素系化合物汚染にかかわらず，最初にやるべき調査が資料等調査である．この調査は，対象土地および周辺土地について，既存の資料等から土

地にかかわる概況を把握するとともに，汚染の可能性の有無を判断するために実施する．調査項目としては次のようなものが対象となる．

①土地利用の履歴と過去の事業活動，②汚染物質を含む原材料や使用薬品等の種類と使用量，保管場所，保管方法，保管量，使用期間，使用状況，③施設の破損や事故等による汚染物質の漏出の有無，時期，場所，漏出量，④汚染物質を含んだ排水や廃棄物等の発生状況および排出経路，⑤排水処理施設，焼却施設，廃棄物処理施設等の概要および場所，⑥汚染物質を含む廃棄物の埋立等の有無，時期，場所，埋立量，⑦施設撤去時において，汚染物質が残存または付着した装置等の解体方法および解体場所，⑧地形，地質，周辺井戸の状況等である．

とくに，有機塩素系化合物汚染の場合には，対象土地における汚染物質の過去の使用状況，排出状況，対象地盤と周辺の地下水の状況について，既存の資料に基づいて綿密な調査を行うことが重要である．また，アンケート調査，聞き取り調査，現地踏査等を行うこともある．地下水については，水質汚濁防止法に基づく常時監視項目の測定結果を参考にするとよい．

4.4 表土の調査と試験

一般に，表土の調査・試験は重金属汚染を対象として行われ，重金属汚染の概況を把握するために実施する．有機塩素系化合物汚染の場合は，表土の土壌ガス調査が，これに代わって実施されるのが普通である．資料等調査の結果より，明らかに汚染の可能性のない場合を除き，表土に関する調査やサンプリングを行い，採取した土試料について，溶出量や含有量などの試験を行う．

4.4.1 表土のサンプリング

表土調査でのサンプリングの密度は，おおむね $1\,000\,\mathrm{m}^2$ につき1か所程度が標準であるが，排水処理施設や廃棄物処理場や埋立地など，地盤汚染の可能性の高い場所については，密度を高めてサンプリングする．

表土調査における土試料の採取は，図4.3に示すように，基本的には中心1地点および周辺4方位の5mから10mまでの間における4地点の合計5地点から，おのおの100g以上の土試料を採取し，これらを混合してその地点の土試料とす

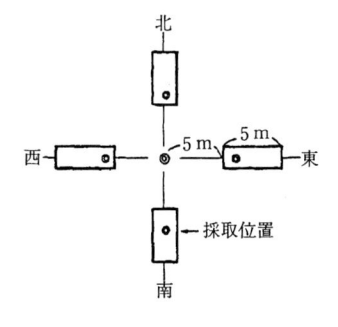

図 4.3　5地点混合方式の例 [1]

る．施設等のため5地点の間隔が十分にとれない場合，またはサンプリング地点を増やしたい場合には，その間隔をせばめて5地点から採取してもよい．サンプリングの深さは，基本的には地表面下15 cm程度まででよいが，盛土あるいは汚染物質を含む土を埋め立てたような場合には，それに対応したサンプリングの深さを考える必要がある．

採取した土試料を用いての溶出量および含有量分析用の検体の作成においては，5地点で採取した試料をそれぞれ風乾し，礫分や木片を除き，土塊や団粒を粗く砕いた後，非金属製の2 mm目のふるいの通過部分を試料として用いる．このようにして得られた5個の試料を，同量ずつ十分に混合して1試料とし，これを用いて分析用の検液を作成する．

4.4.2　重金属等の分析試験

表土調査においてサンプリングした土試料について，カドミウムおよびその化合物，鉛およびその化合物，砒素およびその化合物，水銀およびその化合物の4種については，溶出量試験および含有量分析を実施する．これらの物質以外については溶出量試験だけを行うのが基本となっている．

溶出量分析のための検液の作成，すなわち溶出方法（溶出試験）の手順は表4.1のようである．この検液を用いての溶出量分析は，表4.2に示す土壌環境基準に掲げられている分析方法に準拠して行う．含有量分析は，表4.3および表4.4に示す「土壌および農作物等中の水銀等の分析法」および「底質調査方法」に掲げられてい

表4.1　検液の作成（溶出方法）

手順	操作
①土壌の取扱い	採取した土壌はガラス製容器等に収める．試験を直ちに行えない場合には，暗所に保存する．
②試料の作成	採取した土壌を風乾し，中小礫，木片等を除き，土塊，団粒を粗砕した後，非金属性の2 mm目のふるいを通過させて得た土壌を十分混合する．
③試料液の調製	試料 (g) と溶媒（純水に塩酸を加えてpH=5.8〜6.3としたもの (ml)）とを1:10 (W:V) の割合で混合する．混合液が500 ml以上となるようにする．
④溶　　　出	常温（おおむね20℃）常圧（おおむね1気圧）で振とう機（振とう回数毎分200回，振とう幅4〜5 cm）を用いて6時間連続振とうする．
⑤静　　　置	溶出した試料液を10〜30分程度静置する．
⑥ろ　　　過	試料液を毎分3 000回転で20分遠心分離した後の上澄み液をメンブランフィルター（孔径0.45 μm）を用いてろ過してろ液を取り，検液とする．
⑦検　　液	

注：土壌中重金属等の溶出量分析方法（土壌環境基準，平成3年8月23日付け環境庁告示第46号に掲げる方法）

表 4.2 土壌中重金属等の溶出量分析方法（土壌環境基準，平成 3 年 8 月，環境庁告示第 46 号）

物質	定量方法（溶出量分析方法）
カドミウム 鉛 六価クロム	フレーム原子吸光法（JIS K 0102 の 55.2, 54.2, 65.2.2） 電気加熱原子吸光法（フレームレス原子発光法，JIS K 0102 の 55.3, 54.3, 65.2.3） IPC 発光分析法（JIS K 0102 の 55.4, 54.4, 65.2.4） IPC 質量分析法（昭和 46 年 12 月環境庁告示第 59 号付表 1）
シアン化合物	ピリジン−ピラゾロン吸光光度法（JIS K 0102 の 38.1.2, 38.2, 38.3） 4-ピリジンカルボン酸−ピラゾロン吸光光度法（JIS K 0102 の 38.1.2, 38.2, 38.3）
六価クロム	ジフェニルカルバジド吸光光度法（JIS K 0102 の 65.2.1）
砒素	ジエチルジチオカルバミン酸銀吸光光度法（JIS K 0102 の 61.1）
砒素 セレン	水素化物発生原子吸光法（JIS K 0102 の 61.2, 67.2） 水素化物発生 IPC 発光分析法（昭和 46 年 12 月環境庁告示第 59 号付表 2）
水銀	還元気化原子吸光光度法（昭和 46 年 12 月環境庁告示第 59 号付表 3）
アルキル水銀化合物	溶媒抽出ガスクロマトグラフ法（昭和 46 年 12 月環境庁告示第 59 号付表 4）
PCB	溶媒抽出ガスクロマトグラフ法（昭和 46 年 12 月環境庁告示第 59 号付表 5）
セレン	3,3′-ジアミノベンジジン吸光光度法（JIS K 0102 の 67.1）

表 4.3 土壌中重金属等の含有量分析法 I
（昭和 48 年 8 月，環境庁水質保全局，土壌及び農作物中の水銀等の分析法）

物質	定量方法
カドミウム 鉛	DDTC-MIBK 抽出原子吸光光度法
砒素 水銀	還元気化原子吸光光度法

注①：カドミウム，鉛，砒素の試料液調製は硫酸，硝酸，過塩素酸分解法による．
注②：水銀の試料液の調製は湿式分解法による．

る分析方法によって実施する．

溶出量分析に関する表 4.2 および含有量分析に関する表 4.3，表 4.4 の方法は，分解抽出されて溶液中に存在する重金属等を，原子吸光法により測定することを基本としているが，近年，簡便で精度のよい IPC 発光分光分析法による測定法も開発されている．

原子吸光分析は，Hg, Cd, Pb, Cr, Cu, Zn, Fe, Ni, Co, Mn など，重金属による環境汚染の測定に多用されている方法であり，一般的に用いられているフレーム法のほか，試料を加熱分解する方法（フレームレス法）もある[3]．また，重金属の湿式分解については，上記以外にも，簡便で信頼性の高い方法，たとえば高圧ボ

表 4.4 土壌中重金属等の含有量分析法 II
(昭和 63 年 9 月，環境庁水質保全局，底質調査方法)

物質	定量方法
カドミウム	原子吸光法 溶媒抽出—原子吸光法
鉛	原子吸光法
砒　素	ジエチルジチオカルバミン酸銀吸光光度法 原子吸光法
総　水　銀	硝酸–過マンガン酸カリウム還流分解法（原子吸光法） 硝酸–硫酸–過マンガン酸カリウム分解法（原子吸光法） 硝酸–塩化ナトリウム分解法（原子吸光法）

ンベ分解法などが汎用されている．分析方法の細部については関連の基準類を参照されたい．

4.4.3　表土の調査・分析試験結果の評価

　ここでは，重金属汚染を対象とした表土調査・分析試験の結果の評価法について考える．分析試験結果において評価の対象になる物質は，表 2.7 に示した土壌環境基準 25 項目のうち，水質を浄化し地下水を涵養するという土壌の環境機能を保全する観点から，表 4.5 に示す溶出基準が定められている重金属等の 9 物質である．表 4.5 の基準は，いわゆる汚染概況判断基準ともいわれるものであり，溶出量分析結果から評価する．この汚染概況判断基準は，対象とする土地に地盤汚染がある場合の汚染物質の種類，汚染の程度，汚染の範囲などの概況を把握する目安となるものであり，土壌環境基準の溶出基準に準拠している．

表 4.5 汚染概況判断基準（溶出基準）[2]

物質	汚染概況判断基準値
カドミウムおよびその化合物	検液 1 l につきカドミウムとして 0.01 mg
シアン化合物	検液中に検出されないこと
鉛およびその化合物	検液 1 l につき鉛として 0.01 mg
六価クロム化合物	検液 1 l につき六価クロムとして 0.05 mg
砒素およびその化合物	検液 1 l につき砒素として 0.01 mg
水銀およびその化合物	検液 1 l につき水銀として 0.0005 mg
アルキル水銀化合物	検液中に検出されないこと
PCB	検液中に検出されないこと
セレンおよびその化合物	検液 1 l につきセレンとして 0.01 mg

表 4.6　含有量参考値 [2)]

物質	含有量参考値
カドミウムおよびその化合物	乾土 1 kg につきカドミウムとして 9 mg
鉛およびその化合物	乾土 1 kg につき鉛として 600 mg
砒素およびその化合物	乾土 1 kg につき砒素として 50 mg
水銀およびその化合物	乾土 1 kg につき水銀として 3 mg

　土壌環境基準における溶出基準は，土壌の環境機能のうち，水質を浄化し，地下水を涵養する機能を保全する観点から，公共用水域の「水質汚濁にかかわる環境基準」(昭和 46 年環境庁告示第 59 号いわゆる水質環境基準) のうち，人の健康の保護に関する環境基準の対象となっている項目について，汚染土壌の 10 倍量の水で，これらの項目にかかわる物質を溶出させ，その溶液中の濃度が，それぞれ該当する水質環境基準値以下になるように設定されたものである．

　汚染概況判断基準値以下でも，土壌の飛散や表面流出を防止する等の観点から，必要に応じて対策を講じようとする場合の参考となるのが，表 4.6 に示す含有量参考値である．もちろん，この含有量参考値は，表 4.3 あるいは表 4.4 に示した含有量分析試験から求める．含有量参考値は，市街地における土中の重金属等の賦存量に関する既往の知見から，これを上回れば何らかの人為的負荷があるものとして設定されている．

4.5　土壌ガスの調査と分析試験

　ここでの土壌ガスに関する調査や分析試験は，有機塩素系化合物を対象に実施される．資料等予備調査結果より，明らかに有機塩素系化合物による汚染の可能性がない場合を除き，対象土地の状況に応じた適切な土壌ガス調査を行う．これによって，汚染の可能性の判断とともに，汚染の平面分布を把握することができる．土壌ガス調査によって汚染物質が検出された場合には，汚染物質の種類を特定し，等濃度線図を作成することによって，汚染源や汚染地域の絞り込みを行う．

4.5.1　調査手法

　土壌ガス調査は，ボーリングバー，ハンドオーガー等を用いて，直径 2～6 cm，深さ 0.3～1 m 程度の孔を地盤に穿ち，孔底から土壌ガスを採取あるいは吸引して分析する方法がとられる．土壌ガスの調査 (検知) 手法は，ガスに対する感度特性により，低感度，中感度，高感度の 3 つに分類できる．調査手法を選定する場合に

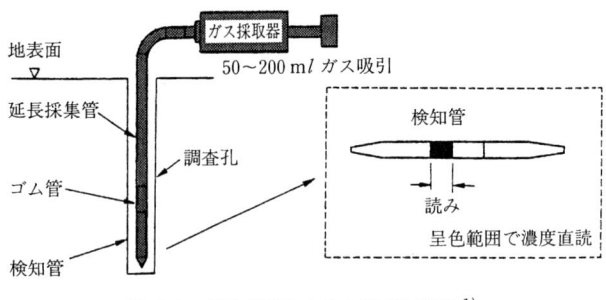

図 4.4 検知管法による土壌ガス調査 [1]

は，対象土地の状況や調査目的に合わせて，感度特性や同時に多成分の分析が可能かどうかを検討して使い分ける必要がある．

代表的な低感度調査手法には検知管法，中感度調査手法にはポータブル・ガスクロマトグラフ（ポータブル・GC）法，ヘキサン固定法，高感度調査手法には活性炭吸着/電磁加熱脱着質量分析法，吸着/熱脱離/GC法がある．検知管法以外は，同時に多成分の分析が可能である [4]．土壌ガス調査は，いずれの手法を用いても，地盤や地下水の汚染を間接的に把握するものであり，相対的な濃度分布が把握できればよい．検知管法，ポータブルGC法，ヘキサン固定法，吸着/熱脱離/CG法等は絶対濃度で，活性炭吸着/電磁加熱脱着質量分析法は相対濃度で測定される．

図 4.4 に概略を示す検知管法は低感度であり，検出限界は対象とする物質によって異なるが，目安としては約 1 000 ppb である．汚染物質に適した検知管を取り付けたガス採取器によって，孔底から 50~200 ml の土壌ガスを吸引し，検知管内の検知剤の呈色反応により濃度を定量する．検知管は取扱いが容易であり，分析結果が直ちに得られるので現地での使用に適している．しかし，分析できる物質の種類が限られており，複数の物質の分離定量はできない．そのため，他の手法で汚染物質の同定を行う必要がある．

ポータブルGC法は中感度の調査手法であり，その概要を図 4.5 に示す．検出限界は，対象物質と使用する遠紫外線イオン化ランプにより異なるが，目安としては約 50 ppb 程度である．テフロン管を接続したガスタイトシリンジで土壌ガスを孔底から吸引し，現地へ持ち込んだポータブルGCで分析するため，分析結果が直ちに得られ，現地での対応性に優れている．検知感度は，検知管法と活性炭吸着/電磁加熱脱着質量分析法との中間程度である．土壌ガスの採取は比較的容易であるが，GC分析には比較的熟練した技術が必要である．

図 4.6 のヘキサン固定法は中感度の土壌ガス調査法といえる．検出限界はおおよ

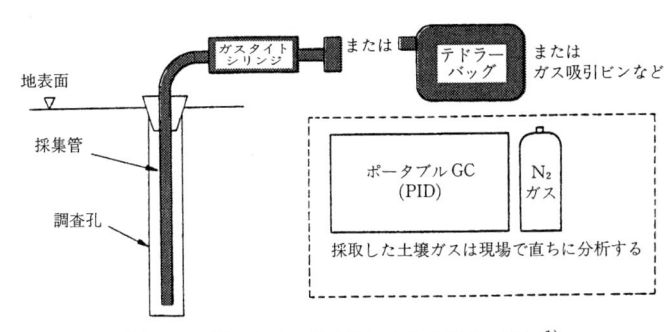

図 4.5　ポータブル GC 法による土壌ガス調査 [1)]

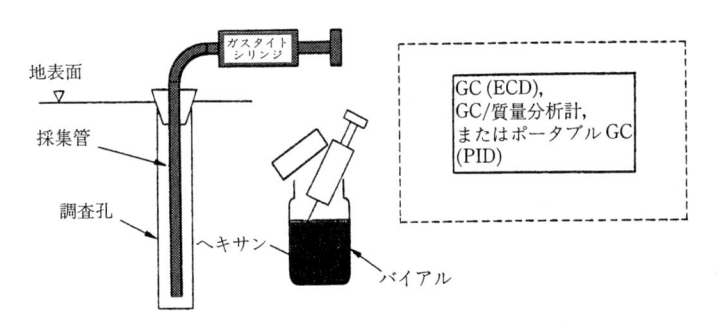

図 4.6　ヘキサン固定法による土壌ガス調査 [1)]

そ 10 ppb 程度である．テフロン管を接続したガスタイトシリンジで土壌ガスを孔底から吸引し，吸引したガスをバイアル中のヘキサンに注入して吸収（ヘキサン固定）させる．分析は，試験室においては GC（ECD：電子捕獲型検出器付き）あるいは GC/質量分析計を用いて，現地ではポータブル GC を用いて行う．検出感度は，検知管と活性炭吸着/電磁加熱脱着質量分析との中間程度である．土壌ガスの採取は比較的容易であるが，吸収操作はエア抜きや吸収速度を一定にする等の注意が必要であり，GC/質量分析計による分析には熟練した技術を必要とする．

活性炭吸着/電磁加熱脱着質量分析法の概略は図 4.7 のようであり，高感度分析法として多成分を同時に測定できる．検出限界は約 0.1 ppb である．活性炭をコーティングしたワイヤーを入れたサンプルコレクターを，調査孔の底に一定期間（1 週間から数週間）埋設し，拡散してくる土壌ガスを吸着させる．とり出したワイヤーに吸着されている土壌ガスを，試験室において電磁加熱脱着装置を用いて分離し，質量分析計を用いて分析する．GC/質量分析計を併用すれば高感度の同定と分析が可能である．土壌ガスを吸引する時間が長いので時間的に平均した濃度を知ることが

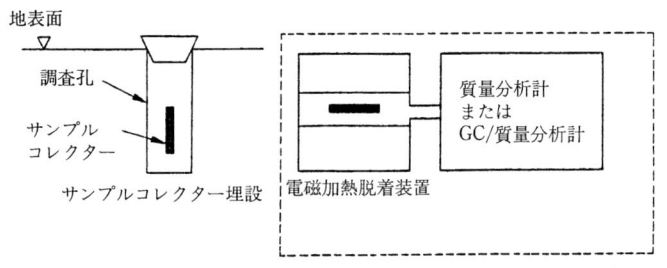

図 4.7 活性炭吸着/電磁加熱脱着質量分析法による土壌ガス調査 [1]

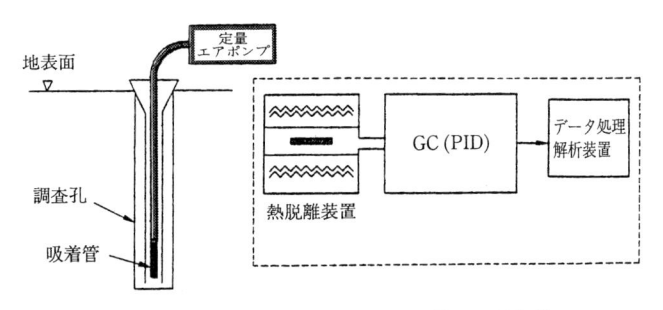

図 4.8 吸着/熱脱離/GC 法による土壌ガス調査 [1]

できる．現地における作業は容易であるが，分析には高度の熟練を要する [4]．

吸着/熱脱離/GC法の概略を図4.8に示す．この方法は高感度の検出法であり，検出限界はおおよそ0.1 ppbである．採取管の先端に特殊な吸着管を取り付けて孔底に差し込み，エアポンプで土壌ガスを一定量吸引して吸着・濃縮させる．分析は車両に搭載した熱脱離装置/GC (PID：光イオン化検出器付き)/解析装置を用いて現地で行うので，分析結果が直ちに得られ，現地での定量と同定が可能である．活性炭吸着/電磁加熱脱着質量分析法と同程度の感度をもっている．土壌ガスの採取は比較的容易であるが，GC分析には比較的熟練した技術を必要とする [5]．

土壌ガス調査手法のいくつかについて述べたが，留意すべき点として以下のようなことがいえる [6], [7]．①土壌ガス濃度は気圧，温度，降雨等の気象条件によって変化する可能性があるので，土壌ガスを吸引する時間の長い方法を除き，悪天候を避けて短時間に調査することが肝要である．②多成分の同時分析が可能なガスクロマトグラフ等を用いる場合，水質の要監視項目についても調査することが望ましい．③土壌ガスを採取するガス導入管やシリンジ等は汚染物質を吸着しにくい材料（テフロン等）のものを用いる．また，高濃度地点で使用した器具は頻繁に洗浄するか

交換する．④分析方法にはそれぞれ特徴があるので，対象地盤と汚染物質に応じた方法を選択する．

4.5.2　サンプリングの密度

　土壌ガスのサンプリング密度は調査手法の検出感度と安全率を考慮して決める．概況調査でのサンプリングのメッシュの目安は，低感度手法の場合は 5 m 程度，中感度手法で 20 m 程度，高感度手法の場合で 50 m 程度が一般的である．建築物や舗装による被覆のあるような土地においては，それらを考慮してサンプリング地点を決める．場合によってはコア抜きの跡に孔を設けてサンプリングを行う．高濃度地域を絞り込んだ後の詳細調査においては，汚染の程度によっては高感度の手法を必要としない場合もあるため，分析操作の簡単な検知管法あるいは中感度のポータブル GC 等を用いると調査の効率を上げることができる．

4.6　ボーリングによる調査と試験

　重金属あるいは有機塩素系化合物汚染にかかわらず，資料等調査，表土調査，土壌ガス調査等によって地盤や地下水の汚染が明らかになった場合，より詳細なデータを得るためにボーリング調査とそれに付随する分析試験を実施する．ボーリング調査における調査と試験の項目の概要を図 4.9 に示す．これらのうち，対象地盤と汚染物質を考慮して必要な項目について調査・試験を行う．

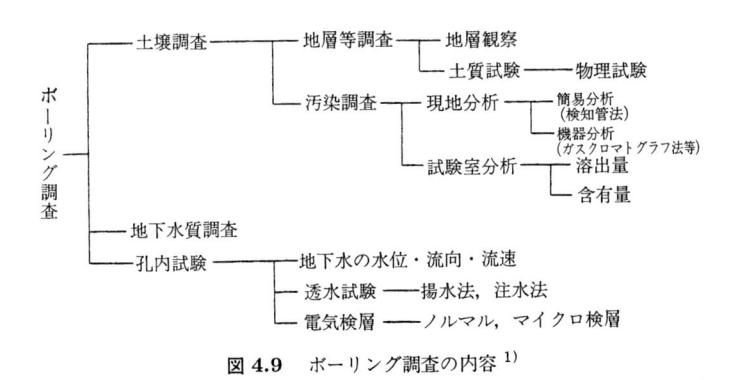

図 4.9　ボーリング調査の内容 [1]

4.6.1　ボーリング地点の選定
(1) 重金属汚染の場合
　ボーリング調査地点の選定は，汚染が認められた地点，汚染のおそれのある地点

あるいは水文地質状況等を考慮して，地盤・地下水汚染の三次元分布を把握できるように配置するのが基本である．汚染範囲が大きいと予想される場合（おおむね1 000 m^{2}以上）には，おおよそ25 mメッシュの交点とし，面積が小さい場合には，5，10，15，20，25 m程度のいずれかのメッシュの交点とし，汚染のおそれのある範囲の中で少なくとも5地点以上で採取する．汚染の境界のようなところではメッシュを密にする等の配慮が必要である．

(2) 有機塩素系化合物汚染の場合

有機塩素系化合物汚染の場合のボーリング地点の選定は，土壌ガス調査や地下水観測から汚染が判明した地域，土壌ガス調査から求められた濃度コンター等から判断して，汚染の境界と思われる地点，地下水の流向からみて高濃度地点をはさんだ上・下流の地点，汚染井戸からみて必要と思われる地点を中心に，汚染の分布を確実に把握できるような配置とする．なお，地下水の流向から，下流にあたる地点については，土壌ガス調査では汚染のおそれがないと思われる地点でも，汚染が認められることもあるので留意して配置する必要がある．

4.6.2　ボーリング掘削方式

ボーリングの掘削方式については，従来の，ロータリー式，パーカッション式，ハンドオーガー，機械式簡易ボーリングなどを，対象地盤の状況に応じて利用する[8]．ただ，ここでのボーリング調査は，力学的性質の調査・試験が主体ではなく，地盤・地下水の汚染のための調査・試験である．このような観点から従来のボーリング方法をみると次のようなことがいえよう．

図4.10に概要を示したロータリー式ボーリングは，土の分析，地層の把握，土質試験のための連続した土資料の採取に適している．また，適用可能な地層や土質の範囲が広く，掘進性能も優れている．パーカッション式ボーリングの概要を図4.11に示す．地層の状況がある程度把握されている地点で，観測井や処理対策用の井戸を設置するような場合に適している．コアの採取はできない．掘削効率はよく，ボーリング孔が曲がることも少ない．ただし，ボーリングによる汚染の拡散に注意する必要がある．

ハンドオーガーボーリングは，比較的浅い地層（おおむね5 m以内）において，不飽和帯の状況や不圧地下水の水位を調査する場合に適している．その概要を図4.12に示す．振動が比較的少なく，狭い場所での使用に適している．この方法は，地下水以下のゆるい砂層や軟弱な粘土層では，掘削も試料採取も困難である．地下水位以上では乱された試料を連続的に採取することができる．図4.13に示す機械式簡易ボーリングは，おおむね15 m以内の比較的浅い層で，礫を含まない軟弱な地層（N

4.6 ボーリングによる調査と試験　95

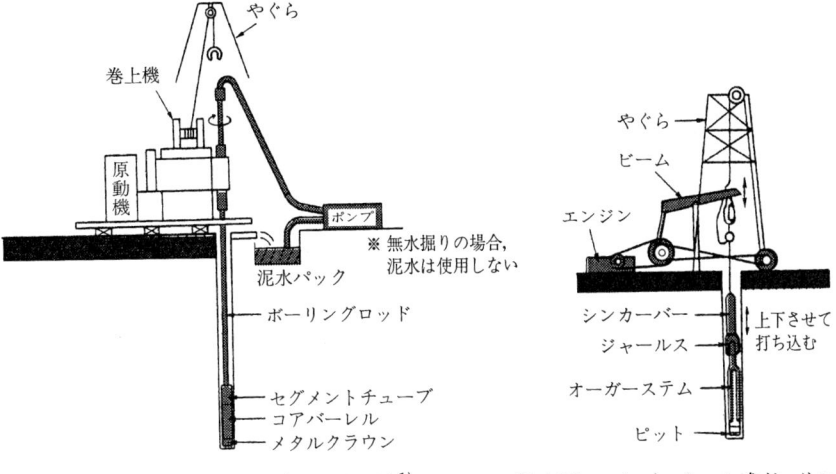

図 4.10 ロータリー式ボーリング[1]

図 4.11 パーカッション式ボーリング[1]

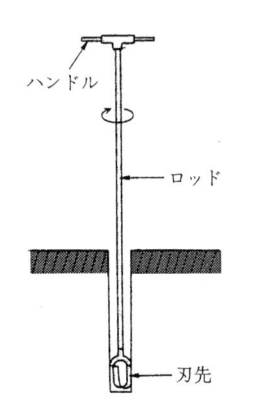

図 4.12 ハンドオーガーボーリング[1]

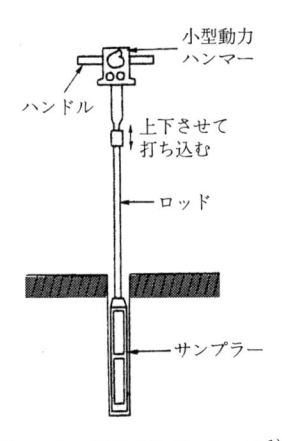

図 4.13 機械簡易ボーリング[1]

値で 15 未満程度) に適している．打撃式と貫入式とがあり，狭い場所で短時間に掘削と試料の採取ができる．

　地盤・地下水の汚染調査という観点からみると，ボーリングの掘削においては次の点に留意することが必要である．①ボーリングに伴って発生する汚染された泥水やスライムなどは，濃度等を適宜測定し，専門の処理業者に委託するか，適切な措置を講じる．②汚染されていない難透水層を貫通するような不用意なボーリングによる下層への汚染の拡散に注意する．③汚染されていない地層までボーリングを行うときには，汚染地層のケーシングをセメントミルク等でふさいでから下層へ掘り進む．④高濃度地点で使用したボーリング資材はよく洗浄する．⑤泥水を使用する

場合，孔底や孔壁に目詰りが生じやすいので，ボーリング孔を揚水試験や地下水位の観測に用いるためにはよく孔内を洗浄する．⑥将来の遮水工等の設置をも考慮してボーリングを行うこともある．

調査のために掘削したボーリング孔は，試験用あるいは施設用として次のように利用することができる．①孔内試験としての地下水位，流向，流速等の測定，②揚水試験における揚水井あるいは観測井としての利用，③孔壁周辺地層の電気比抵抗の測定（電気検層）への利用．これらの利用を予定している場合には，これに対応するようなボーリングの掘削と措置が必要である．

4.6.3 サンプリングの手法

採取する土試料は，目的に応じて乱さない試料と乱した試料がある．乱さない試料は地盤の沈下や透水性等の力学的性質を求めるための室内試験に利用される．一方，地層の観察や汚染土の試料採取は，乱した試料によって目的を達成できる．ここでは，いくつかの代表的なサンプリングの方法について述べる．

ロータリー式スリーブ内蔵二重管サンプラーは，軟弱粘性土を除く各種の地盤や岩盤に対して適用できる．乱れの少ない試料の採取ができ採取率もよい．地盤汚染調査では最も多用される方法である．このサンプラーは，孔底におろすまでの間に内部を孔内の泥水が通過し，泥水の汚染が試料に付着するおそれがある．標準貫入試験用サンプラー（スプリットバレルサンプラー）は，岩盤以外の軟らかい地層での試料の採取に適している．このサンプラーも孔底におろすまでの間に泥水中を通過するので，泥水が試料に付着するおそれがある．

固定ピストン式シンウォールサンプラーは軟らかい粘土層を対象として用いられ，砂層では試料採取が困難である．土試料はシンウォールチューブ内に採取されるので，現場での地層の確認を行うには，試料押し出し機を持ち込む必要がある．泥水の付着は先の2つのサンプリング方法の場合と同じである．ロータリー式二重管サンプラー（デニソンサンプラー）は，サンプラーを回転させ，動的に掘削しながら試料を採取するものであり，比較的硬い粘性土の試料採取ができるが，緩い砂層では採取できない．シンウォールサンプラーと同じ注意が必要である．

地盤汚染に関するサンプリングにあたっては，次のような汚染調査としての注意が必要である．①サンプラーを転用する前に必ず洗浄する．②揮発性のある汚染物質あるいは無水掘りによる掘削の場合には，コアに熱が加わらないように注意する．③泥水による試料の汚染に注意する．④地層分布や汚染濃度がある程度判明している場合には，必ずしもオールコアによる試料採取の必要はない．⑤利用の予定のないボーリング孔は迅速に確実に埋め戻す．

4.6.4 土試料の採取
(1) 重金属汚染の場合
　サンプリングの深度は，表層と表層下 0.5，1，2，3，4，5 m の 7 か所程度を基本とするが，これらの間に異なる地層がある場合には，その地層からも試料を採取する．盛土や埋立土がある場合には，これらを考慮して採取深度を決める．不透水性の岩盤等があり，それが環境基準に適合していれば試料採取の必要はない．一方，汚染がさらに深い層に拡散しているようならば，さらに深いサンプリングが必要である．土試料の採取量は 500 g 程度でよいが，対象により適宜増減する．土試料採取時には観察結果を記録するとともに，礫，木片等を多量に含む場合には，それらの含有量を記録しておくと後から役立つことが多い．採取した試料は汚染物質の分析試験等に供する．

(2) 有機塩素系化合物汚染の場合
　有機塩素系化合物汚染におけるサンプリングは，汚染物質が不検出になるまで，あるいは不透水層の上端まで行うのが基本である．不透水層の上端に汚染が認められるときには，十分に注意して不透水層の内部まで行うこともある．また，周辺の地層の状況によっては，不透水層より深いところに汚染が拡散している場合もある．このような場合にも，不透水層以深のサンプリングが必要になる．地下水調査により汚染している帯水層がわかっている場合は，その深さまでサンプリングを行う．

　溶出量等の分析のための土試料の採取は，基本的にはコアの中央部において，コア 1 m あたり 1〜2 の試料を目安として，地層の状況を勘案して適宜採取する．土試料の採取量は 100 g 程度でよいが，必要に応じて増減する．未固結層からのコア採取は，一般にコアパックチューブを装着したサンプラーを使用することが多い．これが困難な場合は，標準貫入試験で用いるサンプラーまたは二重管式のコアバレル等を用いる．詳細な情報を得るためには，可能な限り連続したコアを採取する方がよい．

　採取したコアから地層の状況，すなわち地層の色層，混入物，堆積状況，湿潤状態等を調べるとともに，ボーリングコアから適切に土試料を取り出し，粒度，比重，含水比，単位体積重量等の試験を行い，地質柱状図を作成する．また，臭気等についても記録するとともに必要な写真を撮影する．

4.6.5 分析試験用の検体の作成と汚染物質の分析
(1) 重金属汚染の場合
　分析用の検体の作成にあたっては，採取した試料をそれぞれ風乾し，礫や木片を取り除き，土塊や団粒を粗く砕いた後，非金属製の 2 mm 目のふるいを通過させて

検体とする．礫や木片を多量に含む土については，それらの含有率を記録しておく．

カドミウムおよびその化合物，鉛およびその化合物，砒素およびその化合物，水銀およびその化合物についての溶出量および含有量の分析は，先に示した表土の場合の表 4.1, 4.2, 4.3 および 4.4 と同じ方法を適用する．なお，資料等調査や表土調査の結果からみて，明らかに含有量参考値を超えるおそれのない物質は分析の対象から除外してよい．

(2) 有機塩素系化合物汚染の場合

現地で汚染土の分析を行う場合は，試料採取後直ちに行うことが肝要である．これができないときには，4℃以下の冷暗所に保存し，できるだけ速やかに分析を行う．現地における簡易分析は，土試料を密閉容器内で水と混合することにより，揮発性汚染物質をヘッドスペースへ揮散させ，このスペース内の揮散ガスを適切な検知器を用いて測定する．ポータブル GC がよく用いられる．

試験室に搬入された土試料は，溶出量試験，溶出液の分析試験，含有量試験等に供する．溶出試験法は，表 4.7 に示すように，10 倍の水による溶出方法が定められている．試験の実施にあたっては，土試料の採取から測定までの間における汚染物質のロスを少なくするため，採取後直ちに密閉容器に口までいっぱいに入れて冷却運搬し，上部を捨てて内部を採取し，できるだけ速やかに測定する．

溶出液に対する汚染物質の分析には，表 4.8 に示すような方法が用いられる．これは，後から述べる汚染地下水の分析方法と同じであり，いくつかの代表的な方法の特徴は以下のようである．

ヘッドスペース・GC 法は，溶出液（以後，試料水）をガラス容器に入れて密閉し，20℃の恒温槽に数十分以上放置後，気液平衡に達したガス相の一部を採取し，電子捕獲型検出器付きガスクロマトグラフ（ECD-GC）またはガスクロマトグラフ/質量分析計（GC/MS）で濃度を測定する方法である．この方法は比較的簡易であり，GC カラムの汚染は少ないが，気液平衡のヘンリー定数が小さい化合物では感度が低くなり，低濃度の測定が難しくなる．ガラス容器に試料水を入れる際に，低沸点化合物は揮発しやすく，数十％もロスすることがある．

パージトラップ・GC 法は，パージ管に試料水を入れて通気し，気化した物質をテナックスなどに吸着させ，これを加熱脱離し，ECD-GC または GC/MS に導入して濃度を測定する．溶媒を使用せずに揮発性物質のすべてを低濃度まで一括分析できる特徴をもつが，1 サンプルの測定に約 1 時間を要する．揮発によるロスはヘッドスペース・GC 法とほぼ同じである．装置は高価である．

溶媒抽出・GC 法は，試料水の 10 分の 1 から 20 分の 1 の量の，特級 n-ヘキサンまたは水質分析用 n-デカンをあらかじめ入れておいた試験管などに試料水を入れ，

表 4.7　土壌中有機化合物等の溶出量分析方法（土壌環境基準，平成 3 年 8 月，環境庁告示第 46 号）

手順	汚染物質と操作	
	ジクロロメタン，四塩化炭素，1,2-ジクロロエタン，1,1-ジクロロエチレン，シス-1,2-ジクロロエチレン，1,1,1-トリクロロエタン，1,1,2-トリクロロエタン，トリクロロエチレン，テトラクロロエチレン，1,3-ジクロロプロペンおよびベンゼン	有機リン化合物，チウラム，シマジンおよびチオベンカルブ
①土壌の取扱い	採取した土壌はガラス製容器等に空隙が残らないように収める．試験を直ちに行えない場合には，4℃以下の冷暗所に保存する(1,3-ジクロロプロペンは凍結保存).	採取した土壌はガラス製容器等に収める．試験を直ちに行えない場合には，凍結保存する．
②試料の作成	採取した土壌からおおむね粒径 5 mm を超える中小礫，木片等を除く．	採取した土壌を風乾し，中小礫，木片等を除き，土塊，団粒を粗砕した後，非金属性の 2 mm の目のふるいを通過させて得た土壌を十分混合する．
③試料液の調製	あらかじめ撹拌子を入れたねじ口付き三角フラスコに試料 (g) と溶媒（純水に塩酸を加えて pH=5.8～6.3 としたもの (ml)）とを 1：10 (W：V) の割合でとり密栓する．混合液が 500 ml 以上となるようにする．	試料 (g) と溶媒（純水に塩酸を加えて pH=5.8～6.3 としたもの (ml)）とを 1：10 (W：V) の割合で混合する．混合液が 1 000 ml 以上となるようにする．
④溶　　出	常温（おおむね 20 ℃）常圧（おおむね 1 気圧）でマグネチックスターラーで 4 時間連続して撹拌する．	常温（おおむね 20 ℃）常圧（おおむね 1 気圧）で振とう機（振とう回数毎分 200 回，振とう幅 4～5 cm）を用いて 6 時間連続振とうする．
⑤静　　置	溶出した試料液を 10～30 分程度静置する．	溶出した試料液を 10～30 分程度静置する．
⑥ろ　　過	試料液をガラス製注射筒に吸い取り，メンブランフィルター（孔径 0.45 μm）を装着した紙ホルダー液を接続してろ過し，ろ液を取り検液とする．	試料液を毎分 3 000 回転で 20 分遠心分離した後の上澄み液をメンブランフィルター（孔径 0.45 μm）を用いてろ過して，ろ液を取り検液とする．
⑦検　　液		

注：平成 6 年 3 月の「土壌の汚染に係る環境基準の検液の作成方法及び測定方法について」を参照．

数分間激しく振って抽出し，シリカカラムでクリーンアップして，ECD-GC または GC/MS で一括分析する方法である．この方法は，操作中の揮散によるロスが少なく，多数の試料を簡便に高感度で分離測定できるのが特徴である[9]．

　ヘッドスペース・検知管法は，ガラス瓶に試料水を入れて振り，ガラス瓶上部の気体中の濃度を検知管で測定する方法である[10]．ヘッドスペースガスを光イオン化検出器付き携帯ガスクロマトグラフ（PID-GC）で分離測定する方法も使われている[5]．このほかに，ガラス容器に試料水を入れて空気を送り，気化した揮発性有機

表 4.8 土壌中有機塩素化合物等の溶出量分析方法
(平成 3 年 8 月, 環境庁水質保全局, 土壌環境基準に掲げる方法)

定量方法 (溶出量分析方法)	物質
パージ・トラップ・ガスクロマトグラフ質量分析法およびパージ・トラップ・ガスクロマトグラフ法 (昭和 46 年 12 月, 環境庁告示第 59 号付表 6-1, 6-3), ヘッドスペースガスクロマトグラフ質量分析法 (昭和 46 年 12 月, 環境庁告示第 59 号付表 6-2)	ジクロロメタン, 四塩化炭素, 1,2-ジクロロエタン, 1,1-ジクロロエチレン, シス-1,2-ジクロロエチレン, 1,1,1-トリクロロエタン, 1,1,2-トリクロロエタン, トリクロロエチレン, テトラクロロエチレン, 1,3-ジクロロプロペン, ベンゼン
溶媒抽出ガスクロマトグラフ法およびヘッドスペースガスクロマトグラフ法 (JIS K 0125 の 5)	四塩化炭素, 1,1,1-トリクロロエタン, 1,1,2-トリクロロエタン, トリクロロエチレン, テトラクロロエチレン
ガスクロマトグラフ法 (JIS K 0102 の 31.1) (昭和 49 年 9 月, 環境庁告示第 64 号付表 1)	有機リン化合物
高速液体クロマトグラフ法 (昭和 49 年 9 月, 環境庁告示第 64 号付表 7)	チウラム
ガスクロマトグラフ質量分析法およびガスクロマトグラフ法 (昭和 49 年 9 月, 環境庁告示第 64 号付表 8)	シマジン, チオベンカルブ

塩素化合物の濃度を検知管で測定して水中濃度を算出する方法もある[6]. これらの方法は, 迅速, 簡便, 安価であり, 現場で概略の汚染レベルを知るには便利であるが, サンプルの量, 水温, 試料水を入れてからの放置時間などの影響があるのでやや精度が低い. また, 検知管では化合物の詳しい同定はできない.

4.6.6 ボーリング孔内地下水質の調査

ボーリング孔を利用する地下水質の調査は, 帯水層ごとの地下水をサンプリングして分析し, 汚染の分布を把握するために行われる. 測定は簡単な方法を用いて直ちに実施した方がよい. ただ, ボーリング直後の地下水の分析結果は, 必ずしも実際の濃度を反映していない場合があるので, 正確な濃度を知るには, 観測井を設置した後に採水して分析することが肝要である. 分析方法は溶出液や汚染地下水に対して用いる方法をそのまま適用できる. 帯水層ごとの地下水の採取方法には, 採水器による方法や水中ポンプによる方法がよく用いられる[9].

4.6.7 ボーリング孔の利用方法

ボーリング孔を利用する他の調査としては, 地下水の水位, 流向, 流速がある. 地下水位の測定は地下水サンプリングの前に行う方がよい. 孔内の流向の測定はかなり難しく, 地域の地下水の流向と異なって測定されることが多々ある. 帯水層の透

水係数や貯留係数等の水理特性を知るために，ボーリング孔を利用して揚水試験を行うこともできる．また，ボーリング孔周辺地層の電気比抵抗の測定いわゆる電気検層を行い，地層の状態，帯水層の検出，不透水層等の判定に利用することができる．ボーリング孔を観測井あるいは揚水井として利用する場合には，それに対応できるような井戸に仕上げる必要があり，これによって地下水観測を継続することができる．

4.7 地下水の調査と試験

ここでは，主として有機塩素系化合物汚染にかかわる地下水調査について述べる．重金属汚染に関する地下水調査については最後に簡単に触れるが，基本的な考え方は両者において同じといえる．

4.7.1 調査・試験の目的と内容

有機塩素系化合物汚染にかかわる地下水調査は，一般に，次の2つの場合に実施する．第1は，既存の井戸や観測井を用いて，地下水汚染の実情および地下水の流動状況を把握するために行う場合である．第2は，地下水汚染の判明に伴って汚染調査を行う場合であり，汚染源や高濃度地点を推定するためと，土壌ガス調査地点を選定するために行う．調査目的としては次の3つを挙げることができよう．①既存の井戸や新たに設置した観測井の水質から，地下水汚染の状況を把握する，②既存の井戸や観測井の水位あるいは河川や水路の水位から，地下水の流動状況を把握する，③上記の第2の場合に相当する調査で，①と②の結果をもとに，汚染源を推定するとともに土壌ガス調査を実施する場所を選定する．

4.7.2 調査・試験の手法

調査地域の広さは，これまでの事例から，汚染井戸あるいは地盤汚染のおそれのある地域を中心として，半径500 m程度を設定するのが普通である．水位の調査においては，飲用井戸や井戸の深さとストレーナの位置が明らかな既存の井戸を優先的に調査する．複数のストレーナが設置されている場合，測定された水位が対象としている帯水層の地下水の水位を示さないことがあるので注意を要する．周辺河川，雨水溝，排水溝等の水路の水位等を調査して参考にするとよい．

井戸からの採水にあたっては，古くから井戸にたまっている水を採取しないために，井戸の容量の3～5倍の水をくみ上げ，1時間以内あるいは50%程度まで水位が回復したときに採水を行う．また，pH，温度，電気伝導度を揚水中にモニターし，

これらが安定したことを確認した方がよい．採水器具は毎回洗浄するとともに，汚染の程度の低い井戸から採取を始め，最も汚染された井戸で終わるようにする．汚染されている地下水は適切に処理するのはもちろんである．地下水中の汚染物質の分析方法は，4.6.5 で示した溶出液の分析に用いる方法を適用する．

4.7.3　地下水の調査・試験結果のまとめ方

　地下水位の調査結果より，井戸等の位置を示した地形図上に地下水位を記入し，河川や水路等の水位の結果も考慮して，0.1～1 m の地下水位等高線図を作成する．既存の井戸の水位データを利用する場合は，その水位が調査対象になっている帯水層の水位を示していないことがあるので注意を要する．また，最上部の第 1 帯水層は降雨の影響を受けやすいので，降雨データを入手しておくと補正に利用できる．

　地下水の水質調査の結果より，調査地域全体について，地下水汚染の等濃度線図（濃度コンター）を作成し，地下水汚染の平面分布を明らかにする．地下水汚染の濃度コンターは汚染物質ごとに，また，必要に応じて帯水層ごとに作成する．これらの結果から，地下水汚染の汚染源を特定し，土壌ガス調査を行う地域を定めることができる．

4.7.4　重金属汚染に関する地下水の調査・試験

　重金属汚染に関する地下水調査について少し触れておきたい．資料等調査および表土調査から，表土に汚染概況判断基準値（表 4.5）を超える地点がある場合，あるいは，下層の地盤に汚染のおそれのある場合は，対象の土地またはその周辺の既存の井戸等から，必要に応じて地下水を採取し，汚染の可能性のある物質について調査する．汚染物質の分析には 4.4.2 で示した方法を適用する．

　表 4.9 の注書きの基準いわゆる 3 倍値基準の適用を検討する場合は，対象とする土地および周辺の既存の井戸あるいはボーリング孔において，地下水の変動を調べるとともに，地下水を採取して分析する．3 倍値基準を適用する条件は，汚染地盤が地下水の変動範囲から離れており，かつ，当該地下水が地下水の評価基準に適合していることである．汚染地盤が地下水位の変動範囲から離れている場合，汚染地内または近くの井戸を用いて地下水の流動方向を調査し，井戸が汚染地点の下流側にあることを確認したうえで地下水を採取・分析し，地下水の評価基準以下であれば 3 倍値基準を適用することができる．汚染地内または近くに井戸がない場合における 3 倍地基準の適用を検討するときには，その地点でボーリングを行い同様の調査を行う．

表 4.9 対策範囲選定基準

物質	対策範囲選定基準値		
	溶出量値 II	溶出量値 I	含有量参考値
カドミウムおよびその化合物	検液 1l につきカドミウムとして 0.3 mg	検液 1l につきカドミウムとして 0.01 mg	乾土 1 kg につきカドミウムとして 9 mg
シアン化合物	検液 1l につきシアンとして 1 mg	検液中に検出されないこと	
鉛およびその化合物	検液 1l につき鉛として 0.3 mg	検液 1l につき鉛として 0.01 mg	乾土 1 kg につき鉛として 600 mg
六価クロム化合物	検液 1l につき六価クロムとして 1.5 mg	検液 1l につき六価クロムとして 0.05 mg	
砒素およびその化合物	検液 1l につき砒素として 0.3 mg	検液 1l につき砒素として 0.01 mg	乾土 1 kg につき砒素として 50 mg
水銀およびその化合物	検液 1l につき水銀として 0.005 mg	検液 1l につき水銀として 0.0005 mg	乾土 1 kg につき水銀として 3 mg
アルキル水銀化合物	検液中に検出されないこと	検液中に検出されないこと	
PCB	検液 1l につき PCB として 0.003 mg	検液中に検出されないこと	
セレンおよびその化合物	検液 1l につきセレンとして 0.3 mg	検液 1l につきセレンとして 0.01 mg	

注）溶出量値 I の，カドミウム，鉛，六価クロム，砒素，水銀およびセレンについては，汚染土壌が地下水面から離れており，かつ，原状において当該地下水中のこれらの項目の濃度がそれぞれ地下水 1l につき 0.01 mg, 0.01 mg, 0.05 mg, 0.01 mg, 0.0005 mg および 0.01 mg を超えていない場合には，それぞれ検液 1l につき 0.03 mg, 0.03 mg, 0.15 mg, 0.03 mg, 0.0015 mg および 0.03 mg とする．

4.8 調査・試験結果の評価

以上に述べてきたような資料等調査，表土調査，土壌ガス調査，ボーリング調査，地下水調査等の結果を総合的に検討し，浄化修復対策の計画や実施のための判断を行う．以下，この判断基準について，重金属汚染と有機塩素系化合物汚染に分けてその概要を述べる．

4.8.1 重金属汚染の場合

ボーリング調査とそれに伴う汚染物質の分析結果より，処理対策を施す範囲等を設定するため，結果の評価を行わなければならない．処理対策を必要とする汚染地

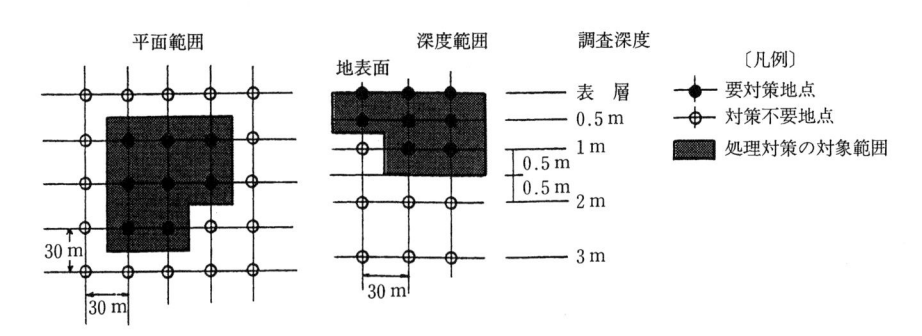

図 4.14 処理対策を要する汚染土壌の対象範囲 [1]

盤の範囲を設定するための基準すなわち対策範囲設定基準は，表 4.9 の溶出量値 I であり，この値より溶出濃度の高い汚染については何らかの対策を講ずることになっている．ただし，溶出量値 I 以下であっても，土地の重要性や周辺の状況から，何らかの対策を講ずる場合には，含有量参考値に基づいて評価する．

表 4.9 の溶出量値 I は，土壌環境基準の溶出基準（表 4.5）に準拠しており，4.7.4 で述べたように，表下の注書きのいわゆる 3 倍値基準の適用もありうる．一方，溶出濃度の高い汚染地盤の場合には，汚染地盤の遮断をより厳重に行う必要がある．このような高レベルの汚染地盤の対策範囲設定基準が表 4.9 の溶出量値 II である．

処理対策を要する汚染地盤の範囲は，たとえば図 4.14 に示すように，平面的には対策を必要とする地点すなわち対策範囲設定基準を超える土壌が検出された地点と，近接する対策不要地点すなわち対策範囲設定基準を超えない地点とを直線で結び，その中間点より垂線を引き，各垂線の交点を結んだ多角形内とするのが一般的である．深さ方向の範囲は，対策範囲設定基準を超える土壌が検出された層と，超えない層の中間点を境界として設定する．ただ，対策範囲の設定は，汚染現地の状況に大きく影響されることがあるので，現地の実情に応じた適切な設定が要求される．

4.8.2 有機塩素系化合物汚染の場合

有機塩素系化合物にかかわる地盤・地下水の汚染は，重金属汚染の場合と同様に，土壌環境基準あるいは地下水環境基準によって評価する．すなわち，地盤汚染の有無および範囲は，ボーリング調査等より採取した土の溶出量分析の結果に基づき，地盤の汚染にかかわる環境基準いわゆる土壌環境基準に掲げられている 25 項目（表 2.7）のうち，表 4.10 の 10 物質の評価基準によって評価する．処理対策を実施することが望ましい地盤汚染の範囲は，この評価結果および現地の状況に応じて適切に

表 4.10　処理対策設定のための土壌と地下水の評価基準[2)]

項目	評価基準
ジクロロメタン	0.02　mg/l 以下
四塩化炭素	0.002 mg/l 以下
1,2-ジクロロメタン	0.004 mg/l 以下
1,1-ジクロロエチレン	0.02　mg/l 以下
シス-1,2-ジクロロエチレン	0.04　mg/l 以下
1,1,1-トリクロロエタン	1　　mg/l 以下
1,1,2-トリクロロエタン	0.006 mg/l 以下
トリクロロエチレン	0.03　mg/l 以下
テトラクロロエチレン	0.01　mg/l 以下
ベンゼン	0.01　mg/l 以下

注：土壌については検液に関して評価する．

設定する．

　また，地下水汚染の有無および範囲は，既存井戸や観測井から採取した地下水の分析結果に基づき，表 4.10 に示す地下水の評価基準で評価する．処理対策を実施することが望ましい地下水汚染の範囲は，この評価結果や現地の状況に応じて適切に設定する．なお，表 4.10 の土の評価基準は検液に関する基準であり，地下水評価基準は，検液にかわって地下水となっているだけであり，対象物質と基準の数値は同じである．

参考文献

1) 環境庁水質保全局水質保全課・土壌農薬課監修：土壌・地下水汚染対策ハンドブック，公害研究対策センター，1995．
2) 環境庁水質保全局監修：土壌・地下水汚染に関する調査・対策指針および運用基準，土壌環境センター，1999．
3) 志田正二編：化学辞典（普及版），森北出版，1993．
4) 平田健正編著：土壌・地下水汚染と対策，日本環境測定分析協会，1995．
5) 坂井　茂：地下水汚染の新しい調査法──フィンガープリント法──について，公害と対策，25, pp.827–830, 1989．
6) 前川統一郎，中島　誠：地下水汚染の調査・計測における現状と今後の展望，地質と調査，77, pp.14–20, 1998．
7) 野々口稔，福田宗弘，若田昌一：ATD/GC/PID 分析による土壌ガス調査，公害と対策，Vol.27, pp.1212–1214, 1991．
8) 地盤工学会編：土質調査法，地盤工学会，1999．
9) 浦野紘平：土壌・地下水汚染の調査・測定方法，水環境学会誌，17, pp.81–85, 1994．
10) 細見正明，奥村興平：地盤環境汚染の現状とその対策，5. 地盤環境汚染の調査とモニ

タリングとその問題点，土と基礎，Vol.42, No.7, pp.73-80, 1994.
11) 柳　邦広：重金属等に係わる土壌汚染調査・対策指針および有機塩素系化合物等に係わる土壌・地下水汚染調査・対策暫定指針，基礎工，Vol.27, No.1, pp.25-29, 1999.

第5章　浄化修復対策の体系

　近年，自治体のみならず企業等においても，ISO 14000 等の国際環境基準への適合を図るため，汚染の調査や浄化修復対策を自主的に行っている例も数多く見受けられる．汚染対策には，人の健康に対して影響が心配されるような場合に行われる飲用停止や汚染源の隔離のような応急対策と，長期にわたって地盤・地下水の環境を保全する恒久的な対策がある．本章では，応急対策については簡単に触れるにとどめ，恒久的な浄化修復対策の体系の概要およびそれに関連する技術の動向について概観する．

5.1　応急対策と恒久対策

　各種の調査・試験等により地盤・地下水の汚染が発見された場合には，地盤と地下水の環境基準の維持を図るため，浄化修復対策を実施することになる．長期にわたる環境保全の観点からは，最終的には恒久対策を行うが，それが直ちに実施できないときには応急対策を行うのが普通である．また，応急対策は恒久対策の実施以降であっても，必要に応じて行うことが要求される．

　応急対策は，図 5.1 に示すように，摂取防止対策（飲用防止等）と汚染拡散防止

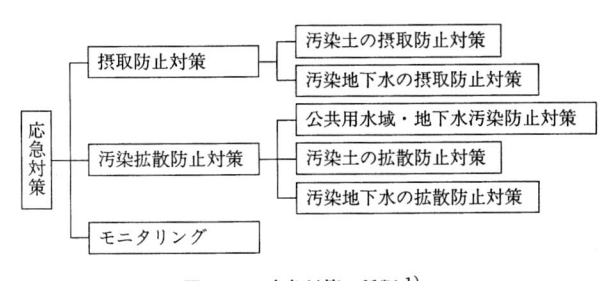

図 5.1　応急対策の種類 [1]

対策に大別できる．後者は，汚染地盤・地下水による公共用水域および地下水の汚染防止対策，汚染土の飛散防止対策，汚染地下水の拡散防止対策に分類できよう．また，応急対策の効果および工事中の環境への影響を確認するため，地盤，地下水，排水，大気等についてモニタリングを行うことも重要である．モニタリングの結果，地盤，地下水，大気等の環境への影響がある場合には，応急対策の方法を見直すことも必要になる．以下，本章においては恒久対策について述べる．

5.2　重金属汚染の浄化修復対策

　ここで対象とする重金属等とは，環境中において汚染物質の移動が少ないという観点から，カドミウムおよびその化合物，シアン化合物，有機リン，鉛およびその化合物，六価クロム化合物，砒素およびその化合物，水銀およびその化合物，アルキル水銀化合物，PCB（ポリ塩化ビフェニール），農薬等を含むものをいう．従来，重金属等は環境中での移動性が比較的低いため，固化・不溶化を行った後に，遮断工や遮水工によって封じ込める方法が，有効なものとしてよく実施されてきている．しかし，長期的にみれば，この方法は汚染物質が地中に存在しつづけるため，半永久的なモニタリングが必要なことや，土地の有効利用が図れない等の欠点をもっている．そのため，今後はできうる限り，汚染物質を地盤および地下水から除去し，無害化する浄化修復技術が望ましい．

5.2.1　対策技術の種類と特徴

　恒久的な浄化修復対策には多額の経費を必要とすることから，効率よく実施することが要求される．そのためには，対象とする地盤内での重金属等の特性や挙動をよく知り，理にかなった技術を用いなければならない．強引に対策を実施しても浄化が進まないばかりか，かえって助長するおそれがある．このことは有機塩素系化合物についても同様である．

　重金属等による汚染地盤・地下水の浄化対策技術は，有機塩素系化合物汚染に関するそれのように，さまざまな技術が提案・開発され，実施されようとしているのとは異なり，ある程度マニュアル化されているといえる[1), 2)]．

　汚染地盤の恒久対策の目的は，長期にわたって，雨水や地下水によって汚染物質が溶出し，周辺の地盤や地下水に広がらないようにすることにある．したがって，汚染地盤から汚染物質を除去すること，すなわち，重金属等の分離あるいは化合物の分解を行うことが本来の姿である．これが実施できない場合には，少なくとも一般環境から汚染物質を隔離（たとえば封じ込め）する必要がある．

5.2 重金属汚染の浄化修復対策

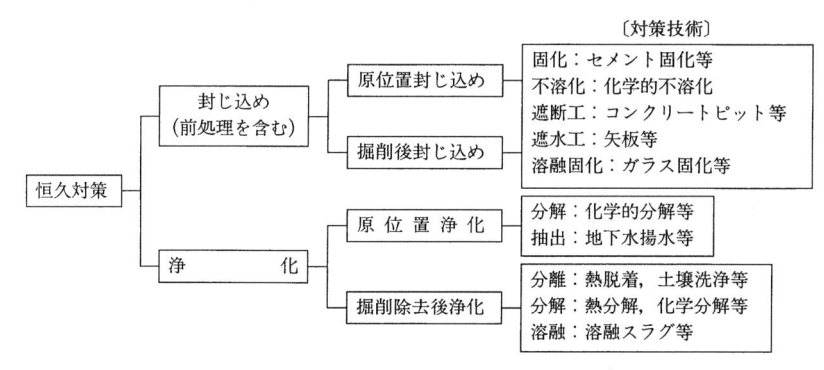

```
恒久対策 ─┬─ 封じ込め ─┬─ 原位置封じ込め ──┬─ 〔対策技術〕
         │ (前処理を含む) │                  │  固化：セメント固化等
         │             │                  │  不溶化：化学的不溶化
         │             └─ 掘削後封じ込め ──┤  遮断工：コンクリートピット等
         │                                │  遮水工：矢板等
         │                                └─ 溶融固化：ガラス固化等
         │
         └─ 浄　　化 ─┬─ 原位置浄化 ──────┬─ 分解：化学的分解等
                     │                  └─ 抽出：地下水揚水等
                     │
                     └─ 掘削除去後浄化 ──┬─ 分離：熱脱着，土壌洗浄等
                                        ├─ 分解：熱分解，化学分解等
                                        └─ 溶融：溶融スラグ等
```

図 5.2 重金属汚染に対する恒久対策の体系[1]

問題となる重金属等の汚染物質は，農用地では銅，カドミウム，砒素などが支配的であり，市街地（都市公共用地や工業・商業等の用地など）では水銀，カドミウム，鉛，砒素，シアンなどが多い．従来，このような地盤の汚染対策技術としては，掘削・除去，固化・不溶化などを併用した，物理的封じ込め工法がよく用いられている[3),4)]．

重金属等による汚染地盤の恒久対策の体系の概要を図5.2に示す．基本的には，地中の汚染物質を，一般環境から隔離する封じ込めと，原位置あるいは掘削除去後のいわゆる浄化の2つに大別できる．封じ込めと浄化の選択，さらには，その中でどの技術を用いるかは，工法としての技術的な検討はもちろん，土地利用等の社会的な条件も考慮して決めることになる．また，複数の汚染物質によるいわゆる複合汚染に対しては，汚染物質の種類，性状，汚染状況等を総合的に勘案して用いる対策を選択する．以下，各技術の概要と特徴についてみてみよう．

5.2.2 封じ込め

封じ込めは，汚染物質を含む汚染土を一般環境から隔離し，汚染の拡散を防止する対策である．汚染物質は封じ込められた地盤中に長期的に存在するため，適切な維持管理が必要である．封じ込めには，原位置封じ込めと掘削除去後の封じ込めとがある．前者は，土を移動させずに元の位置で一般環境から隔離する方法であり，不透水性の岩盤や地層を利用し，鋼矢板等を用いて封じ込めるものである．後者は地盤を一度掘削移動し，別に構築した構造物内に封じ込める対策であり，対象とする地内で行う場合と対象地外で行う場合がある．

封じ込め対策を適用する判断は，4章で述べたような各種の調査・試験結果，とくに溶出試験結果による対策範囲選定基準（表4.9）によっているのが現状である．この基準と封じ込め対策との関係は次のようになる．

表4.9の溶出量値IIは，封じ込めの方法すなわち遮断工と遮水工の適用を判断する基準であり，土に含まれる重金属等の濃度が溶出量値II以下の場合には，遮水工により封じ込めを行う．溶出量値IIを超える場合は，6章で詳述する固化あるいは不溶化処理を実施した後に溶出試験を行い，その結果，溶出量値II以下となった土については，遮水工によって封じ込めを行う．固化あるいは不溶化処理後も，なお溶出量値IIを超える土については，遮断工により封じ込めを行うのが基本となっている．

また，総水銀および全シアンによる汚染地盤で，不溶化処理を行った後においても溶出量値IIを超える場合は，固化を行った後で遮断工を用いて封じ込める．一方，総水銀および全シアン以外の重金属等によって，溶出量値IIを超えて汚染されている土については，固化あるいは不溶化を行わずに遮断工によって封じ込めることができる．固化・不溶化と封じ込めについては6章で詳しく取り扱う．

5.2.3 浄化と処理技術

図5.2の浄化は，原位置浄化と掘削除去後浄化に大別できる．原位置浄化は，地盤の掘削や土の移動を行うことなく実施する方法であり，原位置分解と原位置抽出とがある．原位置分解は，汚染地盤・地下水に含まれる重金属等を原位置（地盤内）で分解・無害化するものであり，これの適用は化合物に限定される．原位置抽出は，汚染地盤・地下水中の重金属等を取り除く方法であり，取り除かれた重金属および汚染地下水は，さらに適切な処理が必要となる．掘削除去後浄化は，まず原位置の汚染土を掘削除去し，これを適切な方法で処理するものである．

また，図5.2の処理は，掘削した汚染土および揚水した汚染地下水に含まれる重金属等あるいは抽出された重金属等を，さらに分解あるいは分離する技術を指している．現場で行う場合と処理施設で行う場合がある．分解は，汚染土や汚染地下水中の化合物を，熱的あるいは化学的な手段等を用いて分解するものであり，このとき，有害物質が生成されることがあるので注意を要する．分離は，洗浄や熱脱着等の物理的な方法によって，重金属等を除去する方法であり，分離された重金属等については，さらに，分解，中和沈殿，吸着などの処理が必要である．以下，いくつかの代表的な浄化と処理に関する技術について概述する．なお，浄化および処理に関する対策の詳細は7, 8, 9章で述べる．

(1) 地下水揚水法

原位置抽出技術としての地下水揚水法は，汚染地下水を揚水し，地中から地下水とともに汚染物質を除去・回収することによって，地下水と地盤の浄化を行うものであり，汚染地盤の浄化は，井戸やトレンチから汲み上げる地下水を介して行われ

る．除去効率を上げるため，地中に電流を通して，イオン化している重金属の抽出を促進する方法もある．

　揚水した地下水の処理は，一般的には，地上の施設において水処理技術として確立している，酸化，還元，中和，凝集沈殿，濾過，吸着等の処理技術の組合せによって行うことが多い．揚水した地下水だけでなく，工事中に発生する排水処理にもこの技術が適用できる．揚水井は，地下水汚染地域の下流域に設けることによって，バリア井戸として汚染の拡散を防ぐのにも用いることができる．

　対象物質としては，重金属等に分類される物質のうち，六価クロム，シアン等の移動性の比較的大きな物質，および，後から述べる揮発性有機化合物に対しても有効である．すでに，個々の固有技術は水処理技術として確立されているので，揚水が可能であれば，比較的単純でわかりやすい対策である．地下水揚水法の細部は8章で述べる．

(2) 化学的分解

　処理技術としての化学的分解は，掘削した汚染土や汚染地下水に薬剤を添加し，酸化，還元，触媒反応等の化学的な反応によって，汚染物質の分解を行う方法である．これには，農薬を含む土や地下水に対する次亜塩素酸や過酸化水素と鉄を用いるフェントン法等による酸化処理，農薬等を含む地下水に対する紫外線による光化学処理，PCB汚染土に対するアルカリ触媒分解等が含まれる．化学的分解は，土と地下水の両方に適用でき，重金属等に分類される物質のうち，シアンやPCB等の化合物に有効である．汚染物質の濃度や土の性質の影響を受けにくく，比較的短時間に効果を上げうる処理方法といえる．ただ，化学分解によって非意図的な有害物質が生成されることがある．

(3) 熱分解

　処理技術としての熱分解は，掘削した汚染土および揚水した汚染地下水を加熱し，汚染物質を分解する技術であり，重金属等の化合物に適用できる．汚染物質によって差はあるが，通常，熱分解（焼却法）は800〜1 000℃で行われることが多い．汚染部物質によっては，触媒や酸化剤，還元剤を用いて効率的に処理することも行われる．処理温度が高いので，実際には熱脱着，揮発，不溶化等も同時に起こっている．加熱による分解生成物等を捕捉するための排ガス処理装置が必要となる．効率を上げるため，ある程度以上の規模での連続的な処理が有効であることから，図5.3に概要を示すような，比較的大規模な固定の施設で実施することが多い．

　対象となる汚染物質としては，重金属等のうち，シアンや農薬等のほとんどの化合物に有効である．油分や揮発性有機化合物が共存する場合も適用できることが多い．汚染物質の濃度や土の性質の影響が小さく，複合汚染によく適用される．また，

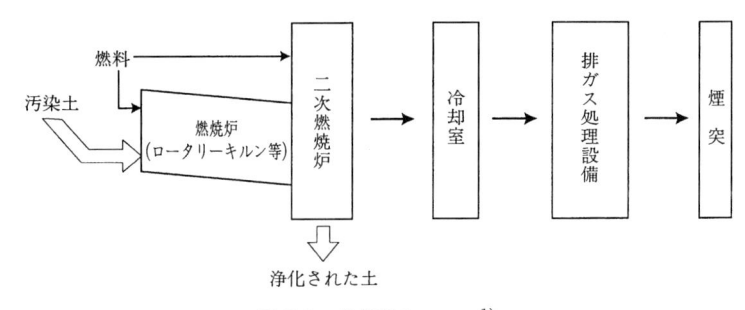

図 5.3　熱処理のフロー[1)]

短時間での処理が可能であるが，非意図的な有害物質の生成や土の性質の変化が起こる．

(4) 熱脱着・揮発

処理技術としての熱脱着・揮発法は，汚染物質を分離する技術であり，汚染土を加熱することにより，比較的沸点の低い物質を土から脱着・揮発して分離する．この範疇の技術としては，単純な熱脱着のほかに，加熱に水蒸気を使う水蒸気注入法，沸点を低下させる薬剤を加熱時に添加する塩化揮発法がある．加熱温度は物質によって違ってくるが，一般的には，低沸点の重金属等に用いる熱脱着では400～600℃，低沸点金属のほかにPCBや有機の成分も分離するときに使用される水蒸気注入法では300～700℃，高沸点の重金属の強制的な揮発を行う塩化揮発法では800～1 000℃で実施することが多い．

加熱によって，化合物の分解も同時に起こっているので，熱分解法の場合と同様に，排ガスの処理と分離した物質の適切な処理が必要である．油分を含んでいても有効な場合が多い．短時間で比較的大きな処理効果があり，物質による影響を受けにくく，複合汚染によく適用される．揮発性有機化合物汚染にも同じ処理系統を用いることができる．

(5) 土壌洗浄法

分離技術としての土壌洗浄は，掘削した汚染土を機械的に洗浄して，汚染物質を分離除去する方法である．基本的には，土粒子を分級し，汚染物質が吸着・濃縮している土粒子分を分離すること，汚染物質を洗浄液中に溶解させることを目的としている．図5.4に概略を示すように，土壌洗浄はいくつかの工程の組合せより構成される．水あるいは溶媒による洗浄工程，ふるい分離・比重分離等による分級工程，磁力分離工程，表面性状の違いで分離を行う浮上分離工程等から構成されている．これらの組合せは汚染物質や土の性質によって違ってくる．

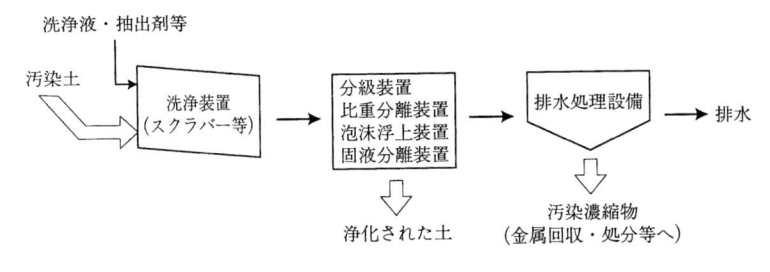

図 5.4　土壌洗浄のフロー [1]

　この方法は重金属等のほとんどの物質に適用でき，油分が共存する場合でも有効なことが多い．一般に，大量の処理が可能であり，溶媒や条件を選択することによって複合汚染にも対応できる．しかし，この方法で土中のすべての汚染物質を取り除くことは難しく，処理効果は汚染物質と土の性質により大きく左右される．また，多量の水を使用するという短所をもっている．

5.2.4　対策技術の選定

　用いる対策技術の選定は，各種の調査・試験結果に基づいて，汚染物質の種類や性状および土の性質や地下水の性質・挙動等を十分に検討するとともに，必要に応じて過去の実績や実際に合った試験等に基づいて行う．とくに，①汚染物質が単独か，②同じような性質をもつ重金属類の汚染の集まりか，③異質な汚染物質による複合的な汚染か，を明らかにすることが重要である．汚染の形態による一般的な対策技術の選定の基本的な考え方は次のようである [1]．

(1) 単独および同様な性質をもつ重金属等による汚染の場合

　カドミウム，全シアン，鉛，六価クロム，砒素，全水銀，セレンのような，重金属および無機化合物による汚染においては，固化あるいは不溶化を行った後の遮水工あるいは遮断工による封じ込め，あるいは，土壌洗浄等が検討の対象となる．全シアンや一部の重金属に対する熱分解や熱脱着・揮発も，それぞれの物質の蒸気圧と処理温度が合致すれば有効な方法となろう．ただ，存在状態により形態が異なるとともに，土の性質によっても挙動が大きく異なるため，実際の試料を用いての試験を行いながら，対策技術を選定していくことが肝要である．有機リン，チウラム，シマジン，チオベンカルブ，PCB のような有機化合物については，固化あるいは不溶化を行った後の遮水工および遮断工による封じ込め，あるいは，熱分解，化学分解，土壌洗浄等が検討の対象となる．

(2) 複合汚染の場合

　単独の汚染物質だけではなく，六価クロムのような移動性の大きい重金属とカドミウムのような移動性の小さい重金属，あるいは，重金属等と揮発性有機化合物，さらに油分が加わるような複合汚染がある．このような複合汚染については，重金属だけでなく，共存する物質の性質を十分考慮して対策技術を選定する．とくに，前もって地盤の正確な汚染状況を把握しておくことが重要である．たとえば，単独汚染と複合汚染地区の区分，各地区への適正な処理技術，実施順序等について慎重に検討することが重要である．以下，いくつかの複合汚染の対策技術の基本的な考え方をみてみよう．

　①重金属等と揮発性有機化合物との複合汚染の場合には，揮発性有機化合物汚染に対する地盤・地下水対策（たとえば土中ガス吸引法等）を行った後で，重金属等に対する対策技術（たとえば土壌洗浄等）を適用する方法，あるいは，熱分解や熱脱着・揮発等により揮発性有機化合物の分解と重金属等の揮発分離と安定化を同時に行う方法などが検討の対象になる．封じ込めは，揮発性有機化合物を除去した後に，重金属等による汚染土に対して適用できる．

　②重金属と化合物，あるいは移動性に大きな違いのある複数の重金属による複合汚染の場合には，化学的または熱的な処理を行い，形態や性質を統一してから，単独の重金属等で行う対策を実施するのも1つの方法といえる．また，形態変化と浄化とが同時に期待できる熱分解，熱脱着・揮発法も考えられる．封じ込めは，鉛とシアンのように異なる形態のものが複合的に含まれる場合には，固化あるいは不溶化と併用して適用できよう．

　③油分と重金属等の複合汚染の場合には，油分によって重金属等の移動性が高くなること，比重の小さい油分については，地下水面上に油の層が広がり，地下水の揚水処理効果に大きく影響するおそれがある．このようなことから，油分の性状についても把握しておく必要がある．浄化対策としては，土壌洗浄，油分の分解と重金属等の安定化・揮発除去を同時に行う熱分解等が検討の対象となる．遮水工や遮断工の機能を損なうような油分が存在する場合には封じ込めは適当ではない．

　以上のように，封じ込め技術と浄化技術のどちらを選択するか，あるいは，個別技術としてどれを選択するかは，技術的・経済的な検討はもとより，その後の土地利用等の社会的条件も考慮する必要がある．また，汚染の程度に応じて，封じ込めと浄化を併用することも多い．もちろん，複合汚染はいうまでもなく単独汚染の場合においても，汚染物質の種類，性状，汚染状況などを考慮した総合的な視点から，各種の浄化修復対策技術を組み合わせて実施することが重要である[5]．

5.3 有機塩素系化合物汚染の浄化修復対策

　ここでいう有機塩素系化合物とは，ジクロロメタン，トリクロロエチレンなどの揮発性の有機塩素系化合物とベンゼン等の炭化水素系化合物を含むものをいう．揮発性の有機塩素系化合物による地盤・地下水汚染対策は，汚染物質の移動性が高く，かつ分離・分解しやすい特性から，基本的には，封じ込め技術を適用することはできず，汚染物質を除去する浄化技術が対策の中心となる．重金属との複合汚染の場合には，状況に応じて遮水構造に封じ込めることも考えられるが，このようなときにも，浄化技術との併用により，環境への影響を減ずることが要求される．

　揮発性有機塩素化合物汚染の浄化対策は，重金属汚染とは異なり，汚染が顕在化してきたのがこの 10 年であり，現在においても新しい浄化技術が開発されている．また，米国を中心として開発されてきた既往の種々の浄化技術も，国内ではまだ実績も少なく発展途上にあるといえる．これら多くの技術の中から，汚染状況や土地利用等の総合的な立場より，適切な技術を選択し，より経済的な浄化対策を実施していくことが重要である．

5.3.1　対策技術の種類と特徴

　重金属汚染の場合と同様に，揮発性有機塩素化合物による地盤・地下水汚染の恒久対策の目的は，雨水等による汚染物質の溶出により，汚染が拡散するのを防ぐことにある．恒久対策としては分離や分解による浄化が主体であり，現在，用いられあるいは用いられようとしている恒久対策の体系の概要を図 5.5 に示す．これらの浄化技術の最終的な目標は，汚染された地盤・地下水を環境基準にまで浄化することにある．

　図 5.5 の原位置浄化は，地盤の掘削や土の移動を行うことなく実施する対策である．これには原位置分解と原位置抽出とがある．原位置分解は，汚染地盤・地下水に含まれる揮発性有機塩素化合物を，地下すなわち原位置で分解する対策である．原位置抽出は，汚染地下水または地中の揮発性有機塩素化合物を，地上に取り出し

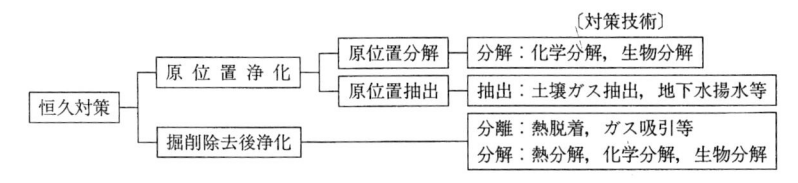

```
                                              〔対策技術〕
                   ┌─ 原 位 置 浄 化 ─┬─ 原位置分解 ─ 分解：化学分解，生物分解
                   │                     └─ 原位置抽出 ─ 抽出：土壌ガス抽出，地下水揚水等
       恒久対策 ──┤
                   │                                     分離：熱脱着，ガス吸引等
                   └─ 掘削除去後浄化 ─────────── 分解：熱分解，化学分解，生物分解
```

図 5.5　揮発性有機化合物汚染に対する恒久対策の体系

回収する対策である．地中から取り出した汚染物質については，さらに無害化等の処理が必要になる．掘削除去は，汚染土を掘削し除去する対策であり，掘削した汚染土については，さらに処理する必要のあることはもちろんである．

　図 5.5 の処理は，揚水した汚染地下水，掘削した汚染土，抽出した揮発性有機塩素化合物に対して，汚染物質を分解あるいは分離する対策であり，対象地内で行う場合と，対象地外の処理施設で行う場合がある．分解は，汚染土や地下水中の揮発性有機塩素化合物を，熱的あるいは化学的に分解する方法であり，条件によっては，他の有害物質が生成することもある．分離は，物理的な方法によって，揮発性有機塩素化合物を土と地下水から取り出す対策であり，分離された汚染物質はさらに分解や吸着などの対策が必要となる．以下，いくつかの代表的な浄化と処理の対策を概観する．

5.3.2　浄化と処理
(1) 土壌ガス吸引法

　地中の汚染ガスを抽出する方法として，土壌ガス吸引法がよく用いられている．この方法は，図 5.6 に概略を示すように，不飽和帯の揮発性有機塩素化合物を強制的に吸引除去し，地盤の浄化を図るものである．ボーリング等によって地中に吸引パイプ（吸引井戸）を設置し，真空ポンプ等により吸引井戸を減圧し，気化した汚染物質を吸引井戸内に集め，これを地上に取り出す．取り出した土壌ガス中の汚染物質は活性炭吸着等によって処理する．

　汚染が帯水層にまで及んでいる場合には，吸引井戸内に水中ポンプを設置し，地下水の揚水も同時に行う二重吸引法（気液混合抽出）も用いられる．また，土壌ガス吸引法の応用としていくつかの方法がある．汚染箇所が浅い場合（約 6〜7 m 以

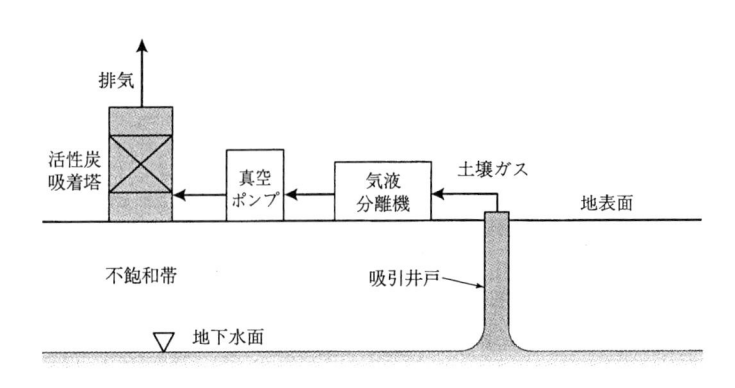

図 5.6　土壌ガス吸引法のフロー

浅）には，処理を行う場所を囲むように複数の井戸を設置し，真空ポンプにより土壌ガスと地下水を吸引する方法，吸引井戸を水平に設ける方法，飽和帯に空気を注入し，地下水からの揮発を促進させるエアースパージング法などである．土壌ガス吸引法については8章で詳述する．

(2) 地下水揚水法

　地下水揚水法は汚染地下水を揚水し，地下水とともに汚染物質を地中から除去・回収することにより，地下水と地盤の浄化を図る方法である．地下水を揚水するという行為は重金属汚染の場合と同じである．回収された汚染地下水は，ばっ気処理等の方法によって処理される．浄化システムの概要を図5.7に示す．揚水井は，土壌ガスおよび地下水汚染の最高濃度付近に設置する．揚水井を地下水汚染の下流側に設けると，汚染の拡大を防止するためのバリア井戸としても活用できる．

　揮発性を有し，水に溶けにくいという性質を利用して，汚染物質を地下水中（液相中）から大気中（気相中）へと移動させるのがばっ気処理である．ばっ気処理は，すでに確立されている技術であり，充塡塔式，段塔式，空気吹き込み式等がある．いずれも原理は同じである．

　活性炭吸着処理は，地下水中の汚染物質を直接活性炭に吸着させる方法である．必要とする活性炭の厚さや濾過速度は，活性炭の性能や汚染物質の濃度等によって違ってくる．活性炭吸着処理は，高濃度の汚染地下水には適用できず，多くの場合，ばっ気処理と活性炭吸着処理の併用が行われる．地下水揚水法とこれの応用技術の細部については8章において考察する．

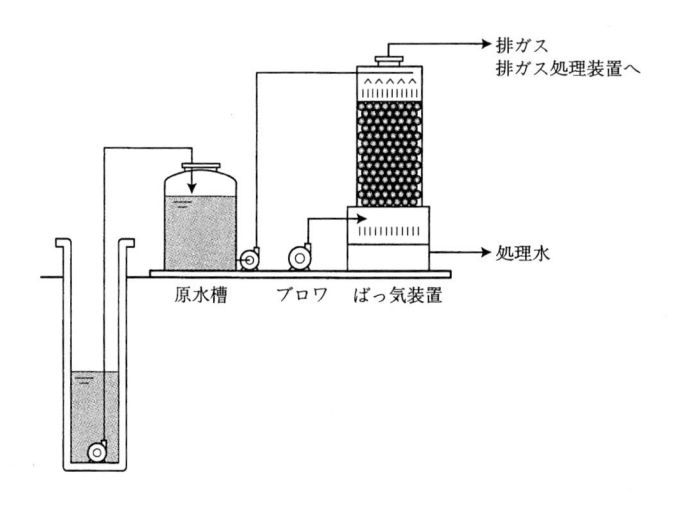

図 5.7　地下水揚水法（充塡塔方式）

(3) 掘削後の処理

　掘削後の汚染土の処理方法は，重金属汚染処理のところで述べた，化学的分解，熱分解，熱脱着・揮発，土壌洗浄のほか，バイオレメディエーション（生物学的処理），風力乾燥，加熱処理，石灰処理などが用いられる．風力乾燥には自然乾燥と強制乾燥とがあり，汚染土を盛土して自然乾燥させるほか，盛土内に配管し，強制的に吸引するか空気を吹き込んで汚染物質を除去する．加熱処理には低温加熱と高温加熱分解があり，加熱することによって，汚染物質を揮散あるいは熱分解する方法である．石灰処理は，汚染土に生石灰を混合し，発熱や団粒化等の効果によって，汚染物質を揮発除去する．いずれの処理方法においても，排気中に含まれる汚染物質と副次的に生成される物質を，活性炭に吸着させる等の処理が必要である．汚染土を掘削して処理するこの方法は，汚染物質の種類や濃度にかかわりなく適用でき，掘削範囲を適切にすれば効果は確実であるといえる．

(4) 化学的分解

　化学的分解処理は重金属汚染の場合と基本的には同じである．揮発性有機塩素化合物の場合でも，酸化，還元，触媒反応などを利用して汚染物質を分解する．地中から取り出された土壌ガスや地下水に対して処理する場合と，原位置で直接地盤と地下水に作用させる場合がある．地上に回収された地下水に対しては，紫外線分解，触媒分解などが新技術として検討されている．原位置での化学分解としては，鉄粉を利用した分解方法が用い始められている．これらの分解反応を利用する技術は，汚染物質を分解し無害化することができ，ガス吸引や揚水のように，単に汚染物質を回収するものとは異なる．しかし，中間体として生成する分解副産物の制御も重要な事項となるとともに，各技術にはそれぞれ特徴があるので，適用にあたっては慎重に選択する必要がある．

(5) バイオレメディエーション

　バイオレメディエーション（生物学的処理）とは，微生物がもっている物質分解能力を利用して，環境中の有害物質を分解し無害化する環境修復技術である．微生物が種々の有機化合物を分解すること，窒素やリンなどの栄養塩や酸素の添加が，生物分解を活性化することは古くから知られている．最初に生物分解技術が実証されたのは1983年で，ガソリンで汚染された帯水層を浄化するために，アンモニア，リン，過酸化水素を地中に注入した例である．原位置での生物分解は，地盤を掘削することなく，井戸や散水溝を用いて，地中へ窒素やリンなどの栄養源や酸素あるいは微生物を注入し，揮発性有機化合物や油の分解を行う方法である．一般的にいえることは，処理には長時間を要するが，必要とするエネルギーは少ない．温度，地質，汚染の濃度，共存物質などの外的要因に大きく影響される．

5.3.3 対策技術の選定

　土壌と地下水の環境基準に示された揮発性有機塩素化合物は，揮発性が大きいという観点から分類されるものであり，これらの汚染物質の性質には極端な違いはない．したがって，基本的には，今まで述べてきた各種の処理対策が，多くの汚染物質に対して有効である．対策を行うにあたっては，地中での汚染物質の存在状態を十分に把握し，効率よく除去・回収ができることを最優先に考えるべきである．また，移動性が高いので，周辺の環境に影響を及ぼさないような方法を選択することがより重要となる．このようなことから，調査・試験とその結果の解釈が，重金属汚染以上に重要となる．

(1) 揮発性有機塩素化合物による単独汚染の場合

　浄化修復対策は，対象地の地質や地下水の状況等を勘案して選定することになるが，いままで述べたほぼすべての対策が検討の対象になる．重金属汚染で用いられる封じ込めは適用できない．揮発性有機塩素化合物汚染に対しては，各種の対策が実施あるいは提案されているが，気象条件によって影響を受ける方法もあるので，風向，風速，気温，降水量等の気象データを活用するとともに，将来の土地利用，道路や建物の配置，電源や給水等についても考慮する必要がある．

(2) 複合汚染の場合

　重金属との複合汚染においては，前節で述べた対策がそのまま当てはまる．油分が共存する場合には，移動性が高くなること，あるいは，比重の小さい油分が地下水面上に広がり，地下水揚水に影響するおそれがある．揮発性の高い油は，揮発性有機塩素化合物と同じ方法で処理できるが，低い場合には，揮発性の高い物質を除去した後に，熱脱着・揮発や生物処理あるいは熱分解等を用いて処理することもできる．

5.4 対策の適用性

　現在，わが国で用いられている汚染地盤の浄化修復対策で，実効性があると考えられる手法の概要をまとめると表5.1のようになる．実際において，廃棄物と混在している場合には，廃棄物として取り扱うことになるので，産業廃棄物としての比較も加えて示した．適用性やコストあるいは期間は一般的な場合であり，現地の状態によって大幅に変わってくることもある．

表 5.1 対策技術の適用性

「汚染土壌」としての処理（環境庁指針に基づく）

大分類	小分類	技術名称	重金属(鉛など)	無機化合物(全シアン)	難揮発性有機化合物(PCB)	農薬類	揮発性 有機化合物	揮発性 油分	コスト	期間	備考
浄化	掘削・除去対策 (対象地外または対象地付近)	熱分解	×	○	(○)	○	○	○	高	短	分解可能な物質には汎用性が高いが、設備は高価
		土壌洗浄	○	○	(○)	○	△	△	中	短	サンプル評価が必要
		熱脱着・揮発	△	△	×	△	○	△	高	中	設備が高価。排ガス処理必要
		風力乾燥	×	×	×	×	△	△	中	長	効果を予測しにくい、サンプル評価が必要
		化学分解	×	△	(○)	△	○	△	中	中	実績は少ない、日本での実施例はない
		生物分解	×	△	(○)	△	(○)	○	低	長	日本での実施例はない
	原位置対策	地下水揚水	△	△	×	△	○	×	低	長	飽和帯に用いる
		土壌ガス吸引	×	×	×	×	○	△	中	長	不飽和帯に用いる
		化学分解	×	○	(○)	○	○	△	中	中	実績は少ない
		生物分解	×	△	(○)	△	(○)	○	低	長	日本での実施例はない
	封じ込め原位置	遮水工	○	△	○	○	×	×	低	短	土地利用制限や管理が必要
	掘削除去後	遮水工	○	△	○	○	×	×	中	中	管理型最終処分場に準じた管理が必要
	掘削除去後	遮断工	○	△	○	○	×	×	高	短	遮断型最終処分場に準じた管理が必要

「産業廃棄物」としての処理（廃棄物処理法に基づく）

大分類	技術名称	重金属(鉛など)	無機化合物(全シアン)	難揮発性有機化合物(PCB)	農薬類	揮発性 有機化合物	揮発性 油分	コスト	期間	備考
中間処理	焼却	×	○	(○)	○	○	○	高	中	運搬車両の許可、事前協議等、制限事項が多い
最終処分	管理型埋立	○	○	○	○	○	△	低	短	処分場で大気や排水に出るリスクがある
	遮断型埋立	○	○	○	○	○	○	高	短	遮断型処分場は、コストも非常に高い

○：適用可能、(○)：原理的には適用可能と考えられるが、日本での実績はほとんどない、△：場合によっては適用可能、×：適用できない

5.5 モニタリングと効果の確認[1]

5.5.1 周辺環境保全対策

恒久対策を実施する場合の周辺環境保全対策について考えてみよう．恒久対策においては，応急対策で行うような表示や隔離を主体とした方法のみでは十分ではなく，周辺環境に影響を与えないような適切な環境保全対策を講ずる必要がある．

周辺環境保全計画を立てるにあたっては，周辺地域の環境を調査するとともに，大気，水質，騒音等の環境データを収集し，影響の及ぶ範囲や程度を推定することから始まる．これらの資料は，後から述べるモニタリングのバックグラウンドデータとしても利用できる．とくに，揮発性有機塩素化合物は，土中での移動性が高く，揮発しやすいので，汚染の拡散には十分注意する必要がある．対策の種類や方法あるいは対策の期間や稼働時間によって異なるが，モニタリングの結果を利用して，必要に応じて対策方法を見直すことも要求される．

環境保全の対象となる主な項目と恒久対策との関係は表5.2のようになろう．発生ガスや排ガスに対しては，大気汚染防止法に従って対策を講ずる．また，悪臭については，必要に応じて発生地点の被覆（シート，覆土），消臭剤等の利用，集ガス装置や脱臭設備の設置等の措置をとる．粉塵や土の飛散等に対しては，シートによる被覆，散水，仮囲いの設置，防風ネットの設置などの対策が考えられる．そのほか，排水や雨水の対策，井戸障害や地盤沈下対策，騒音・振動に対する処置，立ち入り禁止柵や立札の設置等が必要である．

表 5.2 恒久対策の種類と周辺環境保全の主な対象 [1]

	浄化対策		封じ込め	
	原位置浄化	掘削除去	原位置封じ込め	掘削除去後封じ込め
発生ガス 排ガス 等	浄化(処理)施設からの排ガス	揮散・発生ガス処理施設からの排ガス		揮散・発生ガス
粉塵 土の拡散		掘削，運搬，その他取扱い時の粉塵	工事に伴う粉塵	掘削，運搬等に伴う粉塵
排水	浄化(処理)施設からの排水	湧水対策処理施設からの排水	湧水対策	湧水対策
井戸障害 地盤沈下	揚水に伴う影響	工法によっては地下水位に影響	遮水壁による地下水流路への影響	工法によっては地下水位に影響
騒音・振動	浄化(処理)施設からの騒音・振動	掘削工事に伴う騒音・振動，処理施設からの騒音・振動	工事に伴う騒音・振動	掘削工事に伴う騒音・振動

5.5.2 モニタリング

モニタリングは，対策が周辺環境保全計画に従って行われていることを確認するために実施される．日常モニタリングと定期的モニタリングがある．前者は，作業の変遷や環境の変化に対応できるように，作業者が簡便にできる方法を用いる．後者は，公的計量機関または計量法に基づく事業所を利用して行う．対策期間が長期にわたる場合には，両者を行うことが望ましい．モニタリングの結果は，周辺環境保全対策へフィードバックさせるのはもちろんである．

モニタリングの計画は，表5.3に示すような，モニタリング対象，対象物質，場所，頻度，測定方法，測定者，管理基準等を勘案して立てる．主なモニタリングの事象と方法および留意事項としては，表5.4のような項目が参考となる．モニタリングの場所としては，全般の状態が把握できる場所がよく，敷地の境界などに定点を定めて行うのが一般的である．測定点の配置，数量，頻度は，周辺の土地利用状況，地形，気象条件等を勘案して設定する．

測定項目としての粉塵は，大気中の粉塵および周辺地域の表土のモニタリングによって行う．ガス状物質については，機器を用いる測定のほか，悪臭を官能試験により調べる方法などが用いられる．水質については，地下水中の汚染物質の濃度および地下水位の測定が主体となる．とくに，飲用に供される用水や井戸については注意が必要である．

表5.3 大規模な対策を実施する場合のモニタリング計画項目の例 [1)]

モニタリング計画項目	参考事例
モニタリング対象	大気浮遊物質，排出あるいは発生ガス，臭気，表層流出雨水，地下水，排水，周辺地表面
対象物質	・環境基準等に定められた対象物質 ・油（対象物質と共存する場合） ・対策に用いた薬剤，非意図的に生成しうる物質
モニタリング場所	処理敷地の四方向，雨水排水口，地下水の上下流，排出水排水口周辺の四方向の地表面
モニタリング頻度	・日常管理：項目によって毎日～1回/週 ・定期管理：類似する法令等を参照
測定期間	処理着工前から処理完了まで
測定方法	・日常管理：簡易測定 ・定期管理：公定法
測定者	・日常管理：処理事業者等 ・定期管理：計量証明事業者等
管理基準値	法令等による基準値等

表 5.4 主なモニタリング事象，方法および留意事項 [1)]

モニタリング対象		モニタリング方法	留意事項
大分類	小分類		
大気	浮遊粉塵	ベータ線吸収法による測定	
	浮遊粉塵中対象物質	ハイボリュームエアサンプラによる採取，測定	風向きにより測定値が異なる．
	ガス状物質	ガスモニタリング機器，ガス検知管等による測定	同上
水質	表層雨水	サンプリング瓶による採取，水質測定	降雨時に流出するおそれがある．
	排水	同上	
	地下水	地下水の採取による水質測定	季節により地下水変動がある．
土壌	周辺土壌	ダストジャーによる採集，測定	同一場所でのサンプリング比較が必要である．
地盤沈下	周辺地盤	水準測量	地下水揚水に伴い発生する．

5.5.3 効果の確認と土地利用

　地盤・地下水の汚染物質が，重金属あるいは揮発性有機塩素化合物であっても，また，どのような浄化修復対策を適用したとしても，最終的な目標は，汚染地域の地盤と地下水の環境基準を達成することである．したがって，適当な時期に環境基準を達成していることを確認する必要がある．確認のための地盤と地下水および処理物の採取地点や深度は，用いられた浄化修復対策，汚染土と地下水の分布，地中における汚染物質の移動性，地層の状況等によって決まってくる．実際の確認作業は，4章で述べたような調査・試験を行い，環境基準と対比することによって行われる．

　浄化修復対策が完了した場所の土地利用については，一般には次のようになっている．原位置浄化または掘削除去を行った場所については，環境基準を達成していれば，土地利用は差し支えない．表土は，土の飛散や流出防止という観点から，含有量参考値（表 4.6）以下に浄化されていることが望ましい．封じ込めを実施した場所を土地として利用する場合には，適切な管理のもとで，封じ込めの機能を損ねない限り，土地として利用してよいことになっている．封じ込めの機能を損ねる行為としては，掘削や杭基礎による遮水工・遮断工の破損などがある．

　掘削して処理した土については，道路材や窯業原料等の再生材としての利用，対象地の埋戻し材，盛土材等への利用が考えられる．ただ，将来にわたって地盤汚染が起こらないことが再利用の条件となる．一般論としては，土が環境基準以下であれば，一般環境において利用が可能である．参考値を超える場合は，表層としては

利用できず，覆土等必要な処置を講ずる．溶融固化による固化物すなわち溶融スラグ等で，もはや土とはいえないものは関係法令等の規定によることとなる．

5.6 浄化修復対策の動向

5.6.1 浄化修復対策と法制度

わが国の市街地の地盤汚染は，汚染源である工場や事業所が私有地であることから，行政機関による調査が，強制力をもって行われる制度がない．土壌環境基準をはじめとする基準類についても，行政上の目標であり，法的効果を有してはいない．また，米国におけるスーパーファンド法での有害物質が，777 化合物であることと比較すると，土壌環境基準に規定された 25 項目の有害物質は非常に少ない[7]．

環境庁以外の一部自治体（東京都，板橋区，江東区，大田区，横浜市，川崎市，尼崎市，北九州市等）でも，地盤汚染に対して，要綱や指導の形で対策を行ってきている．とくに，神奈川県秦野市は，地下水汚染の防止および浄化に関する条例を制定し，汚染者に浄化責任を規定している点が，他の自治体と大きく異なる特色であり，効果を上げている．しかし，農用地の土壌汚染以外の市街地の地盤汚染は，強制力のない行政指導により，対策が進められているのが現状である[8], [9]．わが国の汚染対策は，米国がスーパーファンド法を定め，EPA（連邦環境保護庁）の責任のもとで，対策技術の開発を含めて，強力に汚染地盤対策を進めているのと大きく異なる．

5.6.2 浄化修復対策の動向

環境庁が，自治体の把握している汚染地盤・地下水対策の実績をまとめたのが表 5.5 である．封じ込めおよび飛散防止の件数は増加傾向にあるものの，事例に占める割合は減少の傾向にある[10]．原位置外の処理が増加しているのは，汚染の規模が小さく，汚染土量が少量の場合が増えたためと思われる．最近の傾向としては，土壌ガス吸引法の適用例が増加している．これは，トリクロロエチレンなどの揮発性有機塩素化合物による汚染の判明が増加したことに加えて，平成 6 年に土壌環境基準に揮発性有機塩素化合物が追加指定された結果と考えられる．

ここで，米国の動向について少し触れておく．スーパーファンドサイトで 1982 年から 1995 年までに採用された技術の実績を示したのが図 5.8 である．用いられた 690 件のうち，封じ込めなどの確立された技術は 390 件（57%）で，革新技術は 300 件（43%）となっている．また，スーパーファンドサイトでの革新技術の実施状況の経年推移は図 5.9 のようである．また，用いられた革新技術の汚染物質への適用度は図 5.10 のようである[12]．採用された革新技術のうちで，真空抽出法，原位置お

表 5.5 土壌汚染事例および対応状況に関する調査 [10]

対策の種類	平成4年度(13) 1992		平成6年度(13) 1994		平成8年度(14) 1996	
	件数 (件)	件数/事例数 (%)	件数 (件)	件数/事例数 (%)	件数 (件)	件数/事例数 (%)
封じ込め（遮断工・遮水工）	59	33.3	69	29.7	85	26.5
飛散防止（覆土工・植栽工・舗装工）	45	25.4	62	26.7	84	26.2
吸引等（土壌ガス・地下水揚水・低温加熱*）	11	6.2	45	19.4	98	30.5
固化・不溶化（化学的不溶化・セメント固化・その他の不溶化）	39	22.0	44	19.0	90	28.0
現場外処理（焼却・廃棄物として埋立処分・その他）	66	33.9	98	42.2	150	46.7
対策件数	220	—	318	—	507	—
事例数	177		232		321	

注 *1992 および 1994 には風乾を含む．

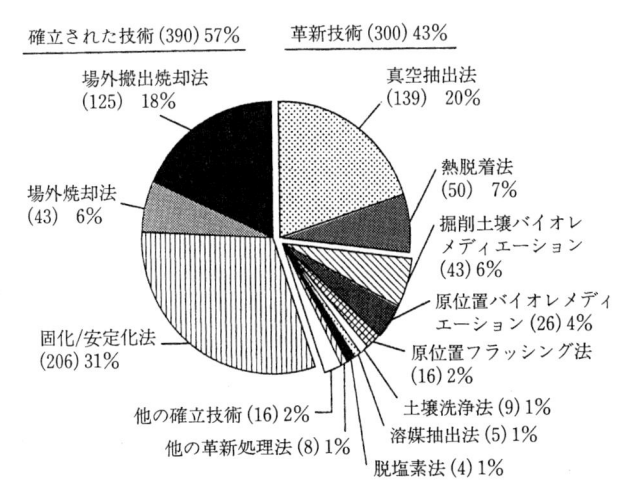

図 5.8 スーパーファンドサイトの浄化技術の適用実績 [11]（1982〜1995年度）

確立された技術 (390) 57%
- 場外搬出焼却法 (125) 18%
- 場外焼却法 (43) 6%
- 固化/安定化法 (206) 31%
- 他の確立技術 (16) 2%

革新技術 (300) 43%
- 真空抽出法 (139) 20%
- 熱脱着法 (50) 7%
- 掘削土壌バイオレメディエーション (43) 6%
- 原位置バイオレメディエーション (26) 4%
- 原位置フラッシング法 (16) 2%
- 土壌洗浄法 (9) 1%
- 溶媒抽出法 (5) 1%
- 脱塩素法 (4) 1%
- 他の革新処理法 (8) 1%

よび掘削後のバイオレメディエーション，熱脱着の3種で90%程度を占めている．この3種の革新技術の対象汚染物質としては，揮発性有機塩素化合物と半揮発性有機化合物が最も多い．最近では，浄化修復工事の大規模化，長期化，革新技術のコスト高，浄化責任問題に関する裁判が頻発するなど，浄化費用が巨額になりすぎることから，革新技術の選択される機会が少ない傾向になっている．

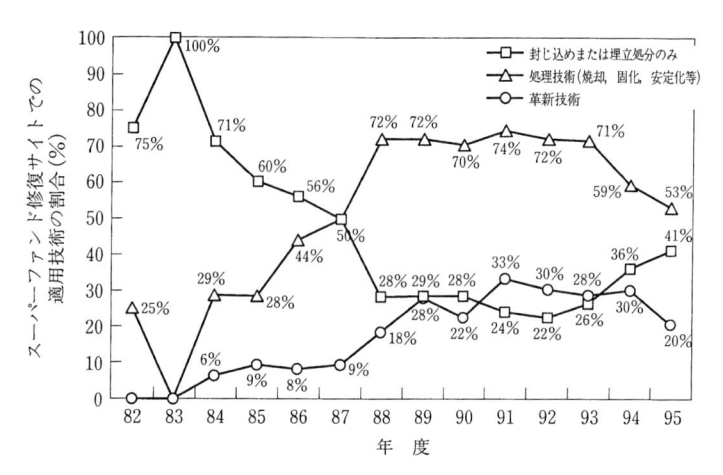

図 5.9　スーパーファンドサイトでの適用技術の経年推移 [11]

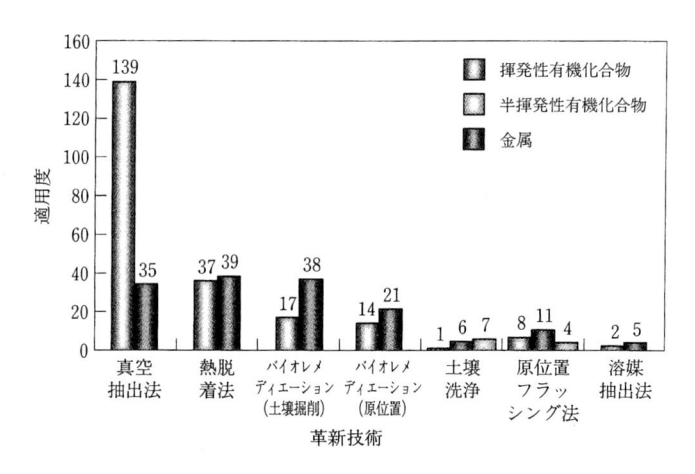

図 5.10　汚染物質に対する革新技術の適用件数 [11]（1982～1995 年度）

　わが国の民間における対策技術の開発に目を向けると，社団法人・土壌環境センターが平成 8 年に発足し，これには，建設，環境メーカー，調査コンサルタント，重工業など約 80 社が参加している．センターが実施したアンケートによると，技術の保有状況は図 5.11 のようになっている．保有技術の第 1 位は物理化学的な処理である．土中ガス吸引は回答企業の約半数で保有しており，封じ込めおよび固化技術の

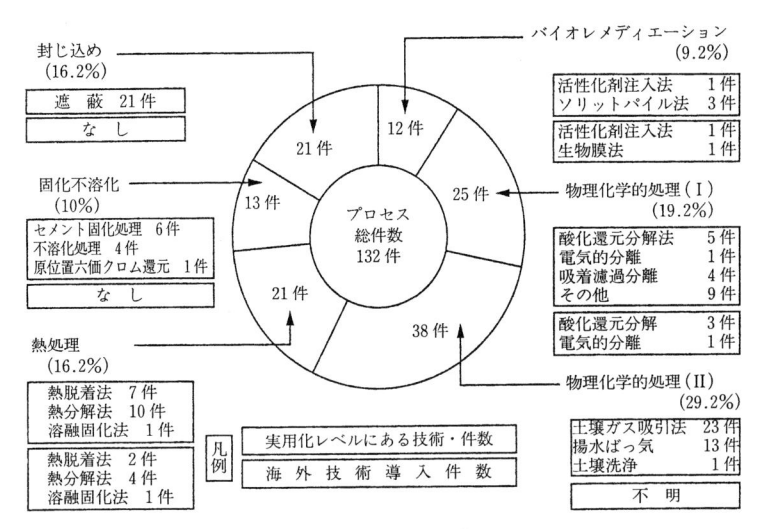

図 5.11 企業が有する汚染地盤浄化技術の割合[13]（土壌環境センターアンケート）

保有は建設関係の企業である．

　バイオレメディエーションについては，実証試験段階を完了しているものもあるが，適用実績はない．これは米国と異なる点である．現在，わが国でバイオレメディエーションが実用化されないのは，土壌環境基準に定められた汚染物質に，バイオレメディエーションが効果を発揮する汚染物質が少ないことも一因であろう．米国では，多環芳香族化合物，BTEX (ベンゼン，トルエン，エチルベンゼン，キシレン) などの有機化合物汚染に対して，バイオレメディエーションが多用されている[14),15)]．わが国においても，これらの物質が環境基準に指定されるか（ベンゼンは指定されている），これらを含む重油やガソリンなどによる汚染対策の必要性が高まれば，バイオレメディエーションは普及することになろう．

　現在，環境先進国といわれる欧米において，汚染地盤の浄化修復対策における最大の問題点は，現在の技術ではコストが高く，すべての汚染現場を浄化修復するには，莫大な費用と期間を要するということである．そのため，長期的な技術開発の方向としては，コストが安くかつシンプルな技術あるいは植物の汚染物質吸収能を利用する浄化技術の開発などが考えられている[16),17)]．

参考文献
1) 環境庁水質保全局監修：土壌・地下水汚染に係わる調査・対策指針および運用基準，土壌環境センター，1998．
2) 環境庁水質保全局水質管理課・土壌農薬課監修：土壌・地下水汚染対策ハンドブック，公害研究対策センター，1998．
3) 木暮敬二：地盤汚染と浄化技術の現状と課題，基礎工，Vol.27，No.2，pp.2-6，1999．
4) 峯田重昭：日本の各企業における汚染土壌の浄化技術，基礎工，Vol.27，No.2，pp.17-21，1999．
5) 今村　聡：日本における汚染土壌の浄化技術，基礎工，Vol.27，No.2，pp.7-10，1999．
6) 白鳥寿一：地盤環境汚染の対策技術と実例，地盤環境汚染における指針の改定と調査・対策技術の現状講習会講演資料，地盤工学会，pp.27-36，1999．
7) 吉田文和：ハイテク汚染，岩波新書，1989．
8) 森岡泰裕：地下水の水質保全に関する制度および技術の最近の動向，資源環境対策，Vol.33，No.10，pp.1-6，1997．
9) 大塚　直：土壌汚染の現状と課題―動き出した対策と法制度の整備，産業と環境，pp.31-36，1996．
10) 中杉修身：我が国における土壌・地下水汚染の修復，廃棄物学会誌，Vol.7，No.3，pp.220-227，1996．
11) 大澤武彦：汚染地盤の浄化対策技術―日米の比較，基礎工，Vol.27，No.2，pp.11-16，1999．
12) 細見正明：米国における汚染修復，廃棄物学会誌，Vol.17，No.3，pp.247-255，1996．
13) 土壌環境センター編：最新の各種汚染土壌・地下水浄化プロセスの適用性の調査研究報告書，土壌環境センター，1997．
14) U. S. Environmental Protection Agency : Innovative Treatment Technologies : Annual Status Report, 8th Edition, EPA-540-R-97-502, 1996.
15) 木暮敬二：石油系炭化水素汚染地盤の浄化技術，基礎工，Vol.27，No.2，pp.35-37，1999．
16) U. S. Environmental Protection Agency : Permeable Reactive Barriers Action Team, EPA-542-F-97-012C, 1997.
17) U. S. Environmental Protection Agency : Phytoremediation of Organicss Action Team, EPA-542-F-97-014, 1997.

第6章　固化・不溶化と封じ込め

　重金属汚染地盤の修復対策の1つとして，汚染土を一般環境から隔離する封じ込めがある．高濃度の汚染土に対しては，前処理として固化・不溶化処理を施してから封じ込めを行う．固化剤としてはセメント系のものが，不溶化材としては硫化ナトリウムや硫酸第一鉄等がよく用いられる．封じ込めの構造には，封じ込める汚染土の溶出の程度に応じて，遮断型と遮水型の2つがある．封じ込め対策の範疇に入るもう1つに，原位置ガラス固化工法がある．これは，地中に電極を挿入し，通電による発熱を利用して汚染土を溶融ガラス化し，原位置の地中に封じ込める方法である．本章においては，汚染土を封じ込める前処理としての固化と不溶化，遮断型と遮水型の封じ込め，ガラス固化工法およびこれらに関連する事項について述べる．

6.1　汚染地盤の掘削・運搬・保管

　地上に取り出した汚染土の固化・不溶化処理あるいは分離・分解処理を行う場合，これらの第1段階として，汚染地盤の掘削作業がある．また，掘削した汚染土については，運搬と保管の工程の入る場合が多い．

(1) 掘削除去

　汚染地盤の掘削は，汚染の広がりや深さ，地層の状況，地下水位，土地利用状況等に深く関係する．一般的には，安全な法面をつけて掘削する法付きオープンカット工法，山止めを施して掘削する山止めオープンカット工法が用いられる．掘削除去を行うと，汚染土を確実に除去できるので効果が確実であるとともに，効果の確認も容易である．対策に要する期間も一般には短く，複合汚染にも対応できる．汚染土の取り残しがないようにするのはもちろんのこと，汚染物質や汚染の程度によって，分別掘削が必要なこともある．地下水汚染防止の止水壁等の設置のための掘削においては，遮水層となる地層の把握が重要である．また，掘削中においては，汚

染土と接触した雨水の処理や粉塵の大気への飛散にも十分注意する．

(2) 運搬

汚染された土や地下水を運搬する場合には，これらが飛散あるいは流出しないようにすることが重要である．そのためには，運搬物質の性状を勘案して，適切な措置を講じた容器や車両を用いる．一般によく用いられる容器としては，フレキシブルコンテナ，ゴムバック，コンテナ，鋼製容器，合成樹脂容器等がある．運搬車両としては，液体用のタンクローリー車や蓋付きで防水仕様のダンプトラックがよく使用される．

(3) 保管

汚染土や汚染地下水を，中継あるいは処理のため保管する場合には，5章で述べた周辺環境対策に留意する必要がある．保管は，浄化処理対策がとられるまでの暫定措置であることから，簡便な構造の施設でよい．揮発性有機塩素化合物の場合には，なるべく容器に封入し，長期間の保管は避けるべきである．汚染土を盛り立てて保管するような場合には，盛土斜面の崩壊に対する安定を検討するとともに，飛散や雨水との接触に注意する．また，保管期間中にはモニタリングを行い，環境に影響を与えないようにする．

保管施設は，保管の目的，汚染物質の性状，期間，場所等によって違ってくる．盛り立てて保管する場合の施設としては，図6.1のような遮水シート等被覆型，図6.2に示すような屋根覆蓋型のものがある．前者は比較的簡易な構造であり，数か月の保管に適している．しかし，発生ガスや臭気が周辺環境に影響を与える場合は，ハンドリングのための開閉が煩雑で管理が難しく，被覆シートは風等の影響を受けやすい．後者は，施設の底部に表面遮水工を設け，その上をテントや鉄骨の屋根で覆った構造である．遮水シート被覆型に比較して管理がしやすい．長期的な管理が必要

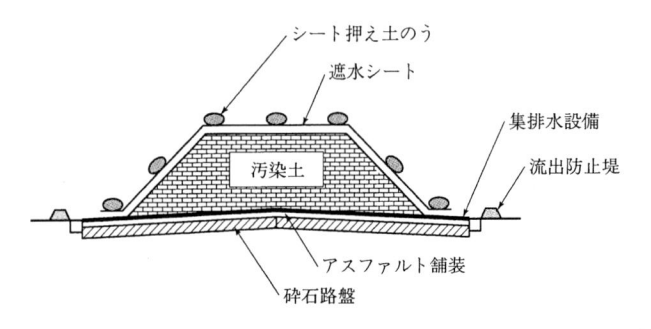

図 6.1　遮水シート等被覆型保管施設の例（底面遮水と遮水シート被覆）[1]

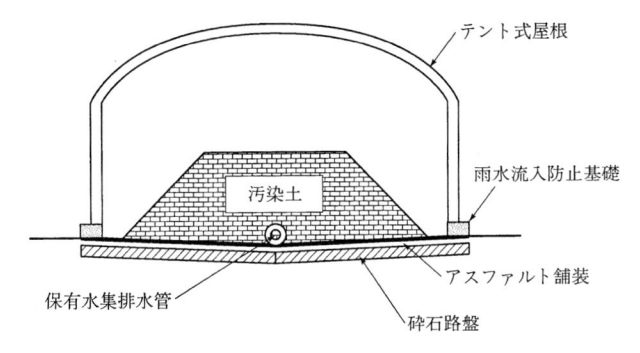

図 6.2 屋根覆蓋型保管施設の例（底面アスファルト舗装とテント式屋根）[1]

な場合，比較的住居等が近い場合，有毒ガスや臭気の影響が大きい場合に適している．とくに揮発性有機塩素化合物の場合には，揮発ガスの処理を考慮した構造とすることが要求される．

6.2 固化処理

　固化処理は，汚染土にセメント等の固化剤を混合して固化し，物理化学的に汚染物質を安定化するものであり，ある程度マニュアル化されている汚染土の処理方法である[2]．固化処理は，遮断工や遮水工による封じ込めの前処理として実施される．移動性の大きな汚染物質については，不溶化と組み合わせることもできる．固化剤にはセメント系，アスファルト系，ポゾラン系，珪酸塩系，熱可塑性ポリマー系等があり，一般に，セメント系固化剤がよく使用されている．特殊セメントを用いると，高含水の有機質土にも有効である．また，特殊な反応助剤や添加剤を併用して固化を促進させることもある．固化処理は重金属等の汚染物質に有効であるが，油分や揮発性有機塩素化合物との複合汚染に対しては効果が期待できない．

　特徴としては，操作や施工が比較的簡単であること，掘削後の封じ込めおよび原位置での封じ込めの両方に適用できること等を挙げることができる．しかし，セメント系固化剤を用いると容積が増大する．さらに，固化処理後の土の再利用は難しく，遮断工や遮水工で封じ込めても長期的な管理が必要となる．

6.2.1 セメント固化処理

　固化処理において，最もよく用いられる固化剤がセメントである．セメントによる固化での化学的効果は，高い pH の効果によるものである．水硬性セメントは硬

化するときに消石灰 Ca(OH)$_2$ を生成し，その pH は 11〜12 程度を示す．pH が高いと，重金属イオンが水酸化し，生成された水酸化金属の溶解度は小さくなり不溶化される[3]．たとえば，水硬性セメントを用いての三価クロムの処理においては，セメントの水和によって生成するエトリンガイド（3CaO Al$_2$O$_3$ 3CaSO$_4$ 32H$_2$O）の硫酸イオン（SO$_4^{2-}$）と三価クロムが置換し，クロムエトリンガイド（3CaO Al$_2$O$_3$ 3CaCrO$_4$ 32H$_2$O）を生成し安定化する[4],[5]．

物理的な効果は，セメントが硬化する際に生成する珪酸カルシウム水和物 (C–S–H) によっている．珪酸カルシウム水和物は微細な空隙をもつ微結晶の集合体であり，この微細な空隙はゼオライトに類似しているといわれ，重金属を固定（吸着）する効果がある．また，セメント硬化体の透水係数は $10^{-5} \sim 10^{-6}$ cm/s 程度と非常に小さく，これが有害成分の溶出を防ぎ，固化の効果を高める．

セメント固化処理の例として，表 6.1 に示すような土に，有害重金属として水銀

表 6.1 試料土の性質[6]

土粒子の密度	ρ_s	g/cm^3	2.636
湿潤密度	ρ_w	g/cm^3	1.960
砂分		%	62.0
シルト分		%	17.0
粘土分		%	21.0
液性限界	W_l	%	25.0
塑性限界	W_p	%	12.1

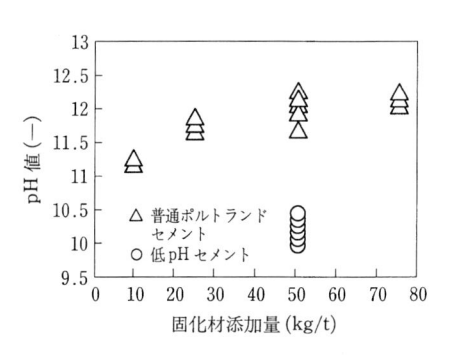

図 6.3 供試体の pH 測定結果[6]

表 6.2 汚染土壌の有害重金属の溶出量[6]

元素, 設定		複合汚染土		単独汚染土	
		添加量 (mg/kg)	溶出量 (mg/l)	添加量 (mg/kg)	溶出量 (mg/l)
水銀	A	1	<0.0005	100	0.054
	B	10	0.0086	300	0.154
	C	30	0.0466	500	0.388
鉛	A	1 000	0.09	1 000	0.20
	B	2 000	0.25	2 000	2.1
	C	3 000	0.63	3 000	11.6
砒素	A	300	4.0	300	4.9
	B	600	13.0	600	11.8
	C	900	23.8	900	23.1

6.2 固化処理　133

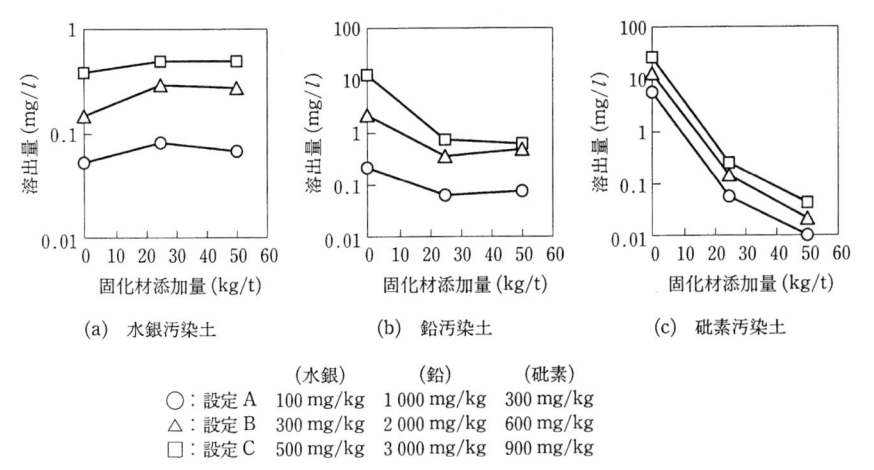

図 6.4　単独汚染土の供試体の溶出試験結果（固化材：普通ポルトランドセメント，材齢：28 日）[6]

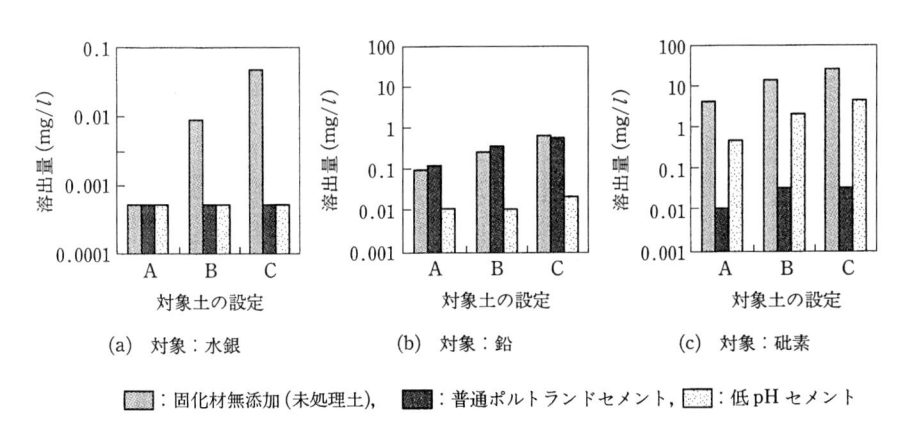

	（水銀）	（鉛）	（砒素）
○：設定 A	100 mg/kg	1 000 mg/kg	300 mg/kg
△：設定 B	300 mg/kg	2 000 mg/kg	600 mg/kg
□：設定 C	500 mg/kg	3 000 mg/kg	900 mg/kg

図 6.5　複合汚染土の供試体の溶出試験結果（固化材添加量：50 kg/t，材齢 28 日）[6]

凡例：□：固化材無添加（未処理土），■：普通ポルトランドセメント，□：低 pH セメント

(Hg)，鉛 (Pb)，砒素 (As) を添加して人工的に汚染土を作成し，この汚染土に関する実験の結果を紹介しておく[6]．固化処理前の汚染土の溶出試験の結果は表 6.2 のようであった．これに普通ポルトランドセメントおよび低 pH セメントを混合したときの汚染土の pH を示したのが図 6.3 である．普通ポルトランドセメントを混合することによって高いアルカリ性を示すようになる．単独の汚染物質で汚染された土に対して，普通ポルトランドセメントで固化処理を行った後の溶出試験の結果が図 6.4 である．また，水銀，鉛，砒素による複合汚染土の溶出試験の結果を図 6.5 に示す．このように，普通ポルトランドセメントによる固化処理によっても，有害

重金属の溶出量は低下するが，濃度が高いと十分とはいえない場合もある．

6.2.2 ガラス固化処理

汚染物質を化学的にまた同時に物理的に封じ込める方法としてガラス固化処理（溶融固化）がある．この方法は，ガラスのもつ耐久性とその組成中に種々の重金属を封じ込める性質を利用した処理方法である[7]．ガラス化には相当の高温が必要であり，1 000 ℃以上では重金属の揮散が問題となることから，ガラス固化処理においては，比較的低い温度でガラス化するガラス化剤を添加することが多い．

ガラスの主成分である珪酸は，三次元構造（網目状の構造）の珪酸イオンを形成し，重金属イオンを構造の空間に封じ込める作用のほかに，珪酸イオンの末端の酸素と重金属イオンとが結合する作用により，重金属イオンの溶出を抑えると考えられている．図 6.6 は，ガラス化剤（水ガラス＋カオリン粘土）を使用した焼成温度と重金属の溶出率の関係を示したものである．焼成温度によって溶出率がかなり変わってくることがわかる．ガラス化には高温度が必要であるが，回転窯やアーク炉のほかにプラズマを使用したものもある．

後から述べるように，原位置において汚染土を加熱溶融し，汚染物質をスラグ中に封じ込める方法がある．この方法は，各種有機物や重金属等の多くの物質に対応でき，溶融温度は 1 600 ℃以上のことが多く，ほとんどの有機物は分解される．

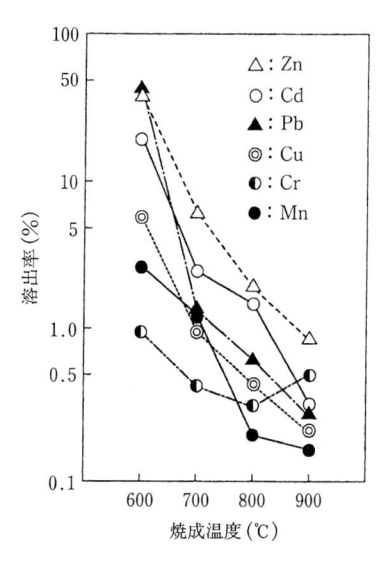

図 6.6　重金属-水ガラス-カオリン粘土系焼結体の焼成温度と溶出量の関係[3]（pH 4.5 NH_4AC による溶出試験）

6.3　化学的不溶化

化学的不溶化処理は，汚染土に各種の薬剤を添加混合して，汚染物質を溶けにくい物質に変えて安定化するものである．封じ込めの前処理技術として用いられる．重金属等に熱処理を行った場合も，同様な不溶化の効果が得られることが多い．不溶化の効果は，用いる不溶化剤と汚染物質との組合せ，あるいは土の pH により大きく異なる．不溶化剤としては，表 6.3 に示すような薬剤が用いられているが，適用

6.3 化学的不溶化

表 6.3 化学的不溶化における対象物質と使用薬剤等の例 [1]

対象物質	使用薬剤等	作用
カドミウム化合物	硫化ナトリウム	硫化カドミウムを生成
シアン化合物 シアノ錯塩を含まない場合	硫酸第一鉄	難溶性塩を生成
鉛化合物	硫化ナトリウム	硫化鉛を生成
六価クロム化合物	硫酸第一鉄	三価クロムに還元 (その後中和により固定)
砒酸化合物	塩化第二鉄・硫酸第二鉄	砒酸鉄を生成
水銀化合物	硫化ナトリウム	硫化水銀を生成

にあたっては事前に試験を行い，その効果を確認しておくことが肝要である．

化学的不溶化は，カドミウム化合物，シアン化合物，鉛化合物，六価クロム化合物，砒酸化合物，水銀化合物に対して有効である．油分がある場合や揮発性有機化合物との複合汚染の場合は適用できない．操作が比較的簡単であること，原位置封じ込めにも，また，掘削後の封じ込めにも適用できること等の特徴をもっている．しかし，不適当な不溶化剤を用いると，他の物質の溶出を増大させることがある．また，化合物の汚染物質が形態変化を起こすので，分離技術の適用ができなくなることがある．とくに，硫化ナトリウムを用いる場合は，硫化水素の発生に注意する必要がある．以下，化学的不溶化のいくつかについてみてみよう．

6.3.1 硫化処理 [2]

硫化処理は，硫化金属の溶解度が低いことを利用した処理方法である．処理の対象となる金属の溶解度積は，Cds で 5×10^{-28}，Pbs で 1×10^{-28}，Hgs で 4×10^{-53} であり，非常に低い．硫化処理剤としては硫化ナトリウム（Na_2S）が多く使用されている．図 6.7 に示すように，金属硫化物の溶解度は pH に大きく影響される．具体的には以下のような反応を利用して不溶化を図る．

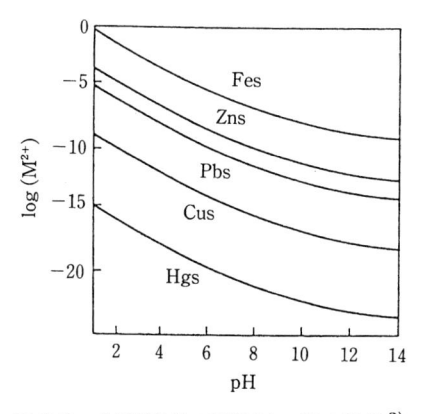

図 6.7 金属硫化物の溶解度と pH の関係 [3]

(1) カドミウム化合物

土中の水溶性カドミウム化合物は，硫化ナトリウムを添加することにより，次の

ように反応して硫化カドミウムを生成する．

$$Cd^{2+} + Na_2S \rightarrow CdS + 2Na^+ \quad (CdS の溶解度積 5 \times 10^{-28}) \qquad (6.1)$$

カドミウムの溶出は土中水のpHによって大きく影響される．硫化物の溶解度もpHに強く依存し，pHが低下すると溶解度が急激に増大するので，pHの管理は厳重に行う必要があり，pHを低下させないような注意が必要である．不溶化剤としては，工業用硫化ナトリウム（Na_2S：60％）が安価に入手しやすく適当である．不溶化剤の添加量は汚染の状況によって違ってくる．なお，硫化ナトリウムの使用にあたっては，硫化水素の発生に注意する．

(2) 鉛化合物

土中の水溶性鉛化合物は，硫化ナトリウムの添加によって，次のように反応して硫化鉛を生成する．

$$Pb^{2+} + Na_2S \rightarrow PbS + 2Na^+ \quad (PbS の溶解度積 1 \times 10^{-28}) \qquad (6.2)$$

不溶化剤としては，カドミウム化合物の場合と同様に，工業用硫化ナトリウムが安価で入手しやすく適当である．その他の注意点はカドミウム化合物の場合と同じである．

(3) 水銀化合物

土中の水溶性水銀化合物は，硫化ナトリウムを加えることによって次のように反応し，硫化水銀を生成する．

$$Hg^{2+} + Na_2S \rightarrow HgS + 2Na^+ \quad (HgS の溶解度積 4 \times 10^{-53}) \qquad (6.3)$$

硫化ナトリウムを過剰に加えると，硫化水銀は多硫化水銀錯イオンを形成して再溶解するが，実際には，多硫化水銀錯イオンは土中に存在する鉄化合物と反応し，次のように難溶性の硫化水銀に戻るので，硫化ナトリウムは理論値より多めに添加する必要がある．

$$HgS + Na_2S \rightarrow 2Na^+ + (HgS_2)^{2-} \qquad (6.4)$$

$$(HgS_2)^{2-} + Fe^{2+} \rightarrow HgS + FeS \qquad (6.5)$$

不溶化剤としては工業用硫化ナトリウムで十分である．このときも硫化水素の発生には注意する必要がある．

6.3.2 酸化還元処理[2)]
(1) 六価クロム化合物

代表的な還元処理として,六価クロムの三価クロムへの還元処理がある.六価クロムは毒性が強く,直接の硫化処理および水酸化処理では不溶化が難しい.はじめに還元処理を行い,三価クロムとした後で水酸化処理を行い不溶化する.

六価クロムは還元剤を加えることによって三価クロムを生成する.即効性還元剤として硫酸第二鉄を用いたときの反応は

$$Cr_2O_7^{2-} + 6FeSO_4 + 14H^+ \rightarrow 2Cr^{3+} + 6Fe^{3+} + 6SO_4^{2-} + 7H_2O \quad (6.6)$$

還元剤としては,硫酸第二鉄が安価で入手しやすいことからよく用いられる.高レベルの汚染土の処理においては,硫酸第二鉄と遅効性還元剤を併用するとよい.遅効性還元剤としては,経済性あるいは供給性から亜炭が用いられる.

六価クロム汚染土の不溶化に,易分解性有機物の利用が考えられている.六価クロム汚染土に鶏糞等の易分解性の有機物を混入すると,著しく六価クロムが減少することが実験的に確かめられている.この反応は,硫化第二鉄による還元反応とは異なり,中性付近でも進行する.反応は次式のように考えられている.このようにして還元され生成した $Cr(OH)_3$ は難溶性である.

$$4CrO_4^{2-} + 6C + 3O_2 + 6H_2O \rightarrow 4Cr(OH)_3 + 2CO_2 + 4CO_3^{2-} \quad (6.7)$$

関東ロームを用いた実験によると,5%の乾燥鶏糞を添加混合することによって,200〜400 ppm の六価クロム汚染土に対して効果の著しいことが明らかにされている.

(2) シアン化合物

シアノ錯塩を含まない場合(アルカリ塩素法)のシアン化合物は,次亜塩素酸ソーダを加えることにより,次のように反応して酸化分解する.酸化剤としては次亜塩素酸ソーダ($NaOCl$)のほかサラシ粉($Ca(OCl)_2$)等がある.

$$2NaCN + 5NaOCl + H_2O \rightarrow N_2 + 2NaHCO_3 + 5NaCl \quad (6.8)$$

シアノ錯塩を含む場合(紺青法)のシアン化合物は,鉄,ニッケル,コバルトが共存すると安定な錯塩を形成し,上述のアルカリ塩素法による酸化分解が困難になる.そこで,これらの錯塩の特性を利用して難溶性塩を生成させる方法がある.はじめに,シアンイオンと第1鉄イオンが反応して,次のようにフェロシアン錯塩が生成する.

$$6CN^- + Fe^{2+} \rightarrow [Fe(CN)_6]^{4-} \quad (6.9)$$

このフェロシアンイオンは酸化されてフェリシアンイオン $[Fe(CN)_6]^{3-}$ となるが，ともに非常に安定である．これらの鉄シアン錯塩は水中に過剰に存在すると，次のような難溶性塩を生成する．

フェリフェロ型（ブルシアン青）：

$$3[Fe(CN)_6]^{4-} + 4Fe^{3+} \to Fe_4[Fe(CN)_6]_3 \qquad (6.10)$$

フェロフェリ型（ターン青）：

$$2[Fe(CN)_6]^{3-} + 3Fe^{2+} \to Fe_3[Fe(CN)_6]_2 \qquad (6.11)$$

フェロフェロ型（ベルリン青）：

$$[Fe(CN)_6]^{4-} + 2Fe^{2+} \to Fe_2[Fe(CN)_6] \qquad (6.12)$$

この場合，鉄イオンが不足すると，$Fe[Fe(CN)_6]^-$（可溶性ブルシアン青）が生成し，処理が不完全となる．また，pHが高すぎても処理が難しくなるので注意が必要である．不溶化剤としては硫酸第二鉄（$FeSO_4$）が安価で入手しやすい．

(3) シアン化合物と六価クロム化合物が混在する場合

シアン化合物または六価クロム化合物によって，それぞれ単独に汚染された土の処理については，前者については，今まで述べてきたような酸化分解あるいは紺青処理，後者については，同じく還元処理を行う．両者が混在する場合の処理としては次のようなプロセスが考えられている．①遊離シアンを含む場合には，最初に酸化分解する．②続いて Fe^{2+} を添加して，Cr^{6+} を Cr^{3+} にまで還元する．③さらに Fe^{2+} を過剰に添加して錯体化した後，Fe^{3+} を加えて不溶化する．

(4) 砒酸化合物

砒酸化合物は，不溶化剤として塩化鉄（$FeCl_3$）を添加することによって砒酸鉄を生成する．

$$AsO_4^{3-} + FeCl_3 \to FeAsO_4 + 3Cl^- \quad (FeAsO_4 \text{の溶解度積} 5.7 \times 10^{-21}) \qquad (6.13)$$

不溶化された砒酸鉄は，土の酸化還元電位の低下につれて土中で還元され，亜砒酸が溶出するおそれがあるので，土が有機物によって還元状態にならないように注意する必要がある．

6.3.3 水酸化物処理[2)]

多くの重金属イオンは，pHを調整してアルカリ処理することにより，水酸化物として沈殿させることができる．一般に，高いpH領域で多くの重金属イオンは水酸化物を生成し，沈殿して不溶化するが，Sn，Cr，Pbなどの両性元素は，高いpH領域で再溶解する性質をもっている．汚染物質が両性元素を含み，複合汚染である場合には，水酸化物処理は十分な事前調査と試験を必要とする処理方法である．

6.3.4 キレート樹脂吸着法

キレート樹脂吸着法は，地盤の汚染対策という観点から見ると，直接的な関係は薄いが，重金属による地下水汚染の浄化には関係が深い．キレート樹脂は，特定の金属イオンと錯化合物を形成する官能基をもったイオン交換樹脂であり，開発の当初は，選択性重金属吸着材もしくは固定材といわれていた．主な使用方法は排水中の重金属の処理である．地盤汚染対策の分野においては，処理処分施設の排水などの処理施設で使用されている．表6.4はキレート樹脂を使用した工場排水処理の実例である．

最近，キレート形成能を有する薬剤を汚染土へ添加して処理する方法が検討されている[8)]．キレート形成反応は，溶液のpHに対して非常に敏感な反応であり，それぞれのキレート樹脂（キレート形成剤）には反応に適したpHの範囲がある．適正なpHの範囲を逸脱すると固定化されていた重金属イオンが解離する．キレート樹脂吸着法は，本来，排水処理のために十分に管理された施設での処理方法であるが，土に直接混合する処理方法，あるいは，セメント固化処理と併用する不溶化技術として期待される処理技術といえよう．

6.4 封じ込め

6.4.1 封じ込め対策の特徴

封じ込め対策は，重金属等による多様な汚染状況に適応できる方法である．有害な重金属等のうち，大気中への揮発は水銀が最も大きい．そのほかの重金属等の化合物は，形態によって水に溶ける量に差異がある．そのため，封じ込めの適用にあたっては，化合物等の形態を確実に把握することが重要である．重金属等は，土への吸着あるいはイオン交換機能が有機塩素系化合物より大きいため，水の移動に伴う拡散はそれほど大きくないが，地下水とともに移動拡散する現象は，その状態でのイオン積に関係する．

140　第6章　固化・不溶化と封じ込め

表 6.4　キレート樹脂による工場排水処理の実際例 [3]

	鉛含有廃水	鉛含有廃水	鉛含有廃水	カドミウム含有廃水	カドミウム含有廃水	銅含有廃水	銅含有廃水	水銀廃水
キレート樹脂通液前の廃水組成								
塩類濃度 (ppm)	1 000~1 500	100~300	3 000~5 000	2 000~3 000	3 000~5 000	5 000~6 000	<3 000	100~300
Pb^{2+} (ppm)	0.1~0.5	0.3~0.6	0.5~1.0	—	—	—	—	—
Cd^{2+} (ppm)	—	0.05~0.1	—	0.4~0.6	0.1~0.3	<0.1	—	—
Zn^{2+} (ppm)	<0.05	0.005~0.03	—	<0.1	—	—	—	—
Cu^{2+} (ppm)	<0.05	—	—	—	—	0.1~0.6	2.5~3.0	Hg^{2+} 1~5 (ppb)
COD (ppm)	<10	—	150~200	<10	20~30	100~150	50~150	<5
SS (ppm)	<10	5~10	<10	<10	<10	<10	<10	<5
pH	7	6~7	6.5~7	6~7	6.5	1~8	6	7
廃水量 (m^3/h)	3.5	2	2	3	3.5	25	1.2	4.5
使用樹脂	エポラス MX-8C SV5	エポラス MX-8 SV5	エポラス MX-8 SV7	エポラス MX-8 SV5	エポラス MX-8 SV5	エポラス MX-8 SV10	エポラス MX-8 SV12	エポラス Z-7 SV10
通液速度								
樹脂の再生（交換）	1回/2年	1回/2年	1回/半年~1年	1回/半年	1回/2か月	1回/1か月	1回/2か月	1回/3年
処理フロー（前処理）	中和凝沈—沈降濾過—CR	沈降濾過—CR	中和凝沈—急速濾過—AC—CR	中和凝沈—急速濾過—CR	生物処理—沈殿処理—pH調整—急速濾過—CR	中和凝沈—急速濾過—CR	中和凝沈—急速濾過—CR	pH調整—急速濾過—CR
処理結果								
Pb^{2+} (ppm)	<0.05	<0.05	<0.05	—	—	0.05	—	—
Cd^{2+} (ppm)	—	<0.005	—	<0.005	<0.01	—	—	—
Zn^{2+} (ppm)	<0.005	<0.005	—	<0.005	—	0.05	—	—
Cu^{2+} (ppm)	<0.05	—	—	—	—	<0.05	<0.1	Hg^{2+} <0.5 (ppb)

（注）CR：キレート樹脂，AC：活性炭

封じ込めは，重金属等の汚染に広く適用できるが，揮発性有機塩素化合物との複合汚染の場合には効果に疑問があり，そのままでは用いられない．また，シート等を用いる遮断工や遮水工においては，シートの劣化に影響を与えるような物質が共存する場合は適当ではない．封じ込め対策としての遮断工や遮水工が設けられた土地の利用においては，遮水機能が損なわれないように注意するとともに，土地利用が制限されることもある．いうまでもなく封じ込めは，地盤から汚染物質を除去したり分解する方法ではない．そのため，封じ込めの施設に，地震等によって過大な外力が作用すると，漏洩事故を起こすことがあるので，施設の適正な維持管理が要求される．

構造的には，一般廃棄物および産業廃棄物の最終処分場に係わる技術上の基準（平成10年7月，環水企第301号・衛環第63号）に準拠した構造とする．とくに，よく用いられるコンクリート構造については，乾燥収縮や温度応力によるクラックが発生しやすいので，対策の前にコンクリート表面の点検を行い，クラックの補修を行うことが必要である．そのほか，地中構造物としての沈下や揚圧力による浮き上がり等に考慮する必要がある．

6.4.2 封じ込めの方法

重金属で汚染された土の封じ込め対策は，汚染物質の種類，溶出量，含有量等によって異なってくる．図6.8は，4章の図4.1の処理対策の部分を拡大したものである．封じ込めの基本的な考え方は，各種汚染調査・試験結果を，表4.9に示した汚染物質ごとの対策範囲選定基準と照合し，汚染の程度に応じて，遮断工，遮水工あ

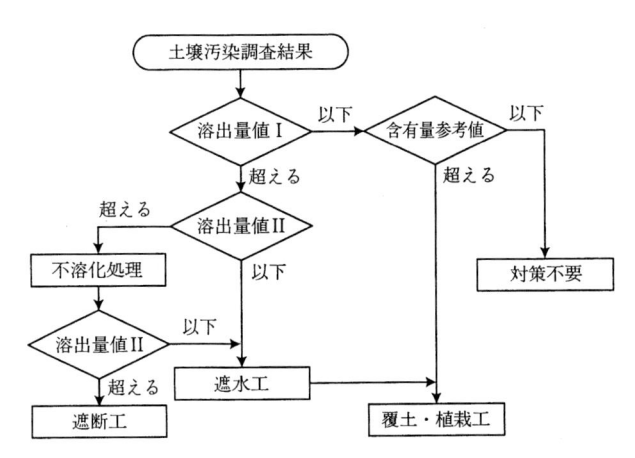

図 6.8 重金属などにかかわる土壌汚染対策選定[2)]

るいは覆土・植栽工を実施する．

　遮断工による封じ込めは，固化あるいは不溶化を行った後においても，溶出量値IIを超えるような汚染土に適用する．遮水工による封じ込めは，溶出量値I以上でII以下の汚染土に適用する．遮水工には，必要に応じて固化あるいは不溶化を行った後，別に設けた遮水構造（遮水工）内へ封じ込める掘削除去後の封じ込めと，汚染土の下層全面に不透水性の地層があるような場合に，連続地中壁や鋼矢板等を不透水性の地層まで設けることによって，汚染土を原位置で封じ込める方法とがある．前者は掘削除去後封じ込め，後者は原位置封じ込めと呼ぶことができる．

　遮水工による封じ込めの場合には，施設の上面に蓋をして雨水の浸透を防止すれば，排水処理施設を設けなくてよいが，浸出水が生じる場合には，必要に応じて排水処理施設を設ける．なお，シアン化合物，水銀およびその化合物以外の重金属汚染については，固化あるいは不溶化処理を行わずに遮断槽に封じ込めてもよい．

6.4.3　遮断工による封じ込め

　図 6.8 に示したように，遮断工は，汚染土を固化あるいは不溶化処理した後においても，溶出量値II（表 4.9）を上回る高レベルの汚染土に適用される．周辺の一般環境から汚染土をより厳重に遮断するため，図 6.9 に示すようなコンクリート製の遮断槽の中に汚染土を封じ込める．使用するコンクリートは水密性，耐久性，安全性が要求される．その強度は $25\,\mathrm{N/mm^2}$ 以上，外周の仕切りコンクリートの厚さは $35\,\mathrm{cm}$ 以上と規定されている[1]．

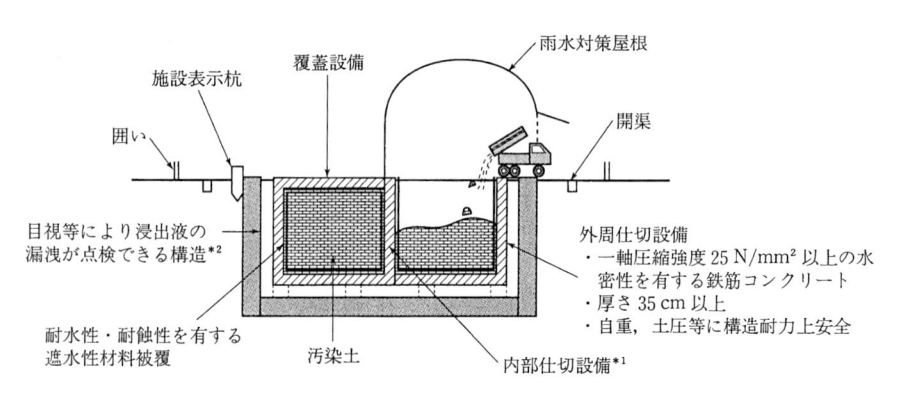

*1　内部仕切設備は，一区画の面積が約 $50\,\mathrm{m^2}$ を，または一区画の埋立容積が約 $250\,\mathrm{m^3}$ を超えないように設ける．構造は外周仕切設備に準じる．
*2　側面，底面部の周囲に点検路，ビデオカメラ等の機器を通すことのできる空間を設ける．

図 6.9　遮断工封じ込め構造例[1]

表 6.5 コンクリートに及ぼす種々の物質の影響および対策 [3]

物質	影響の程度	対策
石油（重油，軽油，揮発油）	影響なし	
・無機酸	破壊	タイルなど
・有機酸		
酢酸	しだいに破壊	アスファルトコーティング ゴムライニング
シュウ酸	影響なし	
乳酸	しだいに侵す	アスファルトコーティング パラフィンコーティング
・植物油	わずかに侵す程度	
・無機塩		
Ca, Na, Mg, K, Al, Fe 硫酸塩	大いに侵す	アスファルトコーティング タイル，ケイふっ化物処理
Na, K 塩化物	影響なし	
Mg, Ca 塩化物	わずかに侵す	
・糖類	わずかに侵す	

また，雨水の流入や滞留を防ぐ処置，腐食を防止する処置を施し，長期間の封じ込めに耐えうる構造とすることが要求される．コンクリートの耐久性に影響を及ぼす物質とそれへの対策には表6.5のようなものがある．

遮断工は，次節で述べる遮水工よりも厳密で安全な封じ込め技術であるが，設置場所の確保が難しくコストも高い．資源の有効利用という観点から見ると，有効な資源の一時保管とみることもできる．汚染土の浄化という点では，単に汚染土を移動して保管するだけであり，地上からなくなるわけではない．

6.4.4 遮水工による封じ込め

遮水工による封じ込めは，図6.8に示したように，対策範囲選定基準（表4.9）の溶出量値II以下で，溶出量値Iを上回る汚染土に適用される．汚染地盤による公共用水域や地下水の汚染，あるいはこれらに起因する周辺環境への悪影響を防止するため，図6.10あるいは図6.11に示すような遮水構造を設け，この中に汚染土を封じ込める．

遮水工には種々の方法があり，状況に応じて最適なものが選択される．基本的な原則は，地盤の透水性，地下水の性状と挙動等を考慮した構造である必要があり，要は，汚染物質を外部に漏出・流出させない施設とすることである．遮水工に用いられる主な工法と特徴を図6.12および表6.6に示す．そのほかに，一般の土木・建築で用いられている止水工法や遮水工法が利用できる．

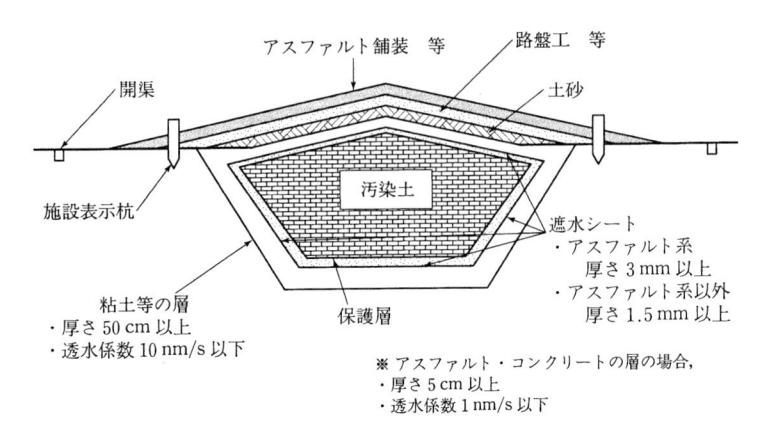

図 6.10 遮水工封じ込め構造例（表面遮水構造）[1]

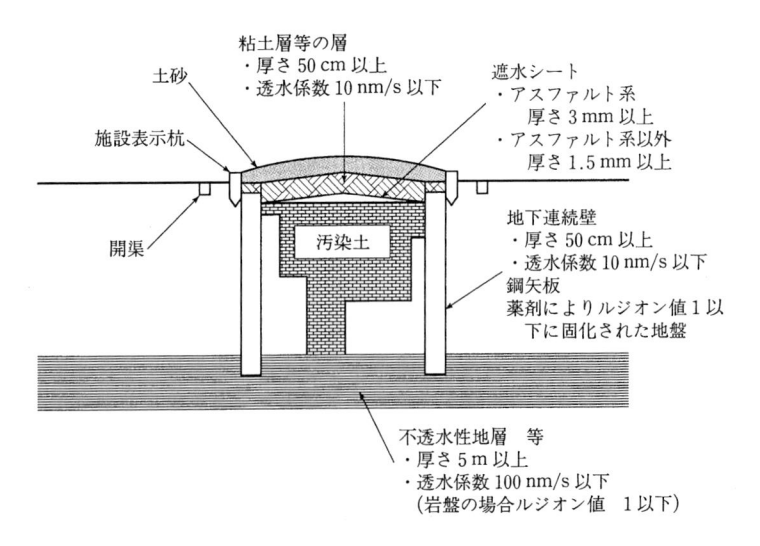

図 6.11 遮水工封じ込め構造例（原位置封じ込め構造）[1]

表 6.6　各種遮水工の特性の比較 [1]

工法		材料（工法）	施工法	遮水性	適用地盤	材料の耐久性
鉛直遮水工 *	鋼矢板	・簡易鋼矢板（トレンチシート） ・鋼矢板（シートパイル） ・鋼管矢板（鋼管パイル）	杭打施工法により矢板を1列または2列に打設する．継手がはずれることがないように注意して施工する必要がある．	止水効果は難透水層まで矢板を打ち込むことにより確保できる．打ち継手の漏水のおそれがある場合は止水材を注入するなどの対策が必要である．	一般的にN値30くらいまで打設可能であるが，玉石混じりまたは転石のある層には不適である．最近では岩盤対象の打込み工法もある．	廃棄物の保有水などによる腐食の検討が必要である．
	地下連続壁	・コンクリートまたは鉄筋コンクリート ・セメントモルタルまたはソイルセメント （工法） 柱列式…杭を1列または千鳥に打つ． 壁式…一定幅に連続に掘る．	・柱列式…アースオーガなどで削孔しモルタルを置換または混合して柱列杭を作る． ・連続壁…各種掘削機でパネル掘削を行い，コンクリートなどで地下連続壁を作る．	遮水効果は高い．継手部の施工管理を十分に行う必要がある．施工の際泥水を利用する場合遮水性が高くなる．	ほとんどの地盤に適用できる．深度100mくらいまで可能である．	セメント系なので耐久性がよい．
表面遮水工 **	合成ゴム系シート	ブチルゴムにEPDM（エチレンプロピレンゴム）をブレンドして，耐候性を良くしたものが一般的である．	大きい礫とか木根，草根などを除去し，十分締め固めて平滑な下地を作りシートを布設する．（共通）施工しやすい大きさに工場接着したものを現場で接着剤などで接合させる．（ゴム）	遮水シート自体の遮水性は完全であるが，厚さが薄いので破断の危険がある．また接合部の剥離の問題もある．工場成形シートは下地の凹凸や沈下には伸びで抵抗する考えになっているが，引き裂きには弱いので下地の仕上げに注意する．	土質層であれば，ほとんどに適する．斜面に施工する場合は引張力が働くため破断することがあるので設計，施工，埋立管理時には十分な配慮が必要である．	耐久性はかなりあると考えられる．耐薬品，油に対する耐久性は材質によって異なる．特に暴露状態がある場合紫外線，外気温度，オゾンに対する耐候性も異なるので検討が必要である．シートの破損事故は埋立作業によるもの，あるいは地下水集排水施設などの設計時の配慮不足からくることが多い．施工時の温度は品質，施工性に影響する．
	合成樹脂系シート	軟質ポリ塩化ビニルが一般的である．エチレンビニルアセテートやポリエチレンなどのシートもある．	施工に適した大きさのものを現場にて熱融着により接合する．（樹脂）			
	アスファルト系シート	モルタル下地などの上にゴムアスファルト系の材料を現場で吹き付ける．	地山に下地処理を行いその上に現場吹付施工するシートである．大きな凹凸がないようにモルタル吹付けなどで整形し，この上に吹き付ける．	吹付けの管理をよくすれば遮水性は完全である．下地密着型はシートに引張力は働かないようになっているので伸びは少なくてよい．	急斜面，岩斜面に適用する．凹凸面，オーバーハング面も施工可能である．地山密着タイプであるので強度は比較的小さくてよい．	

* 水平方向の水の流れを止めるもの，** 鉛直方向の水の流れを止めるもの

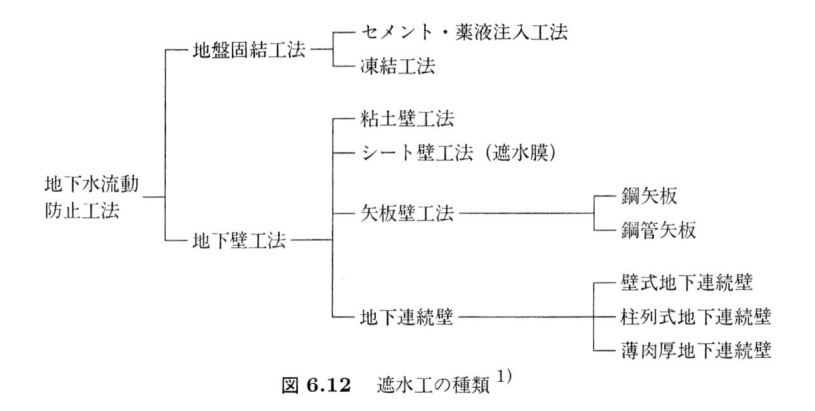

```
                           ┌─ セメント・薬液注入工法
              ┌─ 地盤固結工法 ┤
              │            └─ 凍結工法
              │
              │            ┌─ 粘土壁工法
地下水流動     │            │
防止工法   ────┤            ├─ シート壁工法（遮水膜）
              │            │                    ┌─ 鋼矢板
              └─ 地下壁工法 ┼─ 矢板壁工法 ───────┤
                           │                    └─ 鋼管矢板
                           │                    ┌─ 壁式地下連続壁
                           └─ 地下連続壁 ───────┼─ 柱列式地下連続壁
                                               └─ 薄肉厚地下連続壁
```

図 6.12　遮水工の種類 [1]

6.4.5　飛散・流出等の防止対策

4章で述べたような各種汚染調査・試験結果より，土壌環境基準を満たしているが，含有量参考値（表4.6）を超える場合には，土の飛散や表面流出等を防止するため，必要に応じて覆土・植栽工あるいはアスファルト等による舗装の対策を施す．当然のことながら，覆土には汚染されていない土を用いるとともに，植栽する場合には植物に適した土を用いる．覆土の厚さは50 cm程度以上，植栽する場合は樹木によっては1.5～2 mの厚さが必要となる．

植栽工には草本と樹木によるものがある．早急な緑化が必要な場合には草本類が用いられる．植栽工の代表的な工法としては，種子散布工，植生マット工，張芝工がある．種子散布工は種子，肥料，ファイバーを水でスラリー状にし，ポンプを用いて地表面に均一に散布する．一例として，図6.13に種子散布工の概念を模式的に示す．植生マット工は種子と肥料等を装着したマットで地表面を被覆する工法である．植生が完成するまでマットによる表面保護効果があり，冬期と夏期の施工が可能である．張芝工は地表面を芝で被覆する方法であり，全面張芝と筋芝工がある．アスファルト等による舗装を実施する場合には，長期的な材質の劣化やひび割れ等に注意する．

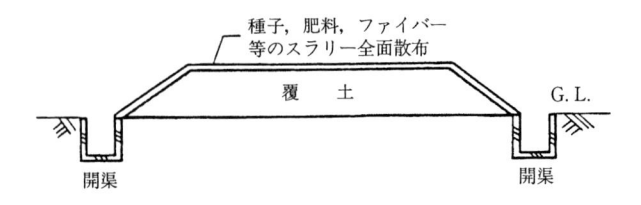

図 6.13　種子散布工 [2]

6.5 原位置ガラス固化工法

6.5.1 工法の原理と特徴

原位置ガラス固化(In-Situ Vitrification：ISV)は，地中に電極を挿入し通電することにより熱を発生させ，この熱によって土を溶融し固化するものである．基本原理の概要を図6.14に示す．一般に，自然の土は多量の珪素(Si)を含有しているので，溶融した土を冷却するときわめて安定なガラス固化体が得られる．この方法によると，重金属や有害化学物質のほか，放射性廃棄物の処理も可能である．

この工法の特徴としては，①原位置で廃棄物の処理や地盤汚染の修復ができる，②掘削や運搬を必要としないので汚染拡散の危険がない，③高温処理のため有機物を熱分解し無害化できる，④ガラス固化体はきわめて安定である，等を挙げることができよう．原位置ガラス固化技術は，米国で開発された技術であり，適用した例はあるが，わが国においては見当たらない．

米国における実施例によると，適用範囲として以下のようなことがいえる．土の構成成分としてのシリカ(SiO_2)の含有率が60〜90%程度の土に対して有効であり，金属15%以下，瓦礫20%以下，可燃性物質10%以下の含有率の土に対しては問題ないようである．以下ここでは，土のガラス固化方法に関連する基本事項について概観する．

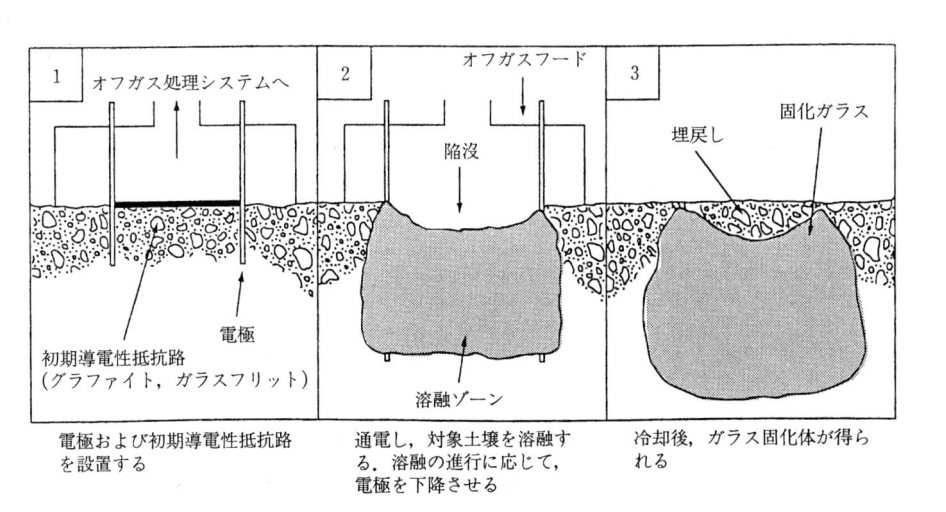

図6.14 原位置ガラス固化工法の基本原理

6.5.2 土の性質とガラス固化

土の性質のうち,熱による溶融固化プロセスに関係する主な性質としては,化学組成,熱伝導率,融点,比熱,導電率,粘度,密度等がある.これらのうち,熱伝導率は主として土の化学組成と土粒子の形状によって決まる特性といえる.融点,比熱,導電率,粘度は主として土の化学組成によっている.溶融前の土の密度は土粒子の大きさや形状によっており,化学組成の影響はほとんどない.溶融後のガラス固化体の密度も化学組成の影響をほとんど受けない.以下,原位置ガラス固化工法を適用した例から,土の性質と溶融固化との関係についてみてみよう.

(1) 土の化学組成

普通の土は,シリカ(SiO_2)やアルミナ(Al_2O_3)などのガラス形成成分を多く含んでいるので,土を溶融し冷却して得られるガラス固化体は高い化学的耐久性を示す.一方,通常のガラスに比べ,溶融時の粘性が高く導電性が低いという特性を有している.実際の土の溶融においては,土中に相当量含まれている Na_2O や CaO などのアルカリ成分が,導電成分としての役割を果たすといわれている.多くの土が CaO や MgO などのガラス修飾成分をかなり含んでいるが,これらのガラス修飾成分は,量が増えるほど溶融土の導電性を低下させる.

(2) 土の熱伝導率

図6.15に土と溶融土の熱伝導率の温度による変化の状況を示す.土の熱伝導率は,土を溶融する場合の溶融領域の最高温度を変化させるとともに,溶融領域から周辺土への熱の移動速度に影響を与える.室温近傍における土の熱伝導率は 0.09～0.15 W/m·K 程度と非常に低い.土中の熱伝導は,主として粒子の接点を介して行われるため,土の熱移動に対する抵抗は,溶融土に比べると非常に大きいといえる.土を 200℃から 800℃に加熱しても,熱伝導率の増加は 2 倍程度である.しかし,800℃以上に加熱すると,土中の微粒子が焼結し,溶融により粒子の接着が起こるので,粒子

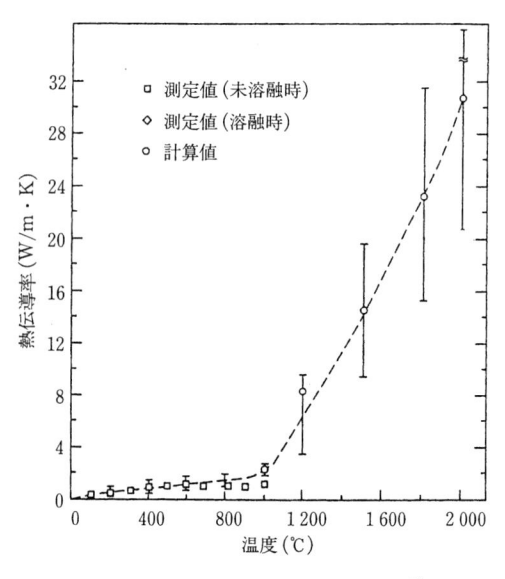

図 6.15 土壌の熱伝導率の温度変化例 [3]

間の接触を介した熱移動が容易になる．このため，温度の上昇に伴い熱伝導率は急速に大きくなる．さらに，1 000 ℃以上に加熱すると，この温度領域では熱輻射による熱移動が起こるため，熱伝導率が非常に大きくなる．

(3) 土の融点

図 6.15 に示した熱伝導率の温度による変化において，低温領域の緩やかな増大から，高温領域の急激な増大に変化する温度が，土の溶融温度とみなされる．ただ，土が完全に溶融する温度は，上記の溶融開始の温度ではなく，それより 200 ℃程度高い温度であり，従来の経験によると，溶融開始の温度はおおよそ 1 100～1 400 ℃程度である．

(4) 土の比熱

土の比熱は，土の種類や状態によって大きく異なり，土を溶融するのに必要なエネルギー（熱量）を決定する重要な要因となる．比熱が大きいほど，溶融温度までに加熱するエネルギー量が増大する．また，溶融開始後の土の溶融速度も，比熱が大きいほど溶融速度は低くなる傾向を示す．土の溶融固化に関連した測定例によると，150～500 ℃における土の比熱は 0.19～0.22 cal/g·℃程度であり，高い場合でも 0.23～0.29 cal/g·℃となることが確認されている．これらの結果は，他のセラミック原料の測定値とよく一致している．1 500～2 000 ℃の高温域における土の比熱を測定することは難しいが，400 ℃以上になると，比熱は温度に対してほぼ直線的に増加し，高温域の土の比熱は 0.25～0.28 cal/g·℃の範囲と推定される．

(5) 土の導電率

土の導電率の温度による変動状態を図 6.16 に示す．溶融した土の導電率は，原位置ガラス固化工法における電圧に影響を与え，導電率が低いほど，電極間に加えなければならない電圧が高くなる．したがって，装置の電源の容量が一定ならば，土の導電率によって電極間の距離が制限を受ける．導電率は土中のアルカリ成分によって大きな影響を受け，これによって，1 桁

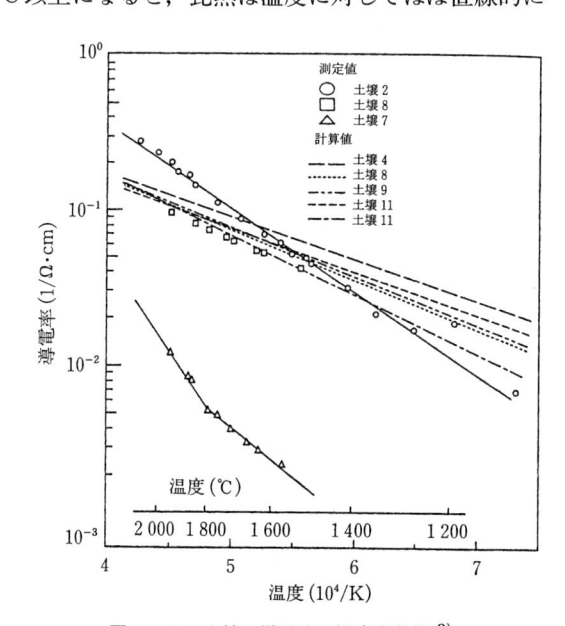

図 6.16 土壌の導電率の温度変化例[3)]

以上変化するという報告もある．アルカリ金属の酸化物（Na_2O, K_2O, Li_2O）の含有量が多くなるほど，土の導電率は大きくなる．アルカリ土類金属の酸化物（CaO, MgO）は導電性を低下させる．また，多量のガラス形成成分（SiO_2, Al_2O_3）を含む土は，溶融時の粘度が高くなるため導電率が低下する．これは，粘度の上昇により導電性イオンの移動性が低下することによっている．

(6) 土の密度

溶融前の土の密度は，土粒子の大きさや形状あるいは締まりの程度によって大きく変わるが，溶融後の密度は2.30～2.43 g/cm³ 程度とほぼ一定になる．図 6.17 に示すように，溶融を開始するまでの低温域においては，大きな密度変化はない．700～900 ℃ に達すると溶融を始め，密度の増大が起こる．溶融が終了する温度（通常は 1 400 ℃ 程度）以上になると，密度は低下する傾向を示す．原位置ガラス固化工法による溶融ガラス固化体の最終的な密度は 2.2～2.5 g/cm³ 程度になる．

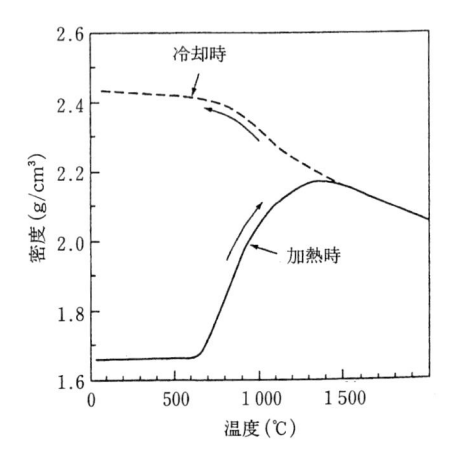

図 6.17　土壌の密度の温度変化例 [3]

参考文献

1) 環境庁水質保全局監修：土壌・地下水汚染に係わる調査・対策指針および運用基準，土壌環境センター，1999．
2) 環境庁水質保全局水質管理課・土壌農薬課監修：土壌・地下水汚染ハンドブック，公害研究対策センター，1995．
3) 岩田進午，喜田大三監修：土の環境圏，フジ・テクノシステム，1997．
4) 近藤連一：石膏と石灰，No.67, pp.230-236, 1963．
5) Bensted, J. and Varama, S. P. : Silicates industriels, Tome 17, No.12, pp.315-318. 1972.
6) 守屋政彦ほか：有害重金属含有土壌の固定化技術に関する一考察，第 2 回環境地盤工学シンポジュウム論文集，地盤工学会，pp.73-78, 1997．
7) 川口正人ほか：加熱法による汚染土壌中重金属の固定化処理に関する研究，第 3 回環境地盤工学シンポジュウム論文集，地盤工学会，pp.257-260, 1999．
8) 三木博史ほか：複合汚染土壌の不溶化に関する室内試験，第 3 回環境地盤工学シンポジュウム論文集，pp.251-256, 1999．

第7章　原位置で分解・無害化する対策

　汚染地盤中の汚染物質を，原位置において分解あるいは無害化する対策技術は，化学的分解を利用した方法と生物学的分解を利用した方法とに大別される．化学的分解を利用した方法としては，鉄粉を利用して，揮発性有機塩素化合物による汚染地下水を脱塩素する方法がある．生物学的分解は，微生物がもつ汚染物質の分解能力を利用して，地盤などの環境中の汚染物質を分解・無害化する環境修復技術，いわゆるバイオレメディエーションである．本章においては，化学的分解を利用した透過性浄化壁による対策とバイオレメディエーションの地盤汚染への適用について概観する．

7.1　透過性浄化壁を利用する対策工

7.1.1　工法の原理
　次章で述べる土壌ガス吸引法や地下水揚水法，あるいはこれらに類する対策工は，比較的狭い範囲が高濃度で汚染されている場合に非常に有効な方法であり，よく利用されている．しかし，広い範囲が低濃度で汚染されている現場では，浄化期間や運転コストの面から，必ずしも現実的な対策とはならない場合がある．また，既設の構造物の下部などの浄化対策としては適用できない．
　従来，このような現場に対しては，主に遮水壁と地下水揚水処理の組合せによる対策が用いられてきた．しかし，揚水処理は長期間にわたって継続する必要があり，その期間に相応する，保守期間およびランニングコストを必要とする．
　上記のような欠点を補うことのできる地下水浄化対策として，機械的手段や動力を必要としない，いわゆる passive 処理あるいは省エネ処理ともいえる対策への関心が高まっている．その1つとして，透過性浄化壁（permeable barrier）を利用する方法がある．この工法は，1990年代に米国で開発されたもので，最近では，わが

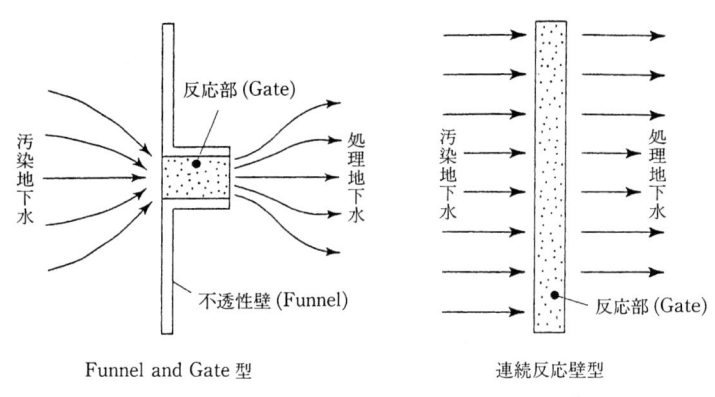

図 7.1 透過浄化壁の概念 (Permeable Barrier) [3]

国においても実用化されつつある．ほとんどが有機塩素系化合物による汚染プルームの浄化対策として利用されている[1]．この工法は，汚染源対策が十分に機能しない場合，あるいは，揚水処理の期間が長期にわたり，その間の処理コストが膨大になるような場合に，揚水処理に替わる経済的な方法として位置づけられる．

透過性浄化壁工法は，図 7.1 の概念図に示すように，地下水流中に透水性の浄化壁（反応壁）を構築し，地下水は透過させ，汚染物質のみを分解あるいは安定化する工法であり，施工後のメンテナンスが不要な工法である[2]．浄化壁は透水性を確保するため，比較的粒径の粗い母材と反応剤から構成される．とくに，トリクロロエチレンなどの揮発性有機塩素化合物による汚染に対しては，反応剤として0価の鉄粉を用いることによって，脱塩素し無害化することができる．

鉄が存在すれば，浄化壁の形状は自由であり，汚染物質の分解に必要な接触時間を確保するだけの厚さがあればよい．鉄粉は，汚染地下水との反応のための接触面積を確保するため，適当な粒子径に維持する必要があり，通常は微小な粒子を用いる．

0価の鉄が酸化される際には，式 (7.1) のように，有機塩素化合物 (RCl) の塩素と水分子の水素が還元的に置換される．

$$Fe + RCl + H_2O \rightarrow Fe^{2+} + RH + Cl^- + OH^- \tag{7.1}$$

浄化壁の耐久性は地下水による鉄粉の腐食速度によって決まってくる．溶存酸素が存在するもとでは式 (7.2) によって，また，嫌気性条件下では式 (7.3) によって，徐々に腐食反応が進行する[4]．

$$Fe + H_2O + \frac{1}{2}O_2 \rightarrow Fe(OH)_2 \tag{7.2}$$

$$\mathrm{Fe} + 2\mathrm{H_2O} \rightarrow \mathrm{Fe^{2+}} + 2\mathrm{OH^-} + \mathrm{H_2} \tag{7.3}$$

地下水のpHが4～10程度の範囲では，腐食速度は主に溶存酸素によって規定される[5]．カルシウムあるいはマグネシウムなどの硬度成分を多量に含有する地下水では，浄化壁でpHがアルカリ側に傾くと，炭素塩などの難溶塩類を生成するため，物理的な目詰まりによる性能低下をきたすことがあるので注意を要する．長期的な透水性を確保するためには，浄化壁は周囲の地盤に対して，2～3オーダー高い透水係数である必要がある．

7.1.2 工法の概要

透過性浄化壁の利用の方式には，図7.1にその例を模式的に示すようにいくつかある．その1つとして，浄化壁の両側に難透水性の壁を設置し，強制的に地下水の流れを浄化壁に集める方法があり，米国ではこれをFunnel and Gateと呼んでいる．難透水性の壁としては，シートパイルや土–ベントナイト壁等が適用される．難透水性の壁の設置は種々の形状があり，浄化壁の両側に扇状に設けたり，取り囲むように設置することもある．

もう1つの方法は，図7.1に示したように，汚染地下水プルーム全幅に対して浄化壁を設ける方法で，均一な地下水流に適している．これら以外にも，複数のサンドパイル状の浄化井戸（杭）を千鳥に配置して，汚染地下水を通過させる方法などがある．

透過性浄化壁の前後左右にモニタリング井戸を設置して，浄化壁の性能と汚染浄化の推移を確認することが必要である．この工法の特徴は，ポンプ等の動力を必要としないこと，地上の処理設備が不要であることであり，これは，いわゆる米国でいうpassive処理の特徴である．地上設備が不要なので，一度浄化壁を造ってしまえば土地の利用も可能である．

7.1.3 適用例

最近の報告の中から，透過性浄化壁を用いた対策の一例を紹介しておこう[1]．この例においては，対象深度がG.L.-11 mまでと比較的深かったため，浄化壁の形式として浄化杭（反応杭）を用いている．それの設置状況と対象とした地盤特性の概要を図7.2に示す．当該地盤での地下水の流速は，最大で20 cm/day程度であり，主たる汚染物質はcis-1,2-ジクロロエチレンであり，最大10 mg/lの濃度で検出されていた．

施工の諸元を表7.1に示す．あらかじめ現地で採取した地下水を用いた室内カラ

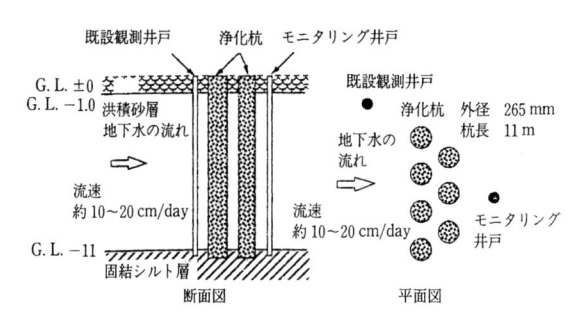

図 7.2 浄化杭の設置状況 [1]

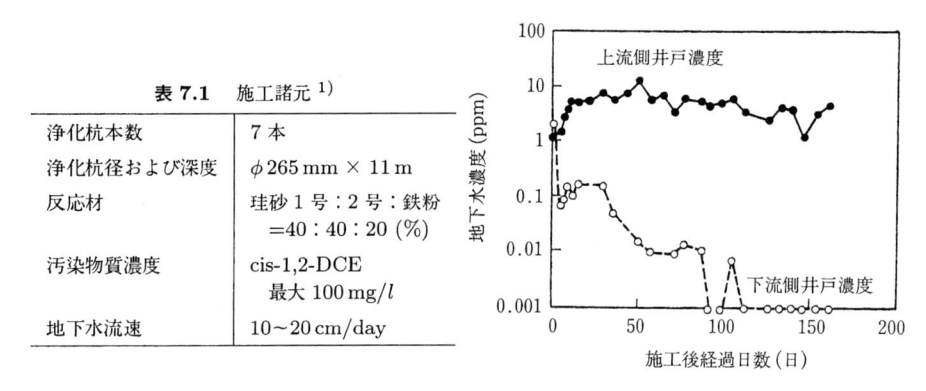

表 7.1 施工諸元 [1]

浄化杭本数	7 本
浄化杭径および深度	$\phi 265\,\mathrm{mm} \times 11\,\mathrm{m}$
反応材	珪砂 1 号 : 2 号 : 鉄粉 =40 : 40 : 20 (%)
汚染物質濃度	cis-1,2-DCE 最大 $100\,\mathrm{mg}/l$
地下水流速	$10 \sim 20\,\mathrm{cm/day}$

図 7.3 地下水濃度の経時変化 [1]

ム透水試験を行い，鉄粉配合比を 20% とし，滞留時間として 24 時間以上を確保すれば，安定して環境基準値以下までの浄化が可能であることを確認した．

浄化杭の材料は，長期的な透水性を確保するため，珪砂 1 号および珪砂 2 号の等量混合砂に鉄粉を 20% 混合したものを用いている．浄化杭の施工時には透水性の確保という観点から泥水は使用できないので，浄化杭の施工法としてはオールケーシング削孔が一般的であるが，ここでは小型のボーリング機械を使用している．

図 7.3 に，施工後の浄化杭の上流および下流部分の濃度の経時変化を示す．下流側の観測孔では施工後徐々に濃度が低下し，約 50 日で環境基準以下になっていることがわかる．その後 100 日程度で，下流側からは汚染物質が検出されなくなったと報告されている．透過性浄化壁工法を，六価クロムやカドミウム汚染に適用する試みもなされている [6]．

7.2 バイオレメディエーション

7.2.1 バイオレメディエーション利用の経緯

　バイオレメディエーション (bioremediation) という用語は，生物の機能を利用した汚染環境の浄化修復技術の総称として用いられている[7]．下水処理における活性汚泥法などの従来の浄化技術は含まないのが普通である．この技術の適用例は圧倒的に米国に多く，ベンゼンやトルエンなどの石油系炭化水素，あるいはトリクロロエチレンなどの有機塩素系化合物による汚染浄化に対して有効性が確かめられている[8]～[10]．

　この技術は，エクソン社の石油タンカー・バルディーズ号の座礁事故において，一躍世界的に注目を集めることとなった．1989年3月24日に，アラスカ湾で起こったこの事故で，総量4 100万 l の原油が流出し，アメリカ・カナダの太平洋岸が広く汚染され，ラッコや鳥類など，多数の海洋生物が犠牲になった．海岸の原油を除去するために，高圧水による洗い出しなどの物理的手段が用いられたが，顕著な効果が得られなかったようである．そこで，一部の海岸に微生物による分解除去法，つまりバイオレメディエーションを適用したところ，顕著な除染効果が認められたと報告されている[11]．さらに，1991年の湾岸戦争における原油流出によって汚染された海岸にも，バイオレメディエーションが適用され，部分的にその効果が再認識されるようになった．

　一方，微生物そのものの研究分野においても，微生物のもつ有機物分解能や重金属耐性機構などの環境浄化に応用できる性質が，分子生物学と生化学の著しい発展により，酵素と遺伝子のレベルまで明らかにされるようになってきた．さらに，バイオテクノロジーの発展により，高い分解能をもつ微生物の育種が可能となっている[12]．このような研究成果を踏まえて，環境問題を重要視する世論を背景に，環境汚染の対策にバイオテクノロジーの応用が期待され，バイオレメディエーションは新しい環境産業の市場を開拓する技術として世界的に注目されている．

7.2.2 バイオレメディエーションの特徴

　バイオレメディエーションは生物の機能を利用するので，汚染物質の分解に要するエネルギーが少なく，省エネ型の技術ということができる．現在よく用いられている物理的な処理法においては，汚染物質を除去したり移動したり，あるいは封じ込めたりすることが主体である．このため，汚染物質を分解・無害化するという根本的な処理法とはいいがたいものが多い．

これに対してバイオレメディエーションは，化学反応に比べて反応速度が遅く，汚染の除去に時間がかかるが，汚染物質を炭酸ガス，水，無機イオンにまで分解し，無害化することが可能である．また，汚染現場に存在する微生物の機能を利用したり，汚染箇所に分解微生物を導入することにより，その場で汚染物質の除去が行える．そのため，大掛かりで複雑なプラントなどの設備を必要としない場合が多く，比較的コストが低いなどの利点をもっている[13]．

しかし，当然のことながら，生物反応では対処しえない物質には適用できない．また，汚染現場における微生物の分解能力の程度や，二次汚染の可能性などを事前に入念に調査する必要がある．遺伝子組替え微生物を利用する場合，開放系で用いることが多いので，社会的なコンセンサスを得る必要もある，等の問題を残している．現在，バイオレメディエーションに使用されている生物はほとんどが微生物で，菌体自身あるいはその機能の利用，菌体抽出物や酵素の利用，生物界面活性剤の利用が行われている．

7.2.3 適用の範囲

バイオレメディエーションの現場試験や汚染現場への適用例は圧倒的に米国に多い．ベンゼンやトルエンなどの石油系炭化水素，ペンタクロロフェノールや農薬などの塩素系薬剤，トリクロロエチレンやテトラクロロエチレンなどの工業用溶剤などによる汚染の除去に有効性が確認されている[14]．

適用された場所としては，製油所，地下の石油貯蔵タンクからの漏洩箇所，タンカー事故，ガソリンスタンドなどの石油汚染土，ペンタクロロフェノールに代表される木材防腐剤による汚染地盤，半導体工場等で使用される溶剤としてのトリクロロエチレンやテトラクロロエチレンによる汚染地盤や地下水などである[15], [16]．バイオレメディエーションは地盤，地下水，低質，湖沼と広い範囲に適用されている．

バイオレメディエーションによる重金属の浄化あるいは除去技術は，研究段階にあり実用化された例はない．しかし，これまでに重金属に耐性の微生物が多数分離され，その解毒機構が遺伝子レベルまで明らかにされている．また，微生物の中には，重金属を吸着蓄積するものもあり，これらを利用した重金属汚染の浄化技術の開発も進められている．

一方，生活排水，家畜排泄物，肥料等に起因する窒素化合物とリン酸に関連して，硝化菌や脱窒菌を利用した窒素化合物の除去方法は，すでに排水処理において実用化されているところである．また，活性汚泥によるリン酸の除去も行われており[17]，これらの微生物は，汚染された地盤や地下水のバイオレメディエーションにも利用されることになるであろう．

7.2.4 利用される微生物の機能

バイオレメディエーションで利用される微生物の機能は，有機物の分解と重合，金属の酸化還元と吸着などに分けることができる．このような微生物のもつ多様な代謝系を利用することによって，汚染有機物を部分的にあるいは完全に分解することができる．

トリクロロエチレンやペンタクロロフェノールなどの単一物質から，廃油のような混合物までが分解の対象になる．微生物による汚染物質の分解の程度は，部分分解から二酸化炭素や水などにまで完全に分解する無機化までさまざまである．無機化によって，浄化と無害化が完全に成し遂げられる．部分分解によって生成した分解物が，別の微生物によって分解されたり，非生物的な反応により，さらに分解が進むこともある．部分分解によって毒性の強い物質が生成したり，溶脱あるいは揮散しやすい物質が生成することもある．したがって，部分分解物の性質と挙動は，バイオレメディエーションの適用において重要な事柄である．

非生物的な反応もバイオレメディエーションを効果的に行うために重要な要素となる．非生物的な分解には，加水分解，酸化還元，光分解などの反応が含まれる．これらは，微生物分解だけでは不完全な分解過程を補い，汚染物質の分解を促進する．ダイオキシンや PCB は太陽光で多少分解することから，地表面においては，光分解が汚染物質の分解にある程度貢献しているといえよう．

また，汚染土のバイオレメディエーションにおいては，腐植化や重合反応が汚染物質の無毒化に役立つことがある．土中で農薬が部分分解された後，土中の有機物に取り込まれて無害化する現象は古くから知られている．

重金属による汚染に利用される生物反応は主に酸化と還元である．酸化還元反応によって金属の性質が変化し，無毒化，可溶化による溶出，不溶化による沈殿，気化などにより有害金属の除去が可能になる．物理的な吸着により菌体に金属を吸着させ，汚染物質を除去する方法の研究も行われている．植物の中にはヤナギやアカメヤナギのように，カドミウム吸収能が高いものがあり，このような性質をもつ植物を汚染土壌で栽培し，地上部を刈り取り除去する方法も考えられている[18]．

7.2.5 微生物の利用方法

土壌は微生物の宝庫であり，一般に，1 g の土壌中に 1 億匹程度の微生物が生息している．これら多くの微生物の中から，石油系，有機塩素系，多環芳香族系の有機化学物質や重金属，窒素，リンなどの化学物質に作用し，分解あるいは解毒する微生物が数多く分離，同定されている．これらの微生物は特別のものではなく，生態系に普通に存在する種類に属する．バイオレメディエーションに利用されている

微生物の多くは細菌である．
　バイオレメディエーションにおける微生物の利用方法は，大きく次の2つに分けられる．
　　①バイオスティミュレーション（biostimulation）
　　②バイオオーグメンテーション（bioaugmentation）
　①は汚染場所に存在する微生物を利用する方法である．たとえば，現場に生息しているトリクロロエチレン分解微生物を増殖させて，浄化の活性化を高めるような方法である．汚染された地盤や地下水に，窒素，リン等の無機栄養塩類，メタン，トルエン等の分解微生物のエネルギー源としての有機物，さらに，空気や過酸化水素等を添加して浄化する技術である．バイオスティミュレーションに属する方法で，栄養塩類等を送り込むことなく，空気のみを地中に供給し，地中の好気性微生物を活性化させる方法をバイオベンティング（図7.5）といっている．
　②のバイオオーグメンテーションは，汚染現場に浄化に役立つ微生物が生息していない場合に，培養した浄化微生物を添加して浄化する技術である．この場合においても，微生物の添加とともに栄養塩類等を送り込み，微生物の増殖を促進させる．
　バイオレメディエーションの適用は米国で多いが，適用例の80%が①のバイオスティミュレーションであり，残りが①と②の組合せといわれている．石油系化学物質は複数の有機物を含むため，それの分解には土壌中にもともと存在する複数の微生物の多様な機能が利用される．また，汚染場所に酸素，窒素，リン酸を補給し，フェノール系化学物質などの石油系汚染物質を分解する微生物の活性を向上させることができる．一方，トリクロロエチレンのような単一の化学物質の汚染浄化では，ポイントになる分解反応の高い分解能をもつ微生物を，汚染現場に導入する方法が効果的である．硝化菌，メタン資化性菌，芳香族資化性菌など，トリクロロエチレンを分解する能力を持つ微生物は多数知られている[10]．

7.2.6　浄化対策としてのバイオレメディエーション

　地盤・地下水汚染の浄化対策としてのバイオレメディエーションには2つの形態がある．
　　①原位置バイオレメディエーション
　　②掘削後バイオレメディエーション
　①は図7.4に概念を示すように，汚染地盤の掘削や移動を行うことなく，汚染現場で汚染物質の浄化を行う方法である．汚染箇所が深く地下水脈中にある場合などに適用でき，地下水を汲み上げて，これに十分通気し酸素を含ませ，さらに栄養分等を加えて，再び地中に戻す方法などがこれに含まれる．このとき必要があれば分

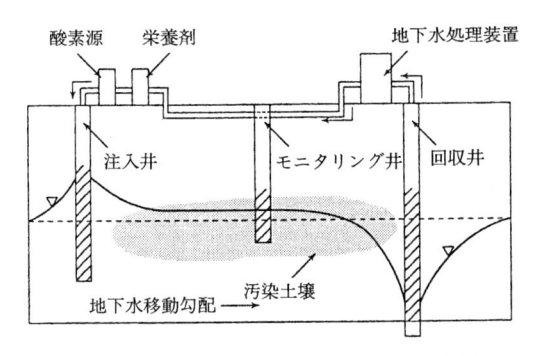

図 7.4　原位置バイオレメディエーション概念図

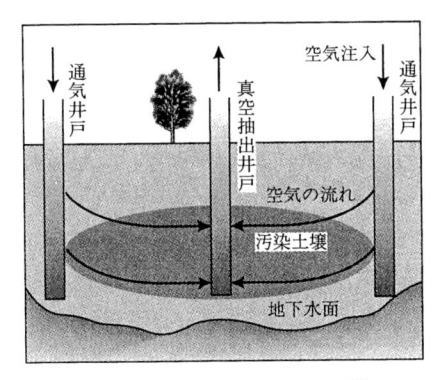

図 7.5　バイオベンティング[10)]　　図 7.6　バイオスパージング[10)]

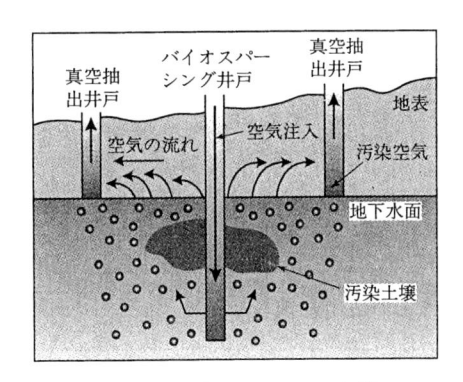

解微生物を添加する．汚染物質の分解は好気性な場合が多いので，原位置において，いかに汚染場所に酸素を送り込むかがポイントとなる．

原位置バイオレメディエーション技術として，米国においては，バイオベンティングあるいはバイオスパージングという新しい技術開発が行われている．図7.5にその概念を示すように，バイオベンティングは不飽和帯に空気を送ると同時に，もう一方で空気を吸引し，土壌中の酸素濃度を高めたり，場合によってはリンや窒素を同時に添加し，微生物による分解速度を高める方法である．バイオスパージングは，図7.6に概要を示すように，飽和帯に空気を送り，地下水中の酸素濃度を高め，土壌微生物の活性を高めるもので，不飽和帯に吸引井戸を併用することも多い．

原位置バイオレメディエーションの長所の1つは，汚染現場を攪乱することがないことである．また，汚染が進行中の場合や汚染場所が深い場合に有効な方法である．しかし，分解過程の制御が難しく，分解物の溶脱などによる二次汚染に対して十分な注意が必要である．

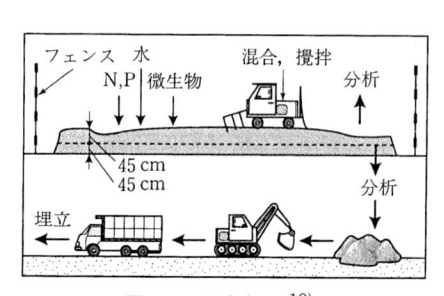

図 7.7　固相処理 [10)]

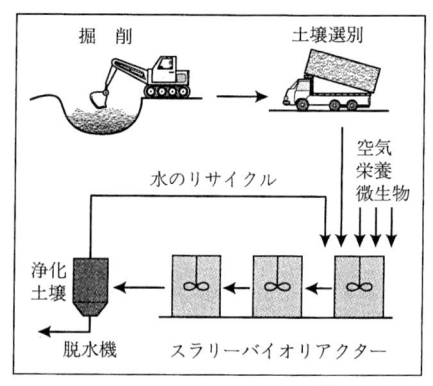

図 7.9　スラリー処理 [10)]

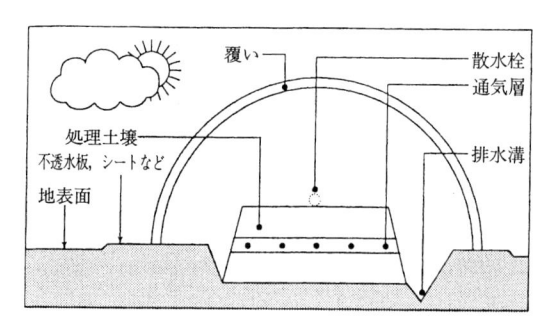

図 7.8　ランドファーミングによる汚染土壌の処理例 [13)]

　②の掘削後バイオレメディエーションには，土を固体のまま処理する固相処理と土をスラリーにしてバイオリアクター中で処理するスラリー処理がある．いずれも汚染地盤を掘削する必要がある．しかし，通気や養分添加が容易で，原位置処理法に比べて分解条件を制御しやすい．また，分解物質や汚染物質による二次汚染を防ぎやすいという利点をもっている．
　固相処理の概念を図7.7に示す．この方法は，汚染土を施設に移動し，通気や栄養分の補給を行うとともに混合・撹拌し，微生物の活性化を図る方法である．これは，製油所や原油流出地盤などの石油関連物質による汚染土の処理に用いられることが多く，図7.8に示すランドファーミングと呼ばれる方法と基本的には同じである．固相処理のランドファーミング処理において，汚染土に覆いをかけず，野積みのままで行う方法をパイル処理と呼んでいる．ランドファーミングは石油汚染土の浄化で十分に有効性が証明されており，有機ハロゲン系の工業用溶剤などにも有効である．固相処理は広い場所を必要とし，処理時間が長くなる欠点があるが，コス

トが低いことから広く用いられている．

　汚染土に水を加えてスラリー状にし，密閉された容器中で通気・撹拌するスラリー処理は，いわゆるバイオリアクター法である．これの概念は図 7.9 に示すようであり，通気や栄養物の補給・制御が容易で，他の方法に比べて短時間に汚染物質を除去することができる．汚染物質が 2,4-ジクロロフェノキシ酢酸やペンタクロロフェノールのように難分解性で，かつ，高濃度の場合に適しており，米国では実用化されている．

　いずれの方式のバイオレメディエーションを用いるにせよ，微生物の増殖と分解活性を高めるため，土中に無機栄養素や有機栄養素の存在が必要である．とくに，トリクロロエチレンやテトラクロロエチレンのような揮発性有機塩素化合物を分解する場合には，微生物が増殖するための栄養素を外部から与えるだけではなく，特定の基質を加え，これを代謝する酵素が微生物から発現されたとき，この酵素により有機塩素化合物を分解する共酸化メカニズムが利用されると考えられている．このようなことから，栄養素等の供給方法や分解活性の維持管理が技術の重要なポイントになる．

7.2.7　効果の評価と問題点

　バイオレメディエーション適用のための事前調査で重要な項目は，汚染物質の種類と濃度，地下水脈の方向と深さ，土の物理・化学的性質，土壌中の微生物相などである．また，二次汚染の可能性，分解能を向上させるための栄養物の添加，分解能を補うための微生物の接種の必要性も検討しなければならない．試験は，フラスコ試験やカラム試験などの室内レベルから，野外での試験レベルまで，順次スケールアップして実施する．最終的には，パイロットスケールでの試験が行われ，物質収支が測定され，フルスケールで使用されるシステムの設計が行われる．そして，最終的な汚染除去に要する期間と費用が見積もられる．

　バイオレメディエーションの効果を評価する際，揮発，溶脱，吸着による汚染物質や部分分解物質の損失に注意しなければならない[14]．揮発性の汚染物質や部分分解物質は，揮散によって汚染箇所から失われる．これの量を誤ると，バイオレメディエーションの効果を誤ることになる．揮散による損失量は，閉鎖系のバイオリアクターを用いて推定することができる．揮散量は汚染箇所の分解微生物の活性によっても異なる．たとえば，カラムを用いたトリクロロエチレンの揮散量は問題にはならないが，増殖が不十分だとかなり揮散するといわれる．溶脱による汚染物質の損失は，バイオリアクターを用いる場合には無視できるが，原位置処理では問題になる．

バイオレメディエーションは新しい技術であり，環境への影響が懸念されている．それに対応するため，環境庁では，図7.10に示すような評価法を提案している．この評価法は5段階からなっており，対象となる技術には，活性汚泥法などの従来からの技術は含まれていない．今後は，バイオレメディエーションの適用範囲や汚染除去効果の判定基準等が重要な検討事項である．

バイオレメディエーションの技術は，土質や気象等の条件が個々の汚染現場によって異なるので，現場の条件に応じて適用技術を検討しなければならない．そのためには，事例を重ねるとともにデータベースの構築が必要である．そして，地質学，土壌学，微生物学，生化学，化学工学，地盤工学などさまざまな専門領域を含む人の協力が必要となる．

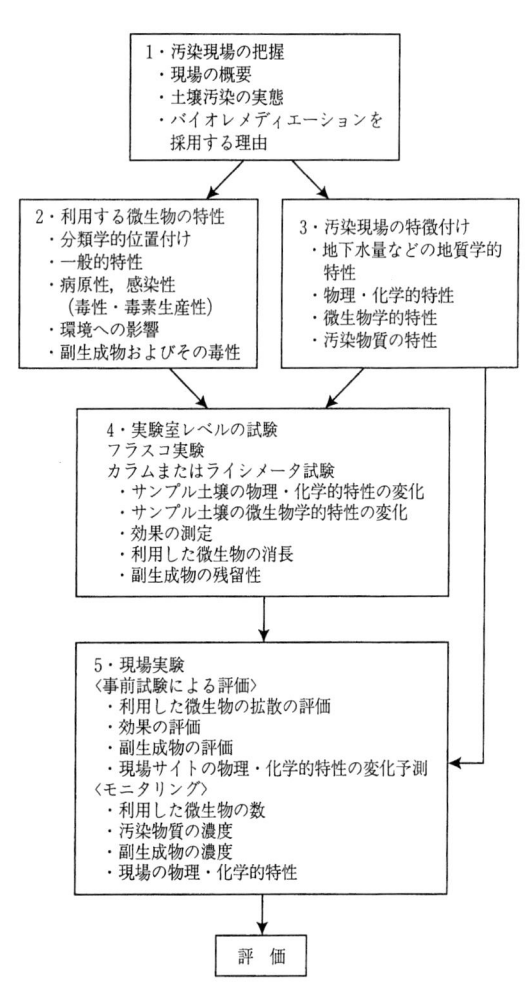

```
1・汚染現場の把握
 ・現場の概要
 ・土壌汚染の実態
 ・バイオレメディエーションを
  採用する理由

2・利用する微生物の特性        3・汚染現場の特徴付け
 ・分類学的位置付け            ・地下水量などの地質学的
 ・一般的特性                   特性
 ・病原性，感染性              ・物理・化学的特性
  （毒性・毒素生産性）          ・微生物学的特性
 ・環境への影響                ・汚染物質の特性
 ・副生成物およびその毒性

4・実験室レベルの試験
 フラスコ実験
 カラムまたはライシメータ試験
 ・サンプル土壌の物理・化学的特性の変化
 ・サンプル土壌の微生物学的特性の変化
 ・効果の測定
 ・利用した微生物の消長
 ・副生成物の残留性

5・現場実験
 〈事前試験による評価〉
 ・利用した微生物の拡散の評価
 ・効果の評価
 ・副生成物の評価
 ・現場サイトの物理・化学的特性の変化予測
 〈モニタリング〉
 ・利用した微生物の数
 ・汚染物質の濃度
 ・副生成物の濃度
 ・現場の物理・化学的特性

評　価
```

図 7.10　バイオレメディエーションの環境への影響の評価法[13]

7.2.8　トリクロロエチレン汚染への適用例

ここで紹介する実証実験は，トリクロロエチレン（TCE）汚染現場において，原位置バイオレメディエーションの適応性を評価するために実施された．トリクロロエチレンを分解する微生物としては，汚染現場に生息するメタン資化性菌を用い，原位置で増殖・活性化させることを基本としている[19]．

汚染現場は電子部品工場の敷地内であり，深度14～20mの第一帯水層の上部が汚染されていることから，当初は，地下水揚水ばっ気処理を用いていたが，その後

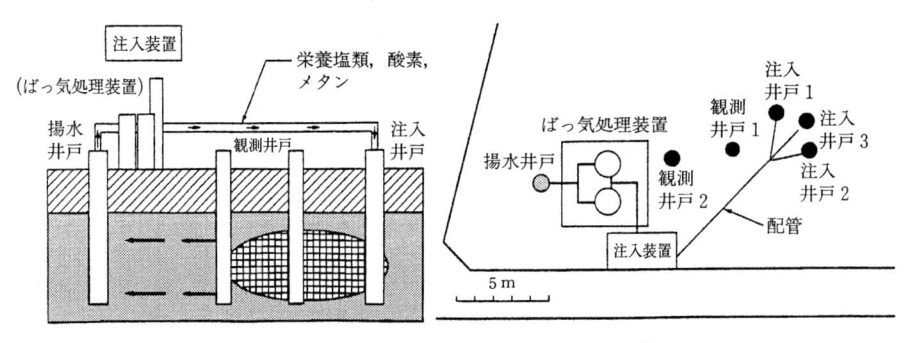

図 7.11 実証実験現地のシステム概要図 [19)]

にバイオレメディエーションが適用された．汚染現場の地下水調査によると，トリクロロエチレンの濃度は 5.2 mg/l，メタン資化菌の菌体濃度は 1×10^2 CFU/ml であった．

現地への適用の前に，メタン資化性菌の存在，活性化の条件，トリクロロエチレン分解能，微生物生育の最適条件などを検討するとともに，地下水の流動，メタンや酸素の濃度，地下水の希釈効果などから，トリクロロエチレンの濃度の推移や井戸の位置等を検討している．

現地のシステムの概要を図 7.11 に示す．注入井戸には，ばっ気処理した地下水とともに，窒素やリン等の塩類，メタン，酸素等の栄養塩をポンプにより供給している．実証実験期間中のトリクロロエチレンの濃度変化およびモデリングによる濃度変化を示したのが図 7.12 である．注入開始とともに観測井戸のトリクロロエチレン濃度は希釈効果により徐々に低下し，停止直前には検出限界の 0.001 mg/l 以下にまで低下している．注入停止から 45～55 日以降に，トリクロロエチレンの濃度増加が始まり，2～3 週間でバックグラウンドレベルに戻っている．

地下水中のメタン資化性菌の濃度変化を図 7.13 に示す．井戸によって差があるが，2～5 週間で 1×10^5 (CFU/ml) 以上となり，バックグラウンド値の約 1 000 倍に増加し，停止後 40 日付近から緩やかに低下している．井戸による差異は栄養源からの距離の差によっていると思われる．

また，千葉県君津市での原位置バイオレメディエーションのトリクロロエチレン汚染現場への適用に関する実証実験では，次のような結果が得られている [20)]．この場合においても，汚染現場から分解菌の探索と分離を行い，分離された土着の細菌によるトリクロロエチレンの分解試験を行っている．

分離された細菌はメタン資化性菌であり，それによるトリクロロエチレン分解の

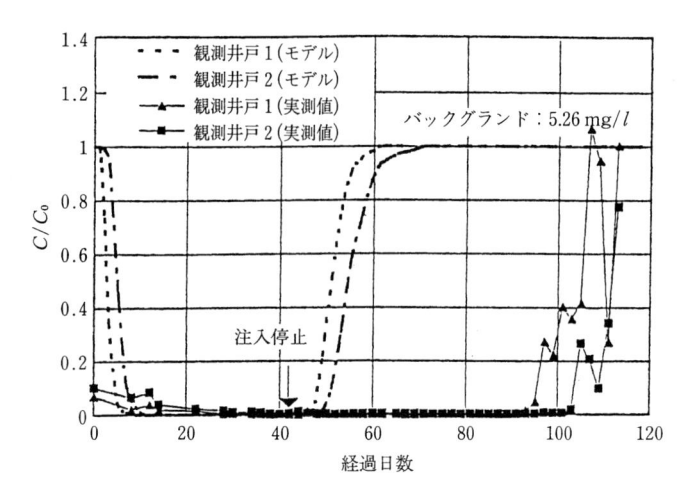

図 7.12　シミュレーションモデルと実測値の比較 [19]

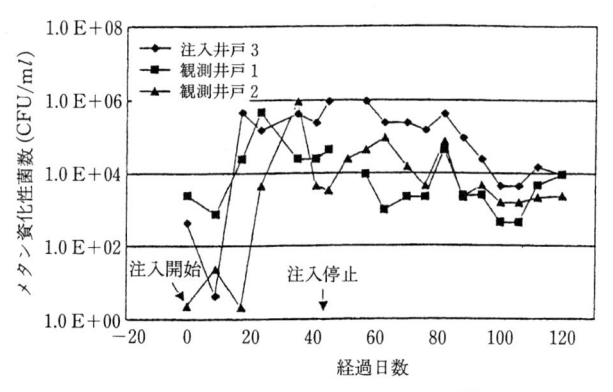

図 7.13　メタン資化性菌の濃度変化 [19]

時間的な変化を示したのが図 7.14 である．メタン資化性菌は，5 mg/l 以下のトリクロロエチレンを 1 時間以内で分解することができ，また，トリクロロエチレン 50 mg/l の高濃度についても，メタンの消費が可能であり，濃度が高いほど消費に時間のかかることがわかる．

　芳香族資化性菌としてのトルエン資化性菌によるトリクロロエチレン分解試験結果の例を図 7.15 に示す．トリクロロエチレン濃度が 30 mg/l の汚染が 3 日間で検出限界以下になっている．また，100 mg/l という高い濃度においても，十分な分解が行われていることがわかる．

図 7.14　メタン資化性 TCE 分解菌の各 TCE 添加濃度における分解試験結果 [20]

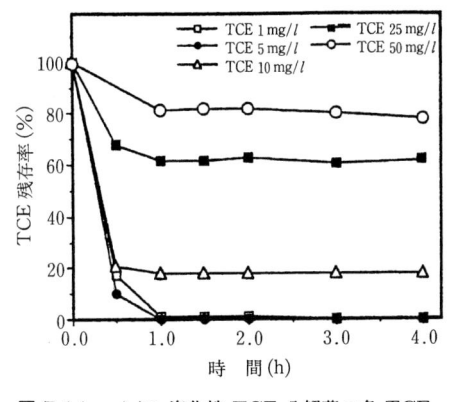

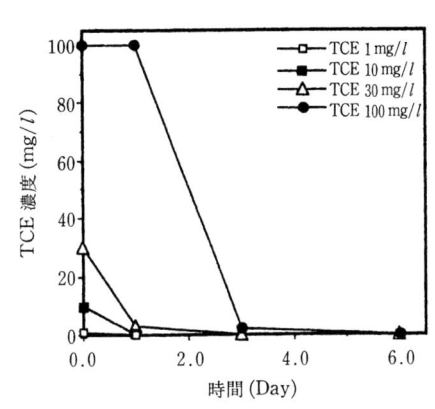

図 7.15　芳香族資化性 TCE 分解菌の各 TCE 添加濃度における分解特性 [20]

7.2.9　油汚染土への適用例

先の湾岸戦争において，クウェートの 600 以上の油井が破壊された．その際，大量の原油が流出し，300 以上の油の湖（オイルレイク）ができ，流出面積は 49 km^2 以上に及んだ．オイルレイクの下部および周辺の地盤は油で汚染され，総面積は数百 km^2 に及ぶと推定されている．これに対して実施された現地実証試験の結果の概要を紹介する [21]．

現地の工事の概要を図 7.16 に示す．汚染地域の 1 ha を対象に，はじめに表層のスラッジの除去と地雷の処理を行った後，油汚染土を掘削し，処理ヤードにダンプで運搬し，軽汚染土と中汚染土に分けて実証試験に供している．実証試験前の室内試験において，分解菌の存在と分解菌の活性を高めるための水分量や栄養塩類を検討しており，ここでは栄養としてあるいは菌の棲みかとして，ウッドチップ・コンポストと栄養塩を添加・混合している．

処理方式として，①ランドファーミング（畑耕転方式），②ウインドローパイル（高畝切返し方式），③スタティックパイル（高畝強制通気方式）の 3 方式が用いられた．

3 つの処理方式における TPH（Total Petroleum Hydrocarbon：全石油炭化水素）の変化を示したのが図 7.17 である．ランドファーミングはソイルパイルと比較して初期の分解速度が大きく，12 か月後にはランドファーミングにおいて，TPH の約 80% が分解している．また，分画定量の結果を図 7.18 に示す．分解前の油の組成は，飽和脂肪族，芳香族，アスファルテンなどである．このうち，分解されたものは飽和脂肪族と芳香族分である．最も分解の進んだランドファーミングの 12 か

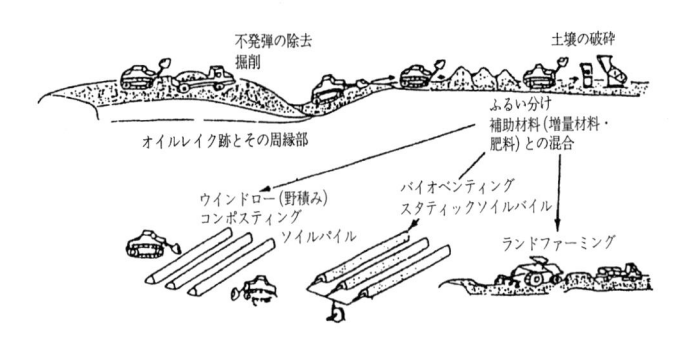

図 7.16　油汚染土のバイオレメディエーション実証工事の概要 [21]

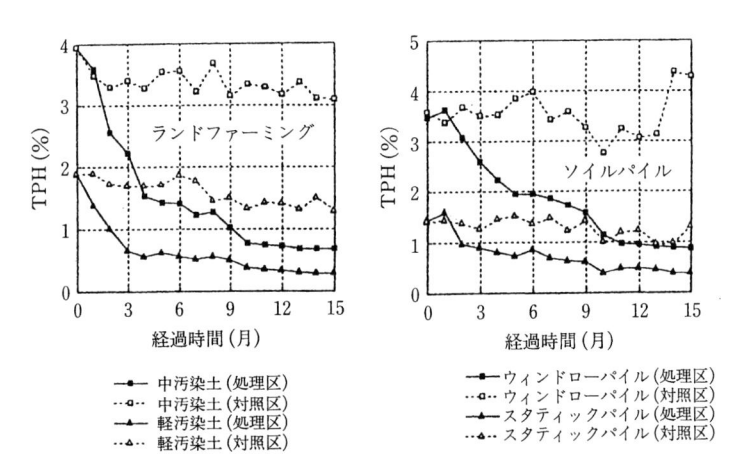

図 7.17　各処理区における TPH の減少挙動 [21]

月後において, 前者が約80%, 後者が約50%分解されている. この実証試験においては, 油分解菌の活性を維持するために, 土の含水比を 8〜10% に保つように散水しており, ランドファーミングでは他のパイル処理に比べて2〜3倍の散水を必要とした.

ガソリンあるいは軽油の汚染に対して, バイオレメディエーションを適用した事例として次のようなものがある[22]. 用いられたシステムの概要を図 7.19 に示す. このシステムにおいては, 処理ヤードの通気管の敷設, 浄化装置の設置, 汚染土の掘削, 栄養塩の混合, 処理ヤードへの盛土, 通気運転, モニタリングという順序で

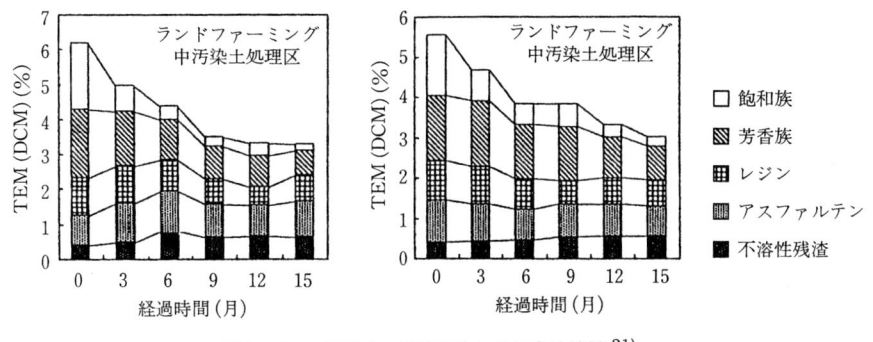

図 7.18　TEM の経時変化と分画定量結果 [21]

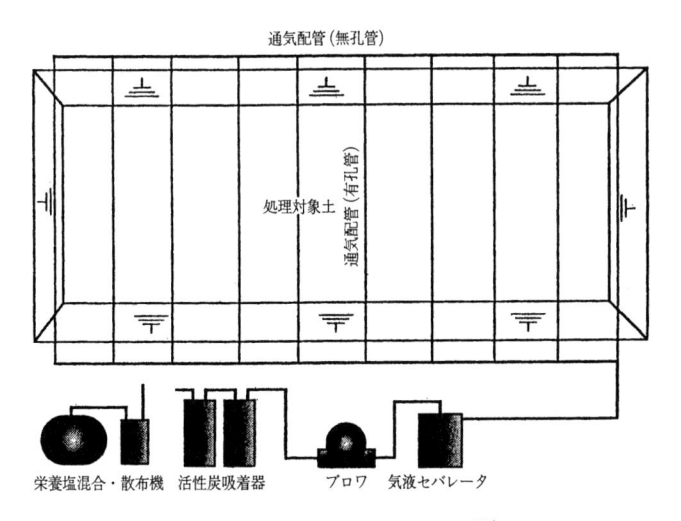

図 7.19　土壌浄化システムの概要 [22]

実施されている．

　初期の油分の平均濃度 400 mg/kg であったものが，浄化後においては，平均 23 mg/kg となり，油分除去率は 94% であった．土壌環境基準の対称物質であるベンゼンは，初期平均 0.023 mg/l であったものが，処理後においては不検出にまで浄化されている．また，ガソリンスタンド跡地の軽油や重質油分による汚染土においても，ほぼ同様な結果が得られている．とくに，残留している油分は高沸点成分の生分解されにくい物質であり，人の健康に有害なベンゼン等の BTEX 化合物（ベンゼン，トルエン，エチルベンゼン，キシレン）などの単環式芳香族炭化水素は，好気的条

件のもとで，ほぼ完全に分解できるといえよう[14]．

7.2.10 土質改良を伴うバイオレメディエーション

汚染土の浄化にバイオレメディエーションを適用するときに重要なことは，対象とする汚染土の環境において，目的とする微生物が活性を保ち，長期にわたって分解活動を維持することである．そのためには，微生物の活動の場である土中に，適当な水分，栄養分および酸素の存在が必要で，不足する場合には何らかの方法で供給しなければならない．このような視点から見ると，わが国の都市あるいは産業の多くが集中している平野部に堆積している沖積粘土や火山灰質粘性土は，一般に透水性や透気性が小さく，バイオレメディエーションの適用には不利といえる．栄養素や酸素を土中に供給できるような土質改良が必要となる[7]．

このような観点から，粘性土の透水性と透気性を改良する方法として，消石灰の添加・混合による土の粒状化が考えられている．ただ，消石灰等を添加すると，改良された土はアルカリ性となり，そのような条件下で活性を保ち，汚染物質を分解する微生物の存在が必要となる[23]．

活性汚泥や油田跡地より採取した試料を分離源とし，この分離源を，窒素，リン，炭酸カルシウム，微量元素（酵母エキスや亜鉛），炭化水素（直鎖型や芳香族）などより構成した pH 10 の液体培地に添加することによって，アルカリ性の下で増殖し，石油系炭化水素を分解する微生物が分離されている[24],[25]．

分離された微生物を用いた室内試験結果の例を示したのが図 7.20 および図 7.21 である．図 7.20 は，炭化水素のうち n-アルカンの濃度の変化を示したものであり，微生物の植菌によって，油分濃度は当初の約 30％程度となっている．図 7.21 は，C_{13} 〜C_{17} とプリスタンの濃度変化であり，炭素数の少ない C_{13} や C_{14} が比較的早く分

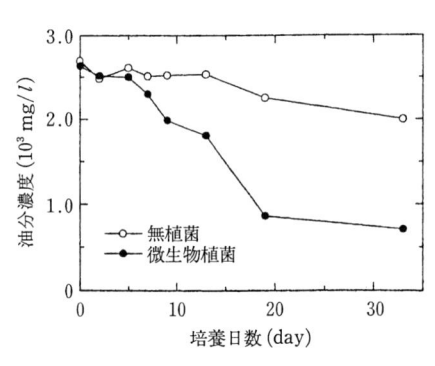

図 7.20　n-アルカンの濃度推移の比較[23]

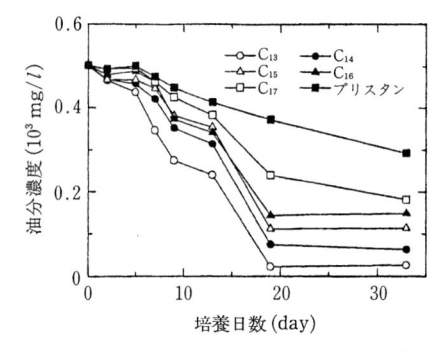

図 7.21　C_{13}〜C_{17} およびプリスタンの濃度推移[23]

解し，側鎖構造をもつプリスタンの分解は，直鎖構造をもつ炭化水素より著しく遅いことがわかる．

図7.22は，同じ微生物を用いたときの，軽油分解試験における初期油分濃度と分解速度の関係を示したものである．油分濃度が高い初期における分解速度は3～9 mg/l/h 程度である．7日間での最大分解速度は26 mg/l/h であった．これらの値は，バイオレメディエーションに用いられる中性条件下の石油分解菌の分解速度と同程度あるいはそれ以上である[26]．

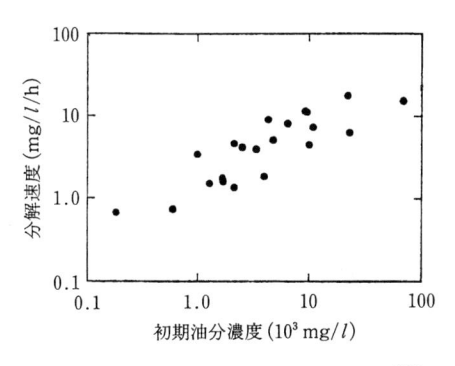

図 7.22 初期油分濃度と分解速度の関係[23]

7.2.11 簡易なバイオレメディエーション

ここでは，簡易にバイオレメディエーションを適用したいくつかの例を紹介する[16]．地下水脈等に汚染が浸透するおそれのない場合，たとえば，タンカー事故による海岸の汚染除去等においては，最初に耕作機械等を用いて，汚染土の生物分解を促進させるのに必要な栄養素（窒素，リンなど）を散布し，耕した後に有用微生物を散布しながら再度耕す．先に述べたランドファーミングと同じ考え方である．汚染土は最低でも週に1回耕し，常に好気状態を維持する必要がある．この方法は最もコストの低い生物処理法である．

米国南部の燃料輸送基地で原油600tの漏洩事故が発生したとき，まず水を張って，浮上した大部分の油をバキュームカーで取り除いたが，面積15 800 m^2 にわたり地盤が3.8 cm の深さまで，油によって飽和状態となった．この地盤汚染に対して，石油系炭化水素を分解する微生物複合製剤を用いることにより，適用後36日に油分の68%が分解され，さらに，6週間目に再度微生物複合製剤を適用することによって，2か月後には草木の成長を見るまでに浄化された例などがある．微生物複合製剤を用いている点に特徴をみることができる．

参考文献
1) 根岸昌則，下村雅則，今村 聡：揮発性有機化合物による土壌・地下水汚染の原位置浄化手法，土と基礎，Vol.47, No.10, pp.21–24, 1999.
2) 美坂康有：汚染地下水の浄化対策技術，地質と調査，1998, 3号，pp.28–34, 1998.9.
3) 先崎哲夫：有機塩素化合物を低温で無害処理，高圧ガス，Vol.32, No.7, pp.30–35, 1995.
4) Leah, J. M. and Tratnyek, G. : Reductive dehaloganation of chlorinated methanes by iron metal, Environ. Sci. Technol., Vol.28, No.12, pp.2025–2054,

1994.
5) Uhlig, H. H. and Revie, R. W. (松田, 松島訳): 腐食反応とその制御, 産業図書, 1994.
6) 藤原　靖ほか: 浄化壁の反応材料としての鉄粉に対する六価クロムおよびカドミウムの反応性, 第3回環境地盤工学シンポジウム論文集, 地盤工学会, pp.261-264, 1999.11.
7) 木暮敬二ほか: 石油系炭化水素汚染土の改良を伴うバイオレメディエーションに関する基礎的研究, 土と基礎, Vol.47, No.10, pp.5-8, 1999.
8) Flathman, P. E. et al. : Bioremediation Field Experience, Lewis Publishers, 1994.
9) Brubaker, G. E. : In situ bioremediation : How has it changed in the past 20 years ?, How will it change in the next 10 ?, Proc. of Geoenvironment 2000, ASCE, Vol.2, pp.1437-1455, 1995.
10) 矢木修身: トリクロロエチレンを食べる土壌微生物, 土木学会誌, Vol.84, No.10, pp.77-80, 1999.
11) Bragg, J. R. et al. : Effectiveness of bioremediation for the exxon valdez oil spill, Nature, Vol.368, pp.413-418, 1994.
12) Mongkolsuk, S. et al. : Biotechnology and Environmental Science, Molecular Approaches, Plenum Press, 1992.
13) 岩田進午, 喜田大三監修: 土の環境圏, フジ・テクノシステム, 1997.
14) 木暮敬二, 倉石淳一, 土屋之也: 石油系炭化水素およびテトレクロロエチレン汚染地下水の生物処理における物質収支, 土と基礎, Vol.45, No.7, pp.17-20, 1997.
15) 木暮敬二: 石油系炭化水素汚染地盤の浄化技術, 基礎工, Vol.27, No.2, pp.35-37, 1999.
16) 坂井るり子, 馬場和彦, 岩島　清: バイオレメディエーション, 微生物による汚染土壌の浄化—文献調査等から—, 環境と測定技術, Vol.20, No.11, pp.14-33, 1993.
17) 森　忠洋: 微生物の生態, 17 環境浄化とバイオテクノロジー, 日本微生物生態学会編, 学会出版センター, 1991.
18) 那須淑子, 佐々間敏雄: 土と環境, 三共出版, 1996.
19) 土路生修三, 門具伸行, 佐々木静郎: バイオレメディエーションによる TCE 汚染の修復, 基礎工, Vol.21, No.2, pp.52-53, 1999.
20) 岡村和夫, 渋谷勝利, 江口正浩: 有機塩素化合物のバイオレメディエーションによる浄化, 基礎工, Vol.27, No.2, pp.50-52, 1999.
21) 千野裕之, 辻　博和, 松原隆志: バイオレメディエーションによるクエートにおける油汚染土の浄化, 基礎工, Vol.27, No.2, pp.40-41, 1999.
22) 牧野秀和, 岡田和夫: 石油汚染土壌の微生物による環境修復, 基礎工, Vol.27, No.2, pp.48-49, 1999.
23) 木暮敬二ほか: 好アルカリ性微生物による石油系炭化水素汚染土壌の浄化に関する研究 (3), 第33回地盤工学研究発表会講演集, pp.243-244, 1998.
24) 岡田正明ほか: 好アルカリ性微生物による石油系炭化水素汚染土壌の浄化に関する研究 (1), 第32回地盤工学研究発表会講演集, pp.141-142, 1997.
25) エンジニアリング振興協会編: 好アルカリ性微生物による石油系炭化水素汚染土壌の浄化技術の研究開発報告書, エンジニアリング振興協会, 1998.
26) 村上, 山根: 有用微生物を活用した油分の分解除去, 用水と廃水, Vol.37, No.4, pp.283-289, 1995.

第8章 地中から汚染物質を抽出・除去する対策

　地中から汚染物質を抽出・除去する方法としては，重金属汚染に対しては汚染地下水の揚水が最も一般的である．これに電気浸透を併用し抽出効果を高める方法もある．揮発性有機化合物に対しては，汚染物質の揮発性を利用した土壌ガス吸引法と汚染地下水揚水法がよく用いられている．これらの方法はいずれも地中の汚染物質を抽出・除去するのが目的であり，抽出・除去した汚染物質については何らかの処理が必要である．本章においては，地下水揚水法と土壌ガス吸引法およびこれらの方法と同じカテゴリーに分類されるいくつかの対策について述べる．

8.1　地下水揚水法

8.1.1　工法の概要
　地下水揚水法は，後述の土壌ガス吸引法と同じ考え方によるものであり，地下水とともに汚染物質を地中から抽出除去する方法である．欧米では Pump and Treat と呼ばれている．地上に取り出された汚染地下水は，ばっ気処理等の方法で処理される．揚水井は，土壌ガスおよび地下水汚染の最高濃度付近に設置する．また，バリア井戸として地下水汚染地域の下流域に設けて，汚染の拡散を防止するのにも用いられる．しかし，バリア井戸を不均質な帯水層に適用することはかなり難しく，三次元的な地下水の流向・流速を十分に把握したうえで実施する必要がある．揚水した汚染地下水の処理方法としては，ばっ気処理，活性炭吸着処理，化学分解が行われるが，高濃度に汚染された地下水については，ばっ気処理がよく用いられる．
　地下水揚水法は，土壌ガス吸引法と並んで，有機塩素化合物のような揮発性の高い物質の地中からの除去に最も広く用いられている．欧米では，低級炭化水素たとえばガソリン等の石油系汚染物質による地下水汚染に適用する事例が多い[1]．わが国

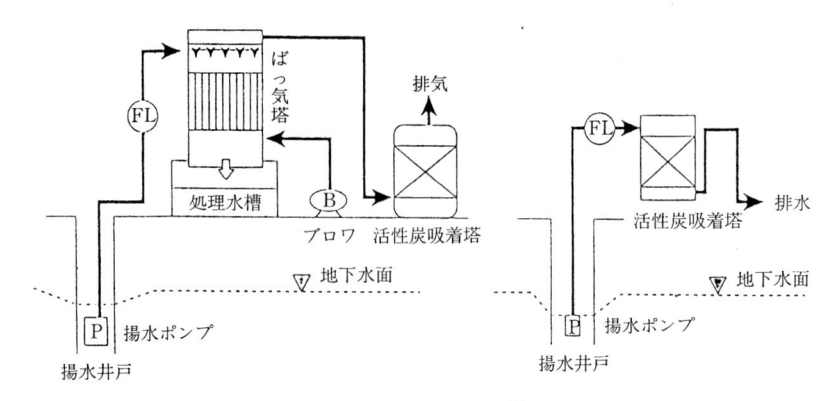

図 8.1　地下水揚水法 [3)]

においては，石油系汚染物質による地下水汚染の事例は今のところ少ないが，有機塩素化合物汚染に対して，揚水処理がほとんどそのままの形で利用できるため，浄化技術として急速に普及してきた [2)]．

ばっ気処理は，原理としては古くから知られ，工業的に活用されているものであり，汚染水を気体（空気）と接触させ，水中（水溶液中）の溶存成分を除去する方法である．元来は放散（Stripping）と呼ばれるが，地下水浄化の場合には，揚水ばっ気と呼ばれることが多い．

図 8.1 に地下水揚水法の概念を示す．地下水面以下にスクリーンをもった揚水井戸から，汚染地下水をポンプで汲み上げ，これをばっ気塔の頂部に供給し，下部から塔内に空気を吹き込み，汚染地下水と空気を向流接触させ，地下水中の揮発成分を空気の中に移動させる．これにより汚染地下水は浄化される．ばっ気塔からの排気は，粒状活性炭吸着塔で汚染物質を除去した後，大気へ放出される．

テトラクロロエチレンやトリクロロエチレン等は揮発性が高く除去されやすいが，ジクロロエチレンの中には，やや揮発性が低く，除去されにくいものもある．地下水中の汚染物質成分の種類や濃度は，個々の汚染現場によって異なるので，揚水ばっ気処理の計画においては，それらに十分注意して，ばっ気塔の仕様や運転条件を決める．ばっ気塔には気液接触に用いられている各種の充填塔や棚段塔が使用されている．

図 8.1 の右側には，汚染地下水を活性炭吸着塔に直接通水する例，すなわち，液相吸着を利用する例も示しておいた．この方法は，吸着量が少なく処理量も少ない．また，入口の濃度の変動にも対応しにくいため，ほとんど利用されていない．地下水揚水とそれに伴うばっ気処理は，装置と運転が容易なこともあって，今後も多用

されると考えられる．

8.1.2 地下水揚水法の特徴

後述の土壌ガス吸引法は，不飽和地盤中の土壌ガス中に気化した汚染物質を，土壌ガスとともに吸引除去する技術であるが，過去の実施事例によると，対策を始めた初期においては，土壌ガス吸引による汚染物質の除去率は，地下水揚水より1桁上回るような場合が多い．しかし，対策期間の長期化とともに，土壌ガス吸引による除去率は低下し，両者の除去率は逆転することが明らかにされている[4]．その一例を図8.2に示す．この事例においては，対策開始後7 000時間から地下水揚水量を2 t/hから30 t/hにまで増加させたため，この揚水量の増加の影響もあるが，土壌ガス吸引と地下水揚水の除去率は逆転している．結果として，1 150日の運転で土壌ガス吸引によって472 kg，地下水揚水によって1 764 kgのトリクロロエチレンを除去している．また，土壌ガスやばっ気処理に伴う排ガスに含まれるトリクロロエチレンを，単に大気中に放出すると二次汚染を招くおそれがあることから，放出の前に活性炭吸着処理を行っている．

汚染地盤の掘削除去後に地下水揚水を実施し，トリクロロエチレンを地下水中か

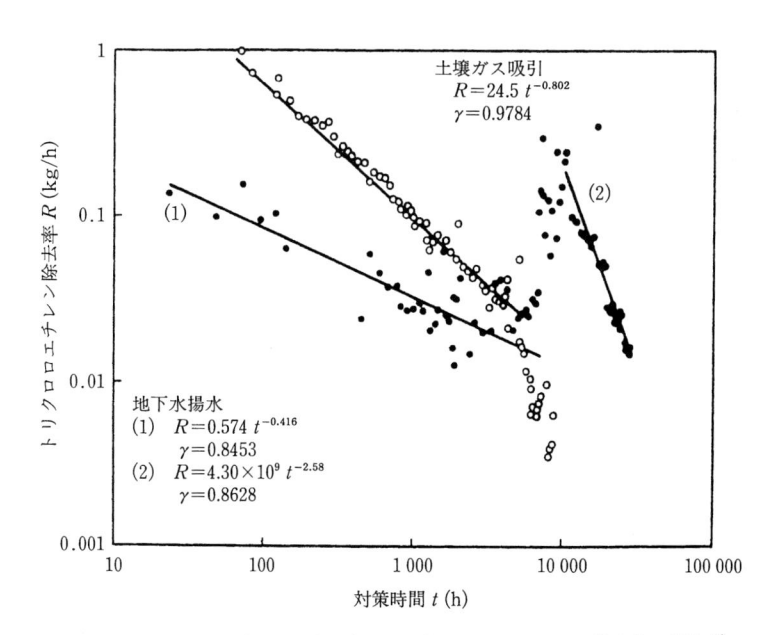

図中の数式：

土壌ガス吸引
$R = 24.5\, t^{-0.802}$
$\gamma = 0.9784$

地下水揚水
(1) $R = 0.574\, t^{-0.416}$
    $\gamma = 0.8453$
(2) $R = 4.30 \times 10^9\, t^{-2.58}$
    $\gamma = 0.8628$

図 8.2 土壌ガス吸引と地下水揚水によるトリクロロエチレン除去率の比較[4]

ら回収し，水道水質基準値近くまで浄化した事例もある[5]．水に溶けにくい汚染物質を，地下水揚水で除去するには長時間を必要とするが，長期の地下水揚水は，汚染地盤の掘削除去あるいは土壌ガス吸引より多くの汚染物質を回収できる可能性があり，地下水揚水法は汚染地盤の浄化技術として基本的な一つの手法となっている．

8.2 土壌ガス吸引法

8.2.1 工法の概要

地盤には，間隙が水で満たされている飽和地盤と，間隙中に空気（気相）をもっている不飽和地盤とがある．不飽和地盤中に存在するトリクロロエチレン等の揮発性有機化合物を，地中から抽出・除去する方法として土壌ガス吸引法（Soil Vapor Extraction：SVE，真空抽出法とも呼ばれる）があり，広く用いられている．一般的な揮発性有機化合物は，水より重い，粘性と表面張力が水より小さい，揮発性が高い等の特性をもっている[6]．このような特性をもつ揮発性有機化合物は，不飽和地盤内においては，すでに図3.1に示したように，原液状態，間隙水に溶解した状態，土粒子に吸着した状態，揮発したガス状態の4つの状態で存在する．この状態を模式的に表すと図8.3のようになる．

土壌ガス吸引法は，ガス状態で存在する揮発性有機化合物を，吸引井戸を用いて抽出・除去する方法である．図8.4にその概念を示すように，ボーリング等によって地中に土壌ガス吸引用の井戸を設置し，真空ポンプまたはブロア等の吸引装置を用いて吸引井戸内の圧力を下げ，井戸内に揮発してきた有機化合物を地上へと回収し，活性炭等を用いた汚染物質回収装置を通して処理するものである．回収するガ

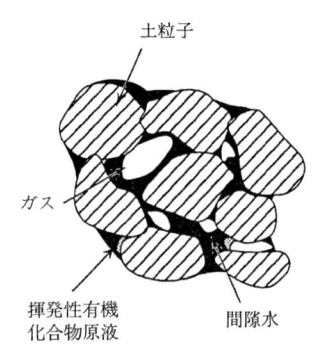

図 8.3 不飽和地盤内の揮発性有機塩素化合物の存在形態[5]

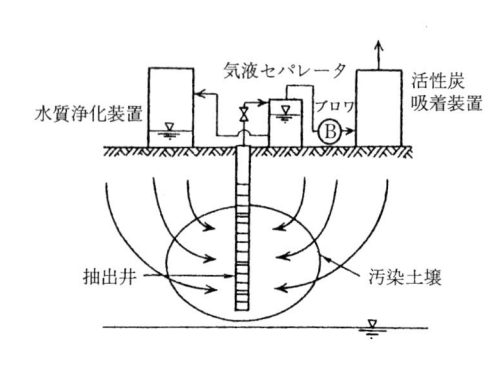

図 8.4 土壌ガス吸引法概念図

スの水分が多い場合には，気液分離装置を用いて液体と気体を分離し，それぞれを別々に処理する．

不飽和地盤中に存在する揮発性有機化合物は，地表から降下浸透してくる場合が多く，帯水層に達すると地下水の流れとともに広域的な地盤・地下水汚染を引き起こす．このような観点からみると，土壌ガス吸引法は汚染物質を地中から回収するだけでなく，汚染物質の地下水への供給を防止する働きもある．また，土地利用という点からは，地盤を掘削することなく汚染地盤の修復ができるという利点をもっている．

土壌ガス吸引法を基本とした汚染物質の地中からの回収方法として，後から触れるように，ウェルポイント工法を利用する方法，エアースパージング法，気液混合抽出法など，各種の方法が提案あるいは実施に供されている．

8.2.2 適用の範囲

汚染地盤の浄化修復対策を立案する場合，4章で述べたような表土のガス濃度調査や深度方向のガス濃度分布調査等から，汚染の実態を把握したうえで，用いる汚染対策を検討する．地盤の性質からみると，土壌ガス吸引法は，不飽和の礫質や砂質地盤のように，比較的透気性の大きい地盤に適用できる．しかし，地層や地表面の状況に応じて，吸引範囲や吸引圧などの設計要因が異なってくるとともに，その効果も違ったものとなる．シルト質地盤や粘土質地盤では，そのままでは適用できないが，生石灰を混合する深層混合処理工法を応用して，地盤の温度を上昇させて揮発を促進させるとともに，透気性を改良して汚染物質を抽出する方法も実用化されている．汚染が地下水帯にまで達している場合には，揚水井戸を用いて地下水位を低下させ，不飽和領域を増加させて土壌ガス吸引法を適用することもある．

土壌ガス吸引による圧力低下に伴う地下水位の上昇は，吸引井戸からの距離によって指数関数的に減少し，ある距離以上になると地下水位の上昇が起こらなくなる．吸引井戸からのこの距離は，土壌ガスを吸引できる有効範囲とみなすことができ，影響半径と呼ばれる．実際に土壌ガスの吸引を行うと，スクリーンの深さにもよるが，地表から空気が地中に流入する．土壌ガスの流れを単純化し，吸引井戸のごく近くでは水平方向の流れが卓越していて，スクリーンに向かう流れとし，井戸に設けたスクリーンの厚さで水平方向にのみ流れる二次元円筒流を考えると次の関係が得られる[5),8)]．

$$P(r)^2 - P_W^2 = (P_{\text{atm}}^2 - P_W^2)\ln(r/R_W)/\ln(R_i/R_W) \tag{8.1}$$

$$Q = H\pi k P_W\{1 - (P_{\text{atm}}/P_W)^2\}/\mu\ln(R_W/R_i) \tag{8.2}$$

表 8.1　土質別の影響半径 [8]

土質	影響半径 (m)
シルト	< 6
火山灰質粘性土	7〜12
砂質土	8〜20
礫質土	30〜40

ここに，r：吸引井戸からの距離，$P(r)$：r の距離における土壌ガス圧，P_W：吸引井戸の圧力，R_W：吸引井戸の半径，R_i：影響半径，Q：吸引ガス量，H：スクリーンの長さ，μ：空気の粘性係数，k：通気係数．このような簡単な仮定によると，土壌ガスの圧力 $P(r)$ は影響半径の，吸引量 Q は通気係数と影響半径の関数となる．従来の経験によると，影響半径の概略値は表 8.1 程度である．

8.2.3　浄化の確認と問題点

　土壌ガス吸引法による汚染物質の除去状況を把握するためには，吸引した土壌ガスの濃度や回収された汚染物質の量を測定する必要がある．また，吸引された汚染物質が十分に回収されないで大気中に放出されるのを防ぐためにも，ガス濃度の管理が重要である．

　浄化の効果を確認するための手法としては，浄化前の汚染状況を把握する場合と同様に，表層の土壌ガス濃度分布とボーリングによる深度方向の濃度分布の調査がある．深度方向の濃度分布調査では，対策前と同位置でのボーリングは実施できないので，浄化前後の汚染物質の濃度を単純に比較することはできないが，表層の土壌ガス濃度分布調査と併せて汚染物質の残存状況を把握し，さらに，汚染物質の回収量や吸引した土壌ガスの濃度のモニタリング結果と総合して浄化効果を評価する．

　土壌ガス吸引法は，比較的シンプルなシステムであることから，非常によく利用されているが，問題点がないわけではない．効率的な浄化を実施するためには，どのような汚染物質がどこにどれだけ存在しているかを明確にしておく必要があり，調査の重要性を強調しすぎることはない．しかし，とくに深度方向の調査に関しては，判断するために十分な数のボーリングを実施できないのが現状である．そのため，少ないデータから予測する地盤統計学的な手法を用いた推定法も検討されている [9]．

　また，適切な吸引井戸の配置，スクリーン位置などの井戸の構造，地表面の被覆といった問題も，効率的な浄化を行ううえで重要な要素である [10], [11]．一般に，土

壌ガス吸引法を用いるのは，操業中の事業所内での対策工事が多く，吸引井戸の配置が制限されることが多い．そのような状況での適切な井戸の配置や構造を決定するには，数値的な解析によることもあるが，経験的な知見に基づいているのが実情である[12]．

土壌ガス吸引法を適用すると，濃度の高い吸引初期においては，吸引したガス濃度の低減傾向は大きく，汚染源対策としては高い効果を示すが，地中の有機物に吸着している汚染物質や土の微細な構造の中の汚染物質の除去はかなり難しく，ある程度吸引ガスの濃度が低下すると，吸引ガス濃度の低減傾向は小さくなり，浄化効率が悪くなる[13]．さらに，ガスの吸引に伴い，ガスが通りやすい空気道が形成され，吸引ガスの濃度が低下しても，高濃度に汚染された領域が残存している可能性もあり，浄化の効率や浄化期間の予測と判断が難しい．

8.2.4 適用事例

ここで紹介する事例は砂礫層を対象としたものである[5]．まず，浄化対象域の地下水位を低下させる揚水井戸により，地盤を不飽和な状態にし，高濃度地点に設置した抽出井戸から，真空ポンプで地盤中のガスを吸引した．吸引したガスは，気液セパレータで水分を除去した後，活性炭を用いてトリクロロエチレン（TCE）などの物質を吸着回収した．また，揚水した地下水も浄化処理して放流している．

最終的には，土壌ガスおよび地下水から，トリクロロエチレンなど3種類の揮発性有機化合物を合計約 59 kg 回収している．その内訳は，土壌ガスから約 55 kg であり，約93%を占めていた．このことより，地下水揚水よりも効果的であるとしている．1日あたりの回収量は図 8.5 に示すようであり，浄化開始直後は 4～5 kg/日であったが，浄化期間 40 日ほどで約 0.25 kg/日まで低減し，その後はほぼ一定であった．

土壌ガス濃度の時間的な変化を示したのが図 8.6 である．成分の割合は，トリクロロエチレン（TCE）：cis-1,2-ジクロロエチレン（DCE）：1,2-ジクロロエタン（DCA）＝87：12：1 であった．吸引初期のトリクロロエチレン濃度は 1 600 ppm を示したが，その後指数関数的に減少し，30 日後には約 20 ppm になり，その後はほぼ一定となっている．地下水濃度の時間的な変化は，吸引初期に約 25 mg/l であったトリクロロエチレンの濃度が指数関数的に減少し，40 日後には 1～2 mg/l になり，その後はほぼ一定となっている．

抽出井戸より 3 m と 6 m 離れた位置に負圧観測井を設置し，吸引負圧の影響範囲を測定したところ，負圧が 0 になる影響半径は 8.2 m であった．連続運転終了後に，浄化前と同じ地点でガス濃度を測定した結果，浄化後においてはガスの高濃度

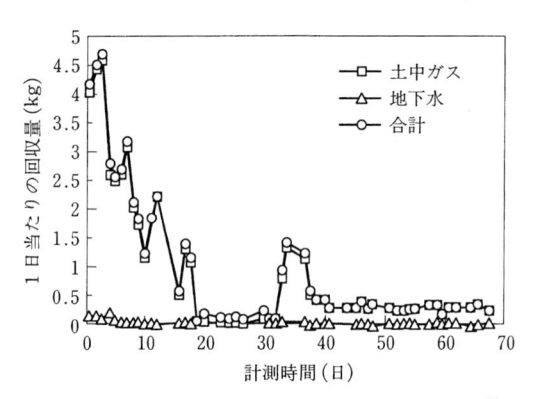

図 8.5　土壌ガス吸引法による1日あたりの回収率 [5]

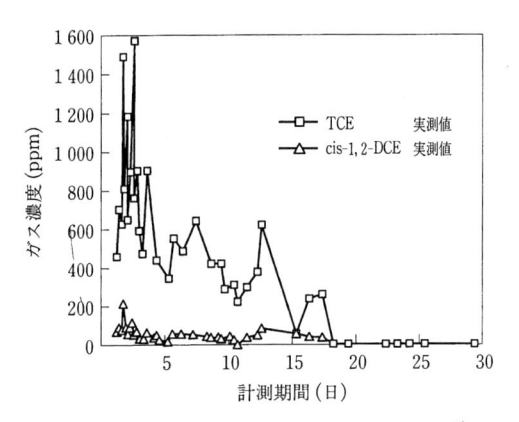

図 8.6　土壌ガス吸引法によるガス濃度の変化 [5]

域がなくなっており，最高濃度地点の 519 ppm（5 物質合計）が 32 ppm に低減した．このように高濃度域では 90%以上の浄化率が得られているが，20 ppm 以下の低濃度域の浄化率はばらつきが大きくなるとともに，浄化率も低下する結果が得られている．

8.3　気液混合抽出法

揮発性有機化合物による汚染が，不飽和帯とその下の地下水の両方に及んでいるような場合には，それぞれ土壌ガス吸引と地下水揚水を別々に適用することもできるが，両者を組み合わせて同時に行うことができる．このような方法を気液混合抽

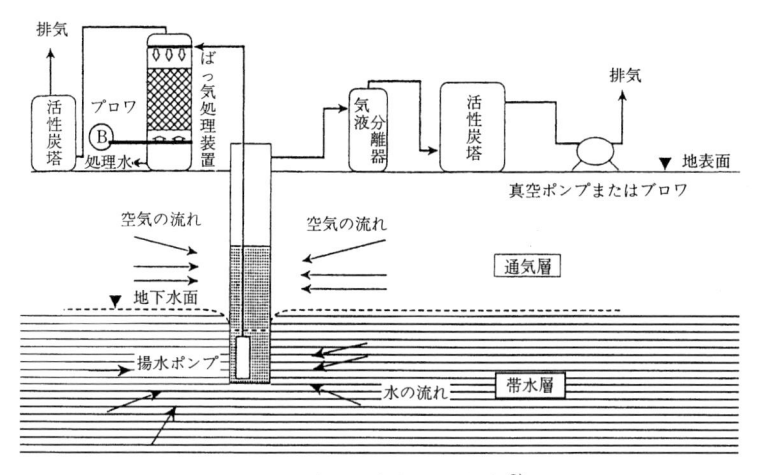

図 8.7　気液混合抽出法の概念 [3]

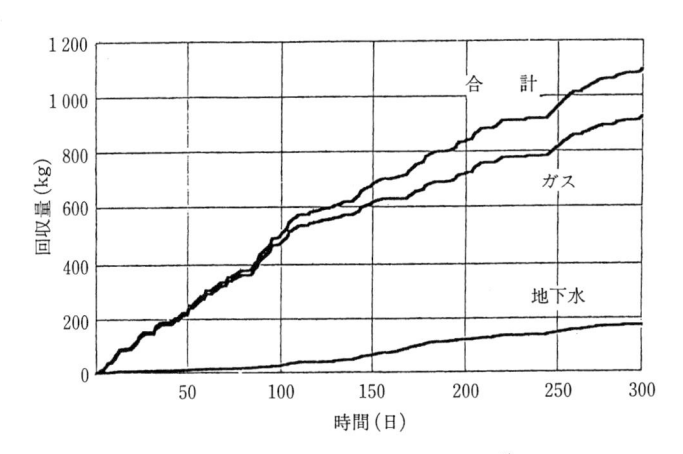

図 8.8　気液混合抽出法の累積回収率 [5]

出法あるいは二重吸引法と呼んでいる．

　そのシステムの概念を図 8.7 に示す．揚水井戸と土壌ガス吸引井戸を共通とし，井戸のスクリーンを不飽和帯と飽和帯の両方に及ぶように設置し，揚水ポンプと真空ポンプを用いて土壌ガス吸引と地下水揚水を同時に行う．揚水された汚染地下水はばっ気処理と活性炭吸着，回収された汚染ガスも活性炭で吸着処理するものであり，用いられる装置は土壌ガス吸引と地下水揚水の場合と同じものでよい．この方法の特徴としては，特別の制御が必要なく管理が容易，広範囲の浄化が可能，比較的安

価などを挙げることができよう．

気液混合抽出法による汚染物質の回収状況の一例を図 8.8 に示す．この例においては，地下水からよりも吸引ガスによる回収量が圧倒的に多く，地下水の約 5 倍の汚染物質がガスから回収されている．時間の経過とともに回収量は徐々に減少しているが，長期間にわたっての回収ができている．10 か月の浄化期間中に，ガスから 922 kg，地下水から 172 kg，合計 1 094 kg が回収されている．成分別にみると，トリクロロエチレンと cis-1,2-ジクロロエチレンはガスで主に回収され，1,2-ジクロロエタンは地下水より主に回収されている．トリクロロエチレンはガスから 497 kg，地下水から 42 kg，cis-1,2-ジクロロエチレンはガスから 389 kg，地下水から 67 kg，1,2-ジクロロエタンはガスから 36 kg，地下水から 63 kg 回収されている [5]．

8.4 エアースパージング

エアースパージング（Air Sparging）の概念を図 8.9 に示す．汚染地下水帯に注入管を設置し，この注入管より地下水帯に空気を圧入すると，空気は帯水層で気泡となり，地下水中の揮発性の汚染物質を取り込んで不飽和帯に上昇してくる．不飽和帯に別に設置した抽出管によって空気を回収し，地上の処理施設で汚染物質を処理する．汚染物質の処理には粒状活性炭吸着が用いられ，これは土壌ガス吸引法の場合と同じである．

エアースパージングはその原理からもわかるように，単に汚染地下水と空気間の

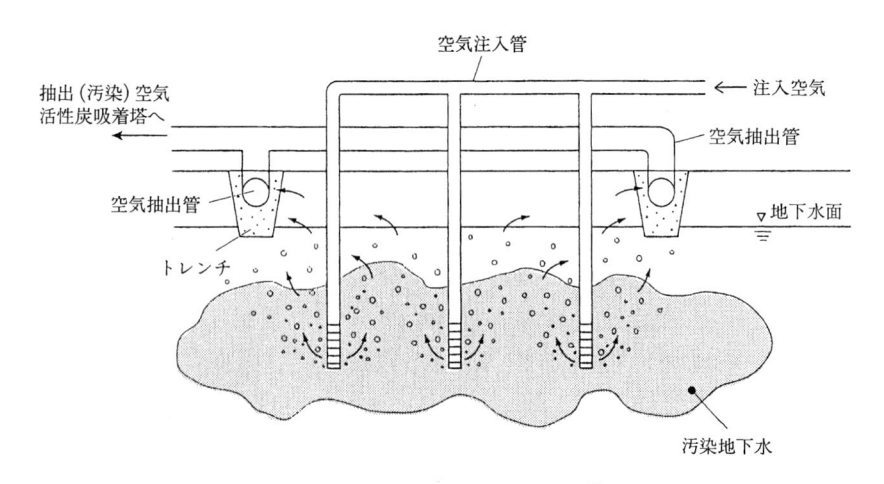

図 8.9　エアースパージング概念図 [3]

気液平衡関係を変えて，地下水中に溶存している汚染物質を気相（気泡）へ移行させるだけではなく，気泡による撹拌によって，固相（土粒子）に吸着している汚染物質の液相（地下水）への脱着を促進する効果もある．

また，ガソリンや灯油などの石油系の物質のように，好気性微生物により分解しやすい汚染物質の場合には，注入空気による酸素の供給により，天然由来の好気性微生物が活性化されることにより，生物分解を促進する効果（バイオスパージング）も期待できる．

エアースパージングは原理が単純で効果もそれなりに明確であるが，不適切に用いると逆効果になる可能性もある．たとえば，注入空気が地下水中を水平方向に移動したり，不飽和帯に達した後において十分に回収されないような場合，地下水汚染を拡大したり，汚染空気が大気に放出される危険性もある．このようなことから，汚染浄化の対象地域が比較的均一な地層構造をもつような場合に適用性が高いといえる．また，汚染物質を含んだ気泡が，飽和帯および不飽和帯において広く拡散する懸念がある場合には，汚染地盤の周囲を止水壁等によって囲んで適用することも必要である．

一本の注入管からの気泡の及ぶ範囲は，注入空気量，注入深さ，帯水層の土質等によって異なってくる．実際には，複数の注入管を格子状あるいは千鳥状に配置し，影響の範囲が重なるように設置するのが普通である．この方法を地下水汚染に適用した事例によると，当初の地下水の汚染物質の濃度が $100 \sim 200$ mg/l であったものが，エアースパージングを始めてから約70日後においては，5 mg/l 程度に低下した例が報告されている[5]．70日以降の濃度低下は非常に小さい．

8.5　循環井戸による抽出

この方法は米国で実用化されているものであり，Circulation Well と呼ばれている．この方法の概念的なシステムを図8.10に示す．比較的大きな井戸の底部に達するような空気注入管を設置し，この管より空気を圧入してエアーリフトポンプ効果を起こし，井戸内に地下水の上昇流を発生させる．井戸の最下部のスクリーンから地下水が井戸内に入り込み，上昇した後，地下水面付近に設けた別のスクリーンから地下水面に排出する地下水の流動を生じさせ，このとき，井戸内での上昇中に，汚染地下水中の揮発性汚染物質は気泡に取り込まれて移動し浄化される．排出された地下水は，地下水面から井戸の周辺へ三次元的に移動し，井戸を中心とした循環系が形成される．井戸の上部には，排出した気泡を補修する抽出部を設け，排出空気を回収し，地上において活性炭吸着等の処理を行う．

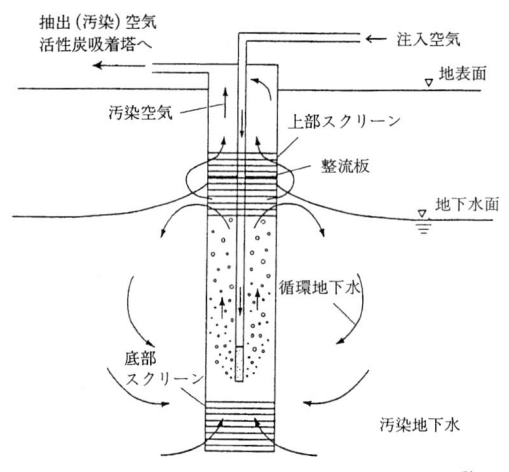

図 8.10 循環井戸（Circulation Well）概念図 [3]

　この方法においては，地中における水の循環が必要であり，そのため，比較的透水性の大きい均一な地盤に適している．しかし，注入空気の抽出は容易であり，エアースパージングのように注入空気の完全な捕集に対する注意は少なくてすむ．

　循環井戸を利用する方法に原理的によく似たものに，井戸内ダブルエアレーション法という揮発性有機化合物の抽出法がある．それの概念を図8.11に示す．地上のコンプレッサから井戸内の地下水に空気を送り込み，地下水中の揮発性物質の揮発を促進するとともに，気泡の浮力により地下水を揚水する方法である．エアリフト管に送り込む空気の量を増加させると，水と空気の混合流体の比重が小さくなり，混合流体は揚水管中を上昇してくる．

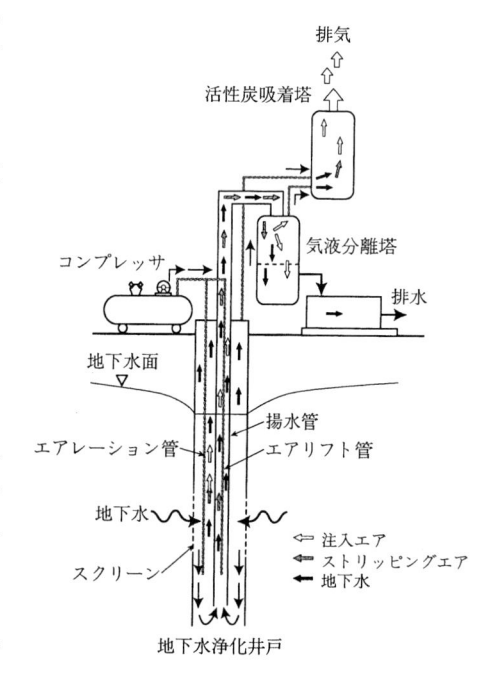

図 8.11 井戸内ダブルエアレーションシステムの概要 [14]

井戸内の地下水中へ，エアレーション管とエアリフト管の2本の管を通じて空気を吹き込む．空気と井戸内に流入してくる地下水とが接触することにより，トリクロロエチレン等の揮発性物質の揮散が促進される．揮散して回収された汚染物質は活性炭吸着によって処理する．この方法では，水中ポンプが不要であり，井戸そのものがばっ気装置として機能するので，地上のばっ気装置が不要な場合もある．汚染の濃度が 1 mg/l を超えると，井戸内ばっ気だけでは不十分といわれ，地上のばっ気装置と組み合わせて処理する．

井戸内ダブルエアレーション法は，小規模で低濃度の汚染地下水の浄化を目的としていて，適用できる汚染の濃度は 1 mg/l 以下のようである．このような比較的低濃度の汚染への適用においては，処理水の濃度は 0.01 mg/l 以下，除去率は90%以上となり，地下水環境基準を満たすまでに浄化が可能であると報告されている[14]．

8.6 原位置土壌洗浄法

原位置土壌洗浄法は，原位置において地盤中（地下水中も含む）の汚染物質を，水あるいは汚染物質を溶解する溶液（洗浄液）で洗浄して抽出する方法である．欧米ではソイルフラッシング（Soil Flushing）と呼ばれている．その概念を図 8.12 に示す．汚染部分の上流側に設置したスクリーンを介して，水あるいは洗浄液を注入し，汚染部分を通過する際に汚染物質を溶解除去し，下流側の抽出井戸から揚水する．抽出された汚染地下水は，地上の設備で浄化処理して再び地中に注入することもできる．再注入においては，地盤の洗浄に適するような水や洗浄液の性状を有するように調整する．

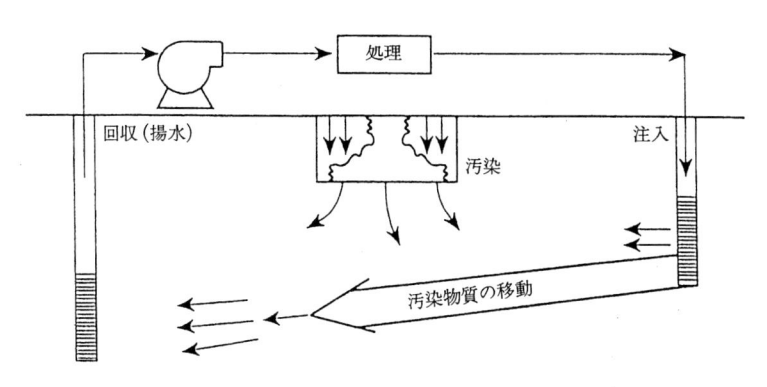

図 8.12　原位置土壌洗浄（Soil Flushing）の概念図[3]

この方法の応用として，重金属汚染に対して，重金属を無害化あるいは不溶化する反応性のある化学物質を注入する方法が考えられている．たとえば，六価クロム汚染に対し，還元性のある第一鉄塩の溶液を注入すると，地中で徐々に反応が進行し，六価クロムが三価クロムに還元され，有害性が低下するとともに不溶化し，汚染の拡大も停止する．また，砒素汚染地盤に第二鉄塩溶液を注入することにより，不溶化するので同様の効果がある．これらは地下水中の重金属を固定する効果もある．適用にあたっては，地中においていかに均等に分散浸透させるかが重要となる．

8.7　ウェルポイント工法を利用する抽出法

深い地盤の汚染で，かつ影響半径が10 m程度であるような場合，地表面の影響は少なく，かなり吸引圧を低くしても土壌ガスの吸引は可能である．しかし，地下水面が地下2~3 mとごく浅い場合には，吸引圧を低くすると大気圧との差が大きくなり，地下水が不飽和部分を満たし，土壌ガスの吸引ができなくなる．

一方，吸引圧を大気圧に近づけると，土壌ガスの吸引はできるが吸引量は小さくなる．また，地表からの空気の流入が起こるので，影響半径は小さくなり，浄化の範囲は限定される．土壌ガス吸引においては，吸引量が多いほど除去率が高まるから，吸引量を大きくした方が有利であるが，大きな吸引圧を適用できないことがある．このような場合に吸引量を増加させるには，大気圧に近い吸引圧で，多くの井戸から土壌ガスを吸引する必要がある．

こうした浅い地盤・地下水汚染の対策として，ウェルポイント工法を利用する方法がある．その概念を図8.13に示す．ウェルポイント工法は，先端部にスクリーンをもったパイプを地中に打ち込み，真空ポンプで減圧して地下水を汲み上げる技術である．減圧による揚水であるので揚程に限界があり，完全に真空にしても揚程は10 mである．実際においては，パイプの摩擦損失あるいは配管の継手や曲がりの損失があり，揚水深度は6~7 m程度となる．

多くのウェルポイントを配管パイプでつなぎ，多地点から揚水できる点が優れており，とくに，浅い地下水の揚水に適している．また，地下水がなくなれば土

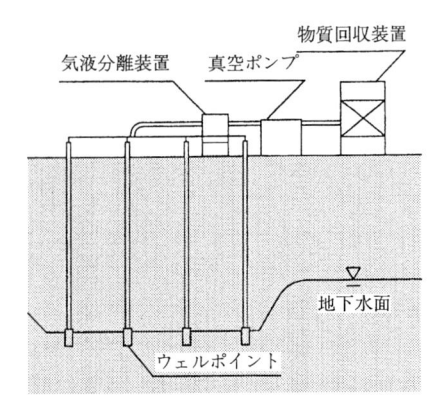

図 8.13　ウェルポイントを用いた土壌ガス吸引法[5]

壌ガスの吸引も可能であり，特別な装置や制御をすることなく，地下水と土壌ガスを除去できる利点を有している．ウェルポイント工法を適用して，地下 3 m の粘土層上部から，2 か月間にトリクロロエチレン等の揮発性有機化合物を約 59 kg 除去した例などが報告されている．

ウェルポイント工法をさらに簡略化したのが，鉄パイプの打込みによる土壌ガス吸引である．使用する鉄パイプは工事現場の足場として用いられる内径 50 mm のパイプで十分である．浅い地盤汚染で土壌ガス吸引だけを対象とするのであれば，簡単な鉄パイプを用いても，本格的な吸引井とあまり変わらない除去効果がある場合がある．

8.8　生石灰撹拌混合工法を利用する抽出法

生石灰混合を利用する土壌ガス吸引法は，粘性土地盤のように透気性が低く，普通の土壌ガス吸引法によっては，汚染物質の回収が困難な汚染地盤に適用するために考案されたものである．図 8.14 に生石灰撹拌混合工法を利用した抽出法の概念を示す．DJM (Dry Jet Mixing) 機という地盤改良用の乾式の粉体混合機を使用して生石灰を汚染地盤中に混合する．混合された生石灰は，次式の反応で消石灰に変

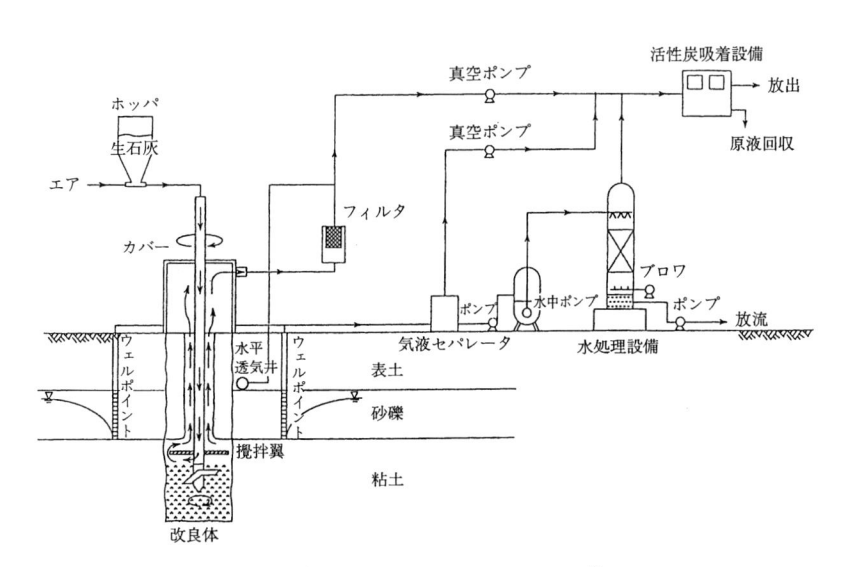

図 8.14　生石灰撹拌混合抽出法の概念 [5)]

化し，そのときの水和熱により揮発性有機化合物のガス化が促進される[15]．

$$CaO + H_2O \rightarrow Ca(OH)_2 + 14.6 \text{ kcal} \tag{8.3}$$

また，生石灰混合量に対して，等モルの水分が消費されて含水量が低下する．さらに，ポゾラン反応によって団粒化が進み透気性が向上する．これらの相乗効果を利用して，粘性土地盤中の揮発性有機化合物を原位置で回収する．回収ガスの処理は土壌ガス吸引法の場合と同じである．

　基本的な手順は，まず撹拌翼を貫入しながら土をほぐし，次に撹拌翼を引き抜きながら生石灰を混合撹拌する．再撹拌を行うこともある．改良体の径は 0.8 m 程度，長さは 5.5 m 程度であり，一つの改良体の浄化が終了したら次の改良体へと移動しながら浄化を実施する．浄化後に改良体に残っている汚染物質は土壌ガス吸引法によって回収する．

　この工法の適用事例を紹介しておく[7]．この事例の施工仕様は表 8.2 のようである．DJM 機を用いて改良体の直径を 1.0 m とし，未改良部分がないように改良体をラップさせて 367 本実施している．汚染物質はトリクロロエチレン等の揮発性有機化合物であり，数 mg/l の濃度で全土層が汚染されている状況であった．

　図 8.15 に試験施工時の回収ガス濃度と土壌溶出濃度との関係を示した．この事例においては，土壌の溶出濃度を環境基準以下とするためには，回収ガス濃度を 20 ppm 以下とすることが必要であった．このときの貫入回数は 2 回であり，これを標準として回収ガス濃度をモニタリングしながら，ガス濃度の高低によって貫入回数を調整している．施工後のボーリングによる土壌溶出濃度の測定から，対象としたすべての地点において，土壌環境基準を達成していたと報告されている．

表 8.2　施工仕様[7]

項目		値
改良体径		1.0 m
改良体本数		367 本
浄化深度		12 m
貫入速度		0.4 m/min
回転速度		30 rpm
エアレーション空気量	貫入時	2.2 m^3/min
	引抜き混合時	5.0 m^3/min
	再撹拌時	3.0 m^3/min
貫入回数		標準 2 回
生石灰混合量		120 kg/m^3

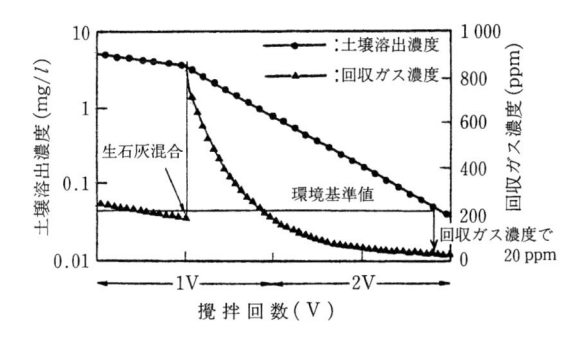

図 8.15　回収ガス濃度と土壌濃度の関係[7]

8.9　盛土抽出法

　原位置での抽出ではないが，粘性土中の汚染物質の抽出法として盛土抽出法がある．粘性土では，原位置における土壌ガス吸引法が適用できないため，汚染地盤を掘削し，地上において条件を整えて盛土し，盛土に真空をかけて抽出することによって浄化を行う．これの概念を図8.16に示す．この方法を適用する場合には，掘削時に高濃度のガスが気化することがあるので，作業環境や周辺大気の汚染に十分注意する必要がある．

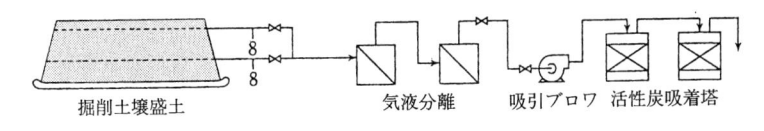

図 8.16　盛土抽出法の概念[5]

8.10　電気化学的現象を利用した抽出技術

　従来から，地盤改良の分野において，土の物理化学的性質を利用した地盤改良工法の1つとして，土中水やイオンの電気化学的現象を利用した方法がある．電気泳動・電気浸透を利用した圧密脱水工法[16]あるいは杭基礎に電気的運動を利用しての脱水・圧密固化工法[17]などがそれである．ここで述べる汚染地盤・地下水の修復技術は，上記のような地盤改良技術と地下水揚水法とを組み合わせたものである．

8.10.1 原理と特徴

　飽和した地盤の土中水にはイオンが分布している．このような地盤に直流電圧を加えると，間隙水中の通常の溶存陽イオンと陰イオンは，それぞれ陰極と陽極へ電気泳動する．同時に，粒子表面からある程度離れて吸着されている陽イオンも陰極へ電気泳動する．このため，陽イオンを吸着保持した地盤の間隙中では，陽イオンの電気泳動フラックスが陰イオンのものよりもはるかに大きくなる．イオンは水和水を伴って泳動し，さらに周囲の水分子をも引きずるようにして移動する．このため，陽イオンを吸着した土では，陰極から陽極へ向かう水の流れすなわち電気浸透が生ずる[18]．

　汚染した地盤中に電極を挿入して直流電圧を加えると，カドミウムイオンや鉛イオン等の陽イオンは，その他の陽イオンとともに陰極へ，クロム酸イオンやシアン化合物イオン等の陰イオンは陽極へ電気泳動する．また，同時に生ずる電気浸透により，フェノールや石油等の非イオン性の物質の一部は水とともに陰極へ移動する．こうして汚染物質は電極近傍に濃縮されるので，電極近傍の土を除去あるいは電極付近の間隙水を揚水して処理することにより，地中から汚染物質を抽出することができ，地盤は浄化される．汚染物質によっては電気浸透水に溶存して排出される．

　第1の特徴は原位置において地盤の浄化が可能なことである．第2に，イオンの電気泳動速度や電気浸透の流速は，土粒子と間隙水の界面の電気化学的性質と加えた電圧に依存し，土の透水性には大きく依存しない．そのため，砂質土のみならず透水性の低い粘性土にも適用できる．しかし，汚染物質を無害化するものではないので，地中より抽出した汚染物質の処理が必要である．

　施工法も基本的には単純といえる．汚染地盤にグラファイト等の電極を挿入し，直流電流を通電するだけで，少なくとも電極対の土からは相当程度の汚染物質が除去される．しかし，電気浸透による土中水の減少とともに電流が減少するので，失われた土中水を陽極側から補給するためのタンクとポンプ，汚染物質が濃縮された電極付近の間隙水を汲み上げるポンプが必要である．原位置での適用における基本的な設備の概要は図 8.17 のようである．

　加える電圧が 1 V 程度以上になると，電極表面で電気分解が起こる．主要なものは水の電気分解であり，陽極では次のような反応によって，水が酸素ガスと水素イオンに分解し，電極に電子を供給する．

$$2H_2O = O_2 + 4H^+ + 4e^- \tag{8.4}$$

　一方，陰極においては，水が電極から電子を受容し，次のように水素ガスと水酸化物イオンに分解する．

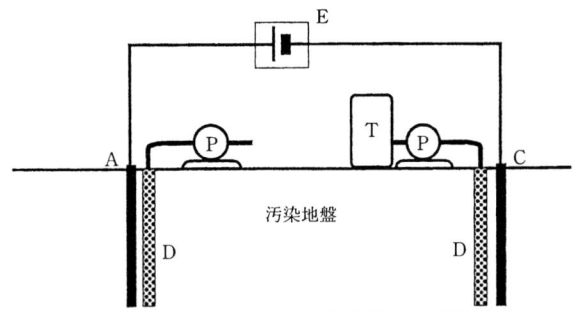

A：陽極，C：陰極，D：給水，または間隙水汲み上げ用有孔管，
E：直流電源，P：ポンプ，T：給水タンク

図 8.17 電気泳動・電気浸透を利用した修復法の基本要素[19)]

$$4H_2O + 4e^- = 2H_2 + 4OH^- \tag{8.5}$$

このようなことから，陽極付近は次第に強酸性化し，陰極付近は強アルカリ性になる．このため，陰極付近へ電気泳動してきた鉛やカドミウムなどの陽イオンは，水酸化物となって陰極近傍で沈殿し，電気浸透水とともに排出されなくなる．これに対しては，陰極付近に酢酸などの酸を注入し，電気泳動してきた陽イオンを，電気浸透水に溶存させたまま汲み上げることが試みられている．また，陰極周囲にイオン交換膜を配置し，生成した水酸化物イオンの陽極方向への移動を阻止することにより，陽イオンが土中で水酸化物になるのを防止する試みも見られる．

　除去効率を上げるには，土粒子に吸着されている汚染物質の脱着を促進させることが重要である．重金属陽イオンに対しては，陽極から酸溶液を供給することによる土の酸性化促進，重金属イオンと安定なキレート化合物を形成するような錯化剤の注入などが試みられている．

8.10.2　六価クロム汚染地盤への適用例

　クロム化合物の主なものは，六価クロム化合物（Cr^{6+}）と三価クロム（Cr^{3+}）である．前者の方が強い酸化力をもち，毒性も強い．すでに，2章で述べたように，六価クロム汚染の原因としてはクロム鉱滓の埋立によるものが多い．クロム鉱滓は，クロム鉄鉱から重クロム酸ナトリウム等を製造した残渣である．クロム鉱滓にはクロムが六価クロムの形で残っているので，適切な処理を行わずに埋め立てると汚染地盤となり，周囲の地盤や地下水まで汚染する．その他の原因としては，電気メッキ業におけるクロムメッキの廃液，クロム関連の化学工業の廃液，皮革工業でのクロムなめし廃液等がある．これらの汚染は，いずれも適切な処理が行われなかった

過去の遺産であり，工場跡地の再開発等において遭遇することが多い．

六価クロムは CrO_4^{-2} あるいは $Cr_2O_7^{2-}$ の負荷電の形態をとるため，電気泳動によって陽極に引き寄せられる．陽極として炭素棒，陰極として鉄の棒を地中に設置し，電極間に直流電圧を加えると，六価クロムは陽極の周りに設けた通水構造の井戸に濃縮される．これを回収して，地上プラントで三価クロム Cr^{3+} に還元処理し，消石灰を加えて沈殿除去する．

土槽実験によると，Cr 含有量 8 000 mg/kg，Cr^{6+} 溶出量 80 mg/l の六価クロム汚染土に，直流電圧 60 V を約2年間通電した結果，全体の約3%のクロムが Cr^{6+} の形で陽極井戸から回収されている[19]．回収率が低いのは，土粒子内部に固定され，イオン化しないクロムが多く存在したことによると見られている．しかし，間隙水の Cr^{6+} 濃度は大幅に低減している．

また，掘削した汚染土を鉄製の土槽に充填し，40～60 V，5.3～3.5 A の電流を88日間流して，六価クロム溶出量 32～36 mg/l，含有量 8 590～10 100 mg/kg の汚染土を，11 mg/l 程度まで浄化することができたという報告もある．ただ，電極配置により浄化の程度が異なるようである．

電気化学的現象を利用する抽出技術は，処理には時間がかかり，土粒子内部の重金属の除去が困難であるとともに，電気泳動のために間隙を水で満たさなければならないなどの短所をもっている．

参考文献
1) 高橋　忍，佐々木憲一：海外における汚染浄化対策技術の現状 (1)，土と基礎，Vol.43，No.1，pp.49-57，1995．
2) 平田健正編著：土壌・地下水汚染と対策，日本環境測定分析協会，1996．
3) 美坂康有：汚染地下水の浄化対策技術，地質と地下水，1998，3号，pp.28-34，1998．
4) 地盤工学会編：廃棄物と建設発生土の地盤工学的有効利用，地盤工学会，1998．
5) 岩田進午，喜田大三監修：土の環境圏，フジ・テクノシステム，1997．
6) 村岡浩爾：地下水汚染の発生機構と汚染分布の予測，地下水学会誌，Vol.31，No.4，pp.342-349，1989．
7) 根岸正範，下村雅則，今村　聡：揮発性有機塩素化合物による土壌・地下水汚染の原位置浄化手法，土と基礎，Vol.47，No.10，pp.21-24，1999．
8) Johnson, P. C. et al. : Quantitative analysis for the cleanup of hydrocarbon-contaminated soils by in-situ soil venting, Ground Water, Vol.28, No.3, pp.413-429, 1990.
9) 今村　聡：揮発性有機化合物汚染における地表ガス濃度分布の地盤統計構造について，第29回土質工学研究発表会，pp.79-80，1994．
10) 長藤哲夫：浅層砂礫層における揮発性有機化合物の気液混合抽出法による土壌浄化と浄化予測，水環境学会誌，Vol.17，No.10，pp.641-649，1994．
11) 安本敬作，川端淳一，土弘道夫：原位置透気実験による土壌ガス吸引効果の評価，第3回環境地盤工学シンポジウム論文集，地盤工学会，pp.283-286，1999．

12) 岩本　宏ほか：建物直下における土壌汚染調査・浄化の実施事例，第 3 回環境地盤工学シンポジウム論文集，地盤工学会，pp.305-308，1999.
13) 平田健正：土壌ガス吸引と地下水揚水を併用した地下環境汚染の修復，環境工学研究論文集，土木学会，Vol.33, pp.47-55, 1996.
14) 深田園子，根岸基治，高木一成：井戸内ダブルエアレーションシステム (DAS) による地下水の浄化，第 3 回環境地盤工学シンポジウム論文集，地盤工学会，pp.287-290, 1999.
15) 日本材料学会，地盤改良部門委員会：地盤改良技術と環境問題・ケースヒストリー，日本材料学会，pp.12-13, 1998.
16) 三瀬　貞：土の電気浸透透水係数について，土と基礎，Vol.7, No.1, 1960.
17) 淺川美利：電気浸透と電解の原理による土と壁体間摩擦の軽減に関する実験，土木学会論文集，No.64, 1959.
18) 最上武雄編：土質力学，1. 土の物理化学的性質，技報堂出版，pp.56-58, 1969.
19) 久保　博：六価クロム汚染土壌の修復技術，基礎工，Vol.27, No.2, pp.28-29, 1999.

第9章　汚染物質の分離・分解処理

　掘削した汚染土，揚水した汚染地下水，抽出した汚染土壌ガスの最終的な処理として，汚染物質の分離（回収）あるいは分解（無害化）処理が行われる．本章においては，分離技術としての土壌洗浄法およびこれと同類の気泡連行法と泡沫浮上法，加熱処理による分離技術およびこれと同類の水蒸気加熱分離法と塩化揮発分離法，分解技術としての触媒分解，紫外線分解，還元無害化処理，BCD法による分解，加熱分解などに関する概要を述べる．

9.1　分離と分解

9.1.1　重金属の分離と分解

　重金属汚染土から汚染物質を分離する技術は，土壌洗浄と熱脱着の2つに大別できる．土壌洗浄法は，汚染対策としては比較的歴史が古く，実績も多い技術である．汚染土を粒径によって分級し，汚染物質が高濃度で吸着している土粒子部分を分離することと，汚染物質を洗浄液中に溶解させることが基本となる．土壌洗浄法はいくつかの工程の組合せによって構成される．水または溶媒による洗浄工程，ふるい分け分離あるいは比重分離などによる分級工程，磁着物を分離する磁力分離工程，表面性状の違いで分離を行う浮上分離工程などである．このように，洗浄工程だけでなく分級工程も入ることから，土壌分級洗浄法とも呼ばれる．

　熱脱着は，汚染土を加熱することにより，比較的沸点の低い汚染物質を土から脱着し，分離する方法である．これに分類される技術としては，単純な熱脱着のほか，加熱媒体として水蒸気を用いる水蒸気加熱分離法，沸点を低下させる薬剤等を加熱時に添加して塩化揮発させる分離法などがある．使用温度は対象物質により大きく異なる．水銀等の低沸点金属では400～600℃，ポリ塩化ビフェニール（PCB，ポリクロロビフェニールともいう）や有機の成分も分離することに使用される水蒸気

加熱分離法では300～700℃，高沸点の重金属の強制的な揮発を促進する塩化揮発分離法では800～1000℃で行うことが多い．

　熱脱着のために汚染土を加熱する場合，熱分解の場合と同様に，非意図的な副生成物の発生やオフガスの処理に留意する必要があり，そのため，わが国では固定プラントで実施することがほとんどである．規模が大きい場合には，汚染サイトにプラントを設置することもある．熱脱着は比較的強力な分離処理法であり，汚染物質の濃度や土質に影響されることが少ないが，処理費用は一般に高い．

　重金属汚染物質の分解（無害化）処理には熱分解と化学分解がある．熱分解（焼却）は800～1000℃で行われる場合が多いが，汚染物質によっては触媒や酸化・還元剤を用い，より効率的に処理されることもある．処理温度が高いため，非意図的な副生成物が生じることは熱脱着の場合と同じであり，わが国では適切な排ガス処理設備を備えた固定プラントで実施されることが多い．

　化学分解は，汚染土や汚染地下水に薬剤を添加し，化学的に分解を行う方法である．農薬類を含む土壌や地下水に対しては，次亜塩素酸や過酸化水素水と鉄を使用するフェントン法等による酸化処理，紫外線などによる光化学的処理，触媒を用いた分解などがあるが，実施例は少ない．PCB汚染土に対するアルカリ触媒分解は，汚染土にアルカリ剤を添加して比較的低温で加熱し，土中のPCBを分解除去するとともに，回収したPCBを脱ハロゲン化して無害化する，熱脱着と化学的分解を組み合わせた一連のプロセスである．PCB汚染土の浄化は始まったばかりであり，今後，実施例が出てくるものと予想される．いずれも強力な処理であり，汚染物質の種類や濃度および土質に影響されないが，処理費用は一般に高いものとなる．

9.1.2　有機塩素系化合物の分離と分解

　掘削した有機塩素系化合物汚染土に対する汚染物質の分離・回収技術としては，風力乾燥と加熱分離処理がある．風力乾燥は，掘削した汚染土の自然乾燥や，汚染土を盛り立てて，その中に配管し，強制的に空気の注入や吸引を行い乾燥させる方法などがある．加熱分離処理は，加熱装置に汚染土を投入し，汚染物質を揮散させる方法である．また，生石灰を混合し，反応熱を利用して揮散させる方法などもある．揮散させたガスは，活性炭吸着や化学分解により無害化して大気中に放出する．

　揮発性有機塩素化合物の分解（無害化）技術としては，熱分解，化学分解，紫外線分解などがあり，とくに加熱分解処理については，重金属汚染の場合の分解技術がほぼそのまま利用できる．しかし，揮発性有機化合物の場合，ガスとしての分離が容易なことから，現場において汚染土の熱分解や化学分解が実施されることはほとんどなく，固定プラントへ搬入するのが一般的である．汚染された地下水に対し

ては，紫外線分解や触媒分解などの技術が新技術として実施され始めている．

生物分解もベンゼン等の炭化水素の汚染の浄化によく用いられている．とくに，ベンゼン等の軽質油は分解が容易なことから，ランドファーミングのような簡便な手法が有効である．

9.2 土壌洗浄法による分離

9.2.1 原理と特徴

汚染土の分級洗浄は，古くから用いられている非鉄金属の精錬プロセスの1つを利用したものである．すなわち，精錬する前段階で鉱石を粉砕し，有用な成分に富む鉱石部分を分離する選鉱技術を汚染土の分離に応用したものである．精錬分野での同様な分離技術には，比重選鉱，磁力選鉱，浮遊選鉱などがある．

土粒子は造岩鉱物粒子と粘土鉱物粒子の集合体として成り立っている．金属イオンや油が土中に浸入した場合，これらの鉱物の中で比表面積が大きく，イオン交換能力の大きい粘土鉱物粒子に吸着することが多い．また，ダストのような形態の汚染物質が混入している場合でも，その粒径は小さい．したがって，土を洗浄し分級すれば，可溶性の汚染物質は洗浄媒体である水あるいは溶媒中に溶出するとともに，細粒の土粒子部分に汚染物質を濃縮することができる．

分離の効果は，汚染物質の種類，濃度，形態および土質などによって大きく影響されるが，条件によっては，単一の処理だけで土の大半が環境基準を満たすような分離が可能なこともある．また，分離土の歩留まりが悪い場合でも，土壌洗浄法は他の処理と比較すると安価であることから，その後の処理の負担を軽減することがで

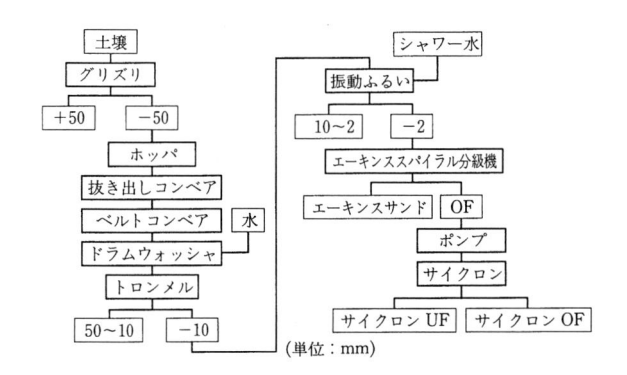

図 9.1 土壌洗浄による重金属汚染土壌の分級処理システム[1]

きる．重金属や油だけでなく，有機化合物にも適用できることが多く，浮遊選鉱との組合せなどが検討されており，適用範囲の広いこともこの方法の特徴といえよう．

分級洗浄処理が適用できる汚染物質としては，カドミウム（Cd），鉛（Pb），砒素（As），水銀（Hg），セレン（Se）等の重金属，PCB等の難揮発性有機塩素化合物，農薬，揮発性炭化水素でない油類等である．

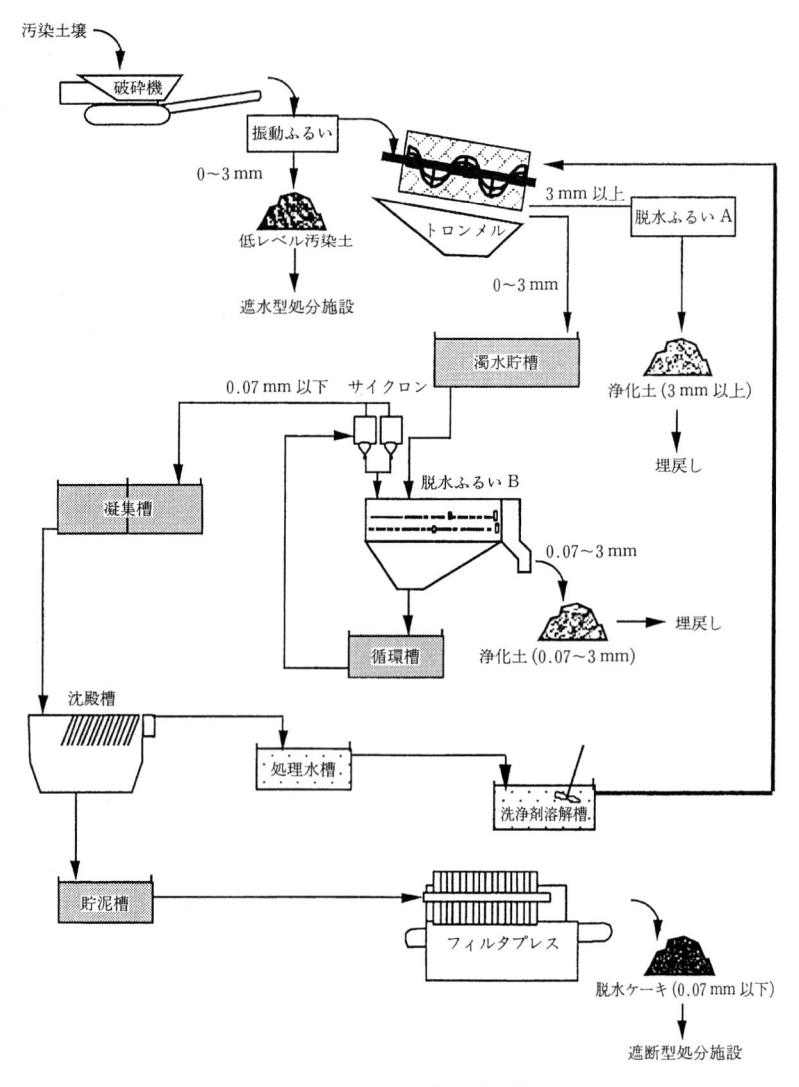

図 **9.2** 土壌洗浄プラントの例

重金属汚染土の分級洗浄の基本的な流れを図 9.1 に，プラントとしての一例を図 9.2 に示す．ドラムスクラバー，振動ふるい，分級機，2 段のサイクロン等を通して洗浄しながら分級し，水に溶けやすい汚染物質を溶解して取り除くとともに，汚染された土粒子ときれいな土粒子とを分離し，その後に行われる最終的な処理量の減量化を図る[3]．

汚染物質の分布が粒径に大きく依存する場合には，分離をより確実にし，汚染部分の清浄部分への混入をできるだけ少なくすることが，分級洗浄の成否を左右する重要なポイントとなる．そのためには，分級洗浄装置について十分に検討する必要がある．最近では，自由沈降による比重分離装置を用いる方式から，粗粒部分への細粒土の混入が少ない，上昇流を利用した水篩形式の比重分離装置の利用が多くなっている．ただ，高濃度に汚染された土では，分級洗浄しても環境基準を満たすような処理ができないこともある．分級洗浄後においても基準に満たない汚染土は，焼却，溶融，セメント固化等の処理を行うか，遮断型の最終処分場に処分する．

9.2.2 重金属汚染への適用

3 種類の汚染土に分級洗浄法を適用した結果の例を表 9.1 に示す．表には，分級装置 UF が 2 mm 以下 300 μm 以上，サイクロン UF が 300 μm 以下 70 μm 以上の土粒子の重量 (Wt：%)，各分画の汚染物質の濃度 (ppm)，その分布率 (%) が示されている．

砂質シルトの試料 2 においては，細粒土に多くの重金属が濃縮している．しかし，試料 1 ではそれが逆転し，試料 3 ではまったく分離されていない．これは，土質の影響であるとともに，試料 1 の汚染物質がスラグや金属などとして存在していたことに大きな原因があると思われる．試料 2 においては，全体の 64.8％を占める分級装置 UF より大きな分画，試料 1 については，全体の 67.8％を占める分級装置 UF と最初のサイクロン UF の 13.0％については，溶出試験による環境基準も満たして

表 9.1 3 種類の汚染土の分級洗浄結果 [4]

	試料 1					試料 2					試料 3		
	Wt (%)	Pb (ppm)	Pb (%)	Cd (ppm)	Cd (%)	Wt (%)	Pb (ppm)	Pb (%)	Hg (ppm)	Hg (%)	Wt (%)	Cr (ppm)	Cr (%)
洗浄装置排出	100.0	665	100.0	17	100.0	100.0	654	100.0	2.01	100.0	100.0	5 940	100.0
2 mm スクリーン網上	25.3	1 670	72.0	41	63.7	16.7	202	6.1	0.86	8.2	48.1	5 120	49.0
分級装置 UF	42.5	87	6.3	2	5.2	48.1	256	22.3	0.84	22.9	28.4	5 940	33.6
1st サイクロン UF	13.0	258	5.7	10	7.9	11.8	1 289	27.5	4.86	32.5	8.7	3 540	6.1
2nd サイクロン UF	9.3	686	10.9	16	9.1	10.2	780	14.4	2.12	12.3	6.7	5 920	7.9
尾鉱（排水も含む）	9.9	305	5.1	15	14.0	13.2	1 245	29.7	3.22	24.1	8.1	2 080	3.4

いる．

　このように，分級洗浄の効果は汚染土によって大きく変わるので，事前の試験を行うことが重要であるとともに，他の溶媒や抽出剤の使用，運転条件の選択，分級洗浄以外の方法の利用なども考える必要がある[5]．水以外の溶媒や抽出剤の使用としては，砒素汚染土に対する抽出剤としての酸，アルカリ，キレートなどの使用がある．設備やコストからするとアルカリ抽出が有利であろう．砒素と鉛の汚染土をアルカリ抽出することによって，80〜90%程度の除去が可能であることが確認されている．

　また，汚染物質の吸着が土粒子の粒度だけによらない場合もある．このようなことを考慮すると，種々の分離手段をもつことも重要である．その中でも，磁着物質を分離する磁力選別と，物質の表面状態の違いを利用する泡沫浮上法の技術は有効な方法といえる．泡沫浮上法については後から触れる．磁力選別では，鉛・砒素汚染土に対して，洗浄工程の中に組み込んだ湿式磁力選別装置を用いることによって，磁着物質の80%を回収した実績が報告されている[4]．

9.2.3　油汚染土への適用

　世界中に大きな衝撃を与えた湾岸戦争から8年が経過した．クウェート国内では着実に復興が進められ，市街地では戦前の姿をとり戻しつつあるといわれる．しかし，油田の破壊で漏洩した原油による環境破壊はいまだに深刻である．現地政府の推定では，数千万バレルの原油が流出したとされている．漏洩した油が砂漠の低地に堆積した油溜り（オイルレイク）は，クウェート全土で500か所，49 km^2 に及んでおり，貴重な資源である地下水を汚染する危険性が指摘されている．原油の回収にあたっているクウェート石油会社によれば，回収可能な原油は2 250万バレルで，残りは地中に浸透し，汚染土量は2 265万 m^3 と推定されている．

　ここでは，オイルレイクの表層に堆積しているオイルスラッジの浄化を目的とした分級洗浄処理の例を見てみよう[6]．一般に，オイルレイクの原油はバキューム車等で可能な限り回収する．また，夏期には，灼熱によって軽質油分は蒸発してしまう．そのため，オイルレイクには粘性の非常に高い重質油分のみが残されている．深度方向には約1 mの土が原油で汚染されており，表面約20 cmには溶けたアスファルト状のオイルスラッジが存在している．その下には油分濃度が約20%程度以下の汚染土がある．オイルスラッジの成分は，油分が約50%，塩分約20%，砂分約30%（平均）となっている．比重は1.3〜1.6程度である．

　オイルスラッジの油分を7%以下，塩分を3%以下にすることを目標として，灯油を用いた溶媒洗浄と，水に界面活性剤を加えた水洗浄が実施された．洗浄の工程を

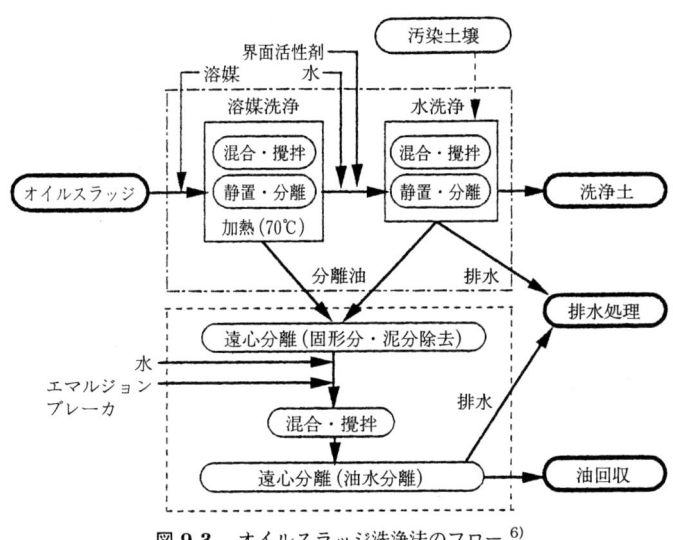

図 9.3 オイルスラッジ洗浄法のフロー [6)]

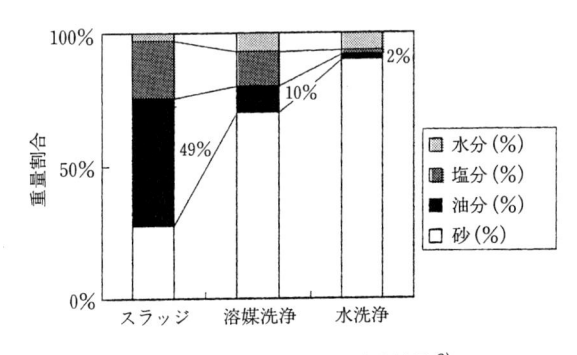

図 9.4 オイルスラッジ洗浄結果 [6)]

図9.3に示す．この方法によって，1日最高30tのオイルスラッジを処理することができる．オイルスラッジの粘性は非常に高く，ポンプでの搬送は難しいことから，まず，溶媒洗浄槽にオイルスラッジを投入し，オイルスラッジに対して30～50%の溶媒を添加し，70℃程度に加温し，混合・撹拌を行っている．この操作によって，オイルスラッジの粘性は低下し，ポンプ搬送が可能となる．撹拌後に静置して油分と土粒子を分離する．この溶媒洗浄により，土中の油分を10%（平均）に下げることができたと報告されている．

残された土に対して，0.1～0.2%の界面活性剤を加えた水によって再度撹拌・洗浄

を行う．静置後，水，油分，土粒子を分離し，排水は蒸発池で処理する．この工程での洗浄処理の結果の例を示したのが図9.4である．土中の油分，塩分とも2%（平均）にまで下がっていることがわかる．また，油分濃度が約20%以下の汚染土に関しては，溶媒洗浄を行わずに水洗浄のみで処理できることが確認されている．重油汚染土の洗浄剤として水ガラスの利用等も検討されている[7]．

9.3　気泡連行法による分離

　土壌洗浄のカテゴリーに入る分離処理の1つとして気泡連行法がある[8]．図9.5に概念を示すように，アルカリ下において，微細気泡を発生させることによって，油分のみを土より連行分離するものである．気泡の発生方法としては，過酸化水素の自己分解作用による酸素ガスが有効である．この方法は，土壌洗浄法において問題となる水処理の負担を軽減し，分離された土や油をリサイクル可能な形で回収できるところに特徴がある．また多くの場合，90〜99%の油分の除去が可能であるが，難分解性物質の除去効果が高いので，残存油分に対して微生物による分解機能が作用し，さらなる濃度の低下が期待できる[2]．

　この方法による分離は，微細な気泡が土粒子表面の油に付着し，浮上する際の物理的な連行作用によっている．したがって，撹拌は重要であり，これによって汚染土とアルカリ水を十分に接触させ，微細な気泡によって，剥離した油分の表面への浮上を促進させることができる．土に付着した油分はアルカリ水と反応し，若干の界面活性効果が生じて，油分と土粒子とが分離しやすくなる．効果を発揮するために必要なアルカリ度は，汚染土に付着している油の性質によって大きく異なり，中性でも十分な分離効果がある場合もある．汚染土から油分を十分に分離するには，気泡の発生量に応じた放置時間が必要であるが，それは汚染土の種類によって異なる．

　この方法の室内実験結果の例を図9.6に示す．用いた汚染土は，C重油系によって汚染された後，50年以上経過した非常に油の分離が困難な汚染濃度3〜4.5%の砂質土である．油の漏出，浸透によって汚染され，長期間を経た汚染土の濃度レベルとしてはこの程度のものが多い．気泡連行法による効果は，界面活性剤による方法に比べて非常に高いことがわかる．

　気泡連行法の実用プラントとしては，処理の量に応じてさまざまなものが考えられる．処理する総量が数トン程度の小さい場合には，簡単なバッチ装置でも対応が可能であるが，数十トンレベル以上の場合には，連続処理が可能なシステムが必要になる[9]．このようなシステムにおいては，汚染土は連続的に処理されるとともに，洗浄水は一定時間間隔で凝集沈殿処理した洗浄水を繰り返し使用するので，水の使

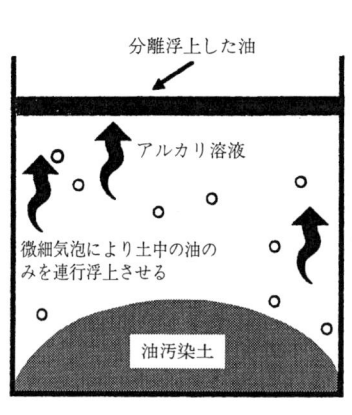

図 9.5 気泡連行法の概念図 [8] 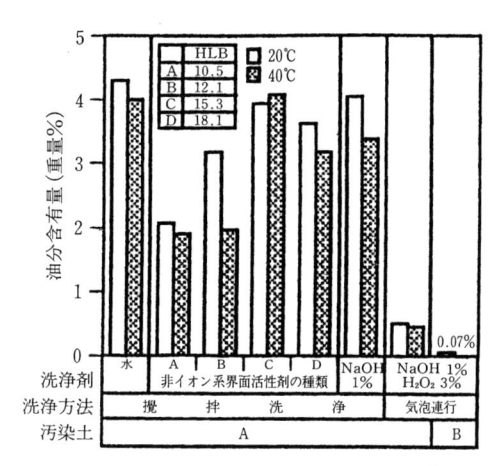　　**図 9.6** 気泡連行法のビーカ実験の結果例 [8]

用量を減ずることができる．

9.4 泡沫浮上法による分離

　泡沫浮上法による汚染土の洗浄は，採鉱された鉱石から必要成分を濃縮する選鉱技術の1つである浮遊選鉱法を利用するものである．土粒子を懸濁させた液に空気を送り込むと，疎水性表面を有する粒子は，送り込まれた空気により生じた泡沫に付着して浮上する．その原理の概念を図9.7に示す [2]．親水性表面をもつ粒子は泡沫に付着しないので両者を分離できる．浮上した粒子は汚染物質が濃縮されており，沈殿した粒子は浄化された土粒子となる．前処理として，分級，磁力選別，比重選別により汚染物質の濃度を高めておくと効率がよくなる．浮上してきた土粒子は高濃度の汚染物質を含むので，後処理が必要である．

　この方法は主として，含有量参考値を超える程度の鉛汚染土あるいは土壌環境基準を超える程度の砒素汚染土に対して，磁力選別や比重選別を施した後で適用されている．鉛や砒素による汚染土については，浮選剤として硫化剤が最も有効であり，浮上した土粒子には鉛と砒素が濃縮される．もとの土に比べて10倍程度濃縮されたという結果も報告されている．一方，沈殿した土粒子中の鉛や砒素の濃度は，もとの土に比べて20〜40%低下する．

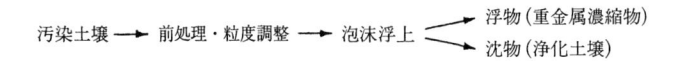

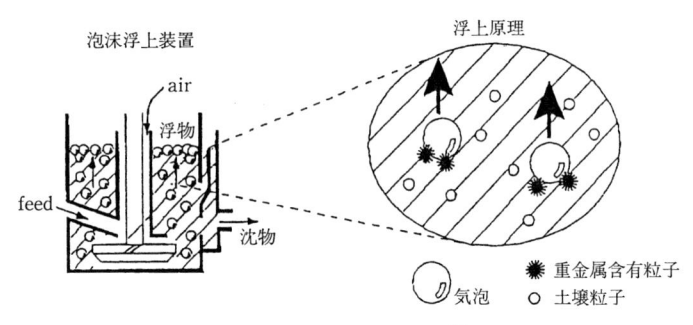

汚染土壌 → 前処理・粒度調整 → 泡沫浮上 → 浮物（重金属濃縮物）
　　　　　　　　　　　　　　　　　　　↘ 沈物（浄化土壌）

図 9.7　泡沫浮上法の原理 [2]

9.5　加熱による分離[2]

　普通，熱処理は有機化合物の熱分解に利用されるが，分解しない重金属で汚染された土を適切な温度で加熱することによって，重金属の分離あるいは重金属の形態の変化による安定化を図ることができる．

　熱処理を行うと，熱分解を起こすまでの温度に達しなくても，揮発・脱着によって，溶剤や揮発油など蒸気圧の高い有機化合物，常温でも揮発する水銀などの金属，砒素や鉛などの比較的沸点の低い金属は，土中からの分離が可能である．鉛や水銀を含む汚染土を，ロータリーキルン型の炉において，段階的に加熱したときの溶出結果の例を表 9.2 に示す．また，加熱温度と各種重金属化合物の蒸気圧の関係は図 9.8 のようである．

表 9.2　重金属の熱揮発・熱安定化試験結果 [4]

	Pb			Hg		
	含有 (ppm)	溶出 (pH 7)	溶出 (pH 4)	含有 (ppm)	溶出 (pH 7)	溶出 (pH 4)
処理前土	377	0.42	0.48	1.3	0.0005	0.0020
400 ℃	344	0.01	0.5	0.4	< 0.0005	< 0.0005
600 ℃	442	0.02	1.74	< 0.1	< 0.0005	< 0.0005
800 ℃	126	0.01	0.01	< 0.1	< 0.0005	< 0.0005

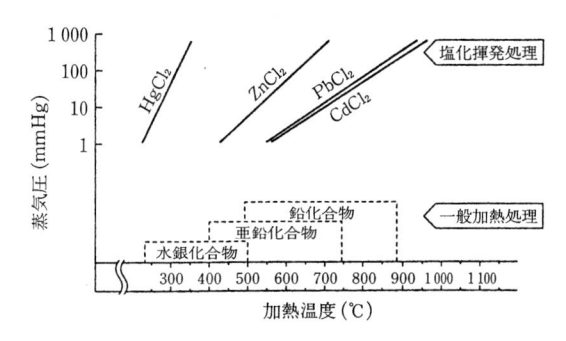

図 9.8 加熱温度と各金属化合物の蒸気圧 [10)]

表 9.3 特別管理産業廃棄物新規追加 12 物質熱分解データ [4)]

	物質名	99%熱分解温度 (℃)	発火点 (℃)	熱分解難易度ランク
①	ジクロロメタン	815	662	65–66
②	四塩化炭素	645	—	148–153
③	1,2-ジクロロエタン	680	449	131–
④	1,1-ジクロロエチレン	860	513	42–44
⑤	シス-1,2-ジクロロエチレン	825	458	54
⑥	1,1,1-トリクロロエタン	545	537	201
⑦	1,1,2-トリクロロエタン	635	460	158–161
⑧	ベンゼン	~1 150	562	3
⑨	1,3-ジクロロプロペン	780*	520	121–125
⑩	チウラム	—	250	295–296
⑪	シマジン	—	500	—
⑫	チオベンカルブ	—	525	—

(注) *1,1-ジクロロプロペンのデータ
熱分解難易度ランク:320 物質中のランク.ランク数上ほど熱分解しにくい.

　最も揮発しやすい水銀は 400 ℃ から 500 ℃ の処理によって,ほぼ完全に土中から除去される.鉛,砒素,亜鉛については,温度の上昇とともに除去されるが,除去率は 50% 程度であり,土中から除去された金属類のうち約 40% は,炉内からの微粒子の機械的飛散により除去されることが確かめられている.土からの揮発・脱着による分離効果は,汚染物質の形態や炉の加熱方法によって大きく左右される.
　表 9.2 には熱処理後の溶出試験結果も示されている.水銀以外の元素は,含まれている全量が土中から除去されるわけではないが,800 ℃ 以上の加熱により,どの条

件下における溶出試験の結果も，環境基準を満たすまでに低下していることがわかる．これは，加熱という大きなエネルギーが加えられたことによって，重金属化合物が一定の形態に変化するとともに，結晶化が促進されることによるものと考えられている．この熱安定化の効果は，たとえば，有機物と重金属等の複合汚染土の処理に有効であり，有機物の熱分解と並行して，重金属を安定化する効果がある．表9.3に環境基準に規定されている物質の99%熱分解温度を示す．通常，産業廃棄物は850℃付近で熱処理されるが，この温度においては，ほとんどの物質が分解されることがわかる．

9.5.1　加熱分離

加熱によって汚染土壌から重金属を分離する方法は，通常，燃料を用いて1 000～1 100℃程度に予熱したロータリーキルンに汚染土を投入し，空気を送りながら加熱し，揮発しやすい重金属類を揮発させて分離する方法がとられる．同時にそして副次的に，揮発せずに残留している重金属も加熱によって水に溶けにくい酸化物に変化する．処理した汚染土は徐々に冷却するかあるいは急速に冷却する．排ガスは冷却した後，水，苛性ソーダ，消石灰，硫化ソーダなどの溶液で湿式洗浄した後，湿式電気集塵機を用いて除塵する．

加熱分離処理の基本的なシステムの概念は図9.9のようである．加熱分離処理においては，排ガス中の重金属を除去すること，および，排ガス処理で生成したダストを適切に処理する必要がある．加熱処理であるため，土の性質が変わることや有害な二次生成物が生産されることがある[11]．

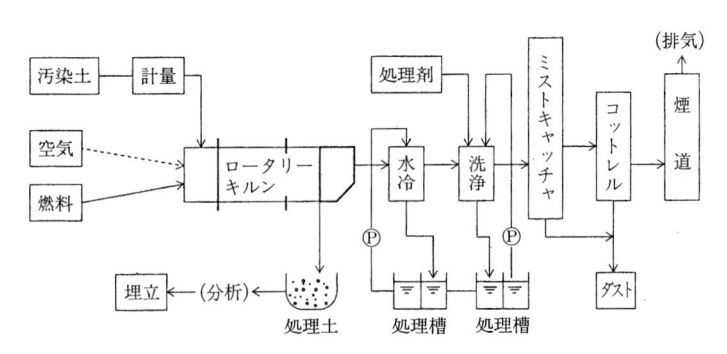

図9.9　汚染土壌の加熱処理施設フロー・シート[10]

9.5 加熱による分離

表 9.4 実験条件[12]

CASE	加熱温度 (℃)	風量 (m³/h)
1	220〜230	100
2	275〜300	30
3	275〜300	100
4	275〜300	120

表 9.5 プラント実験結果[12]

経過時間	総水銀除去率 (%)			
	CASE 1	CASE 2	CASE 3	CASE 4
20	92.5	83.4	98.3	97.5
40	91.6	93.3	98.3	98.9
60	91.6	93.3	98.3	98.9
90	91.6	93.3	98.3	98.9
120	91.6	93.3	98.3	98.9
残留濃度 (mg/kgDry)	3.02	4.0	2.5	0.7

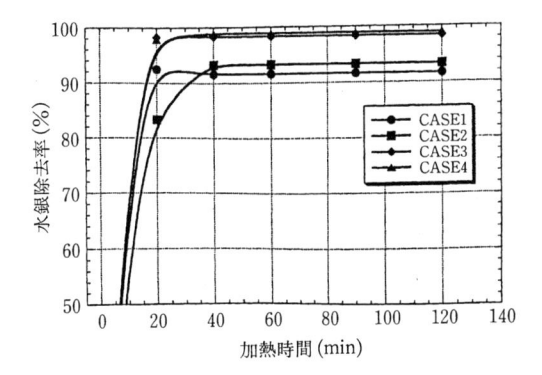

図 9.10 加熱処理による水銀除去経時変化[12]

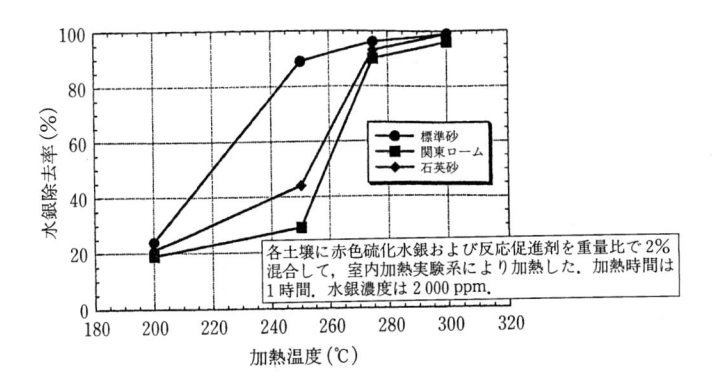

図 9.11 加熱温度と除去率の関係[12]

各土壌に赤色硫化水銀および反応促進剤を重量比で2%混合して、室内加熱実験系により加熱した．加熱時間は1時間．水銀濃度は2 000 ppm．

過去の事例をみると，高濃度の亜鉛と水銀を含み，鉛が土壌環境基準を超過する汚染土において，土壌環境基準を満たすまでの浄化ができている．ただ，この方法によって分離処理された土が，環境基準を満足しないことも多く，そのような場合には処理土の処分先を確保する必要がある．

比較的高温な加熱による問題点を避けるために，また，省エネ型の加熱処理として，水銀のような低沸点の重金属については，低温加熱による分離処理が用いられる[12]．この方法によった例を表9.4,表9.5および図9.10,図9.11に示す．この事例で対象とした土は，含水比43%程度，有機物含有量4%，乾燥質量での総水銀含有量47.7〜60.3 mg/kgの砂質シルトである．低温加熱処理プラントは，図9.12に示すような間接加熱によるロータリーキルン方式であり，最大50 kg程度の汚染土壌を投入できる．このプラントにおいては，キルン内への汚染土の投入量が一定になるように調整され，投入された後，約2時間で廃土されるように設定されている．蒸気化した水銀は湿式スクラバーに導かれ，硫酸酸性の過マンガン酸カリウム1%溶液によって捕集される．また，安全性を考慮して，さらに後段に水銀吸着専用の活性炭を充塡した吸着槽を設け，外部への水銀の流出を防止している．

いずれの処理の場合でも，加熱時間40分経過以降の除去率が一定であることから，反応促進剤と水銀の反応は，実験開始から40分以内に終了している．また，温度変化に伴う水銀の除去効率は，土質条件にかかわらず275℃以上の加熱で顕著になる．

揮発性有機塩素化合物やベンゼンなどの揮発性炭化水素による汚染土壌を低温で

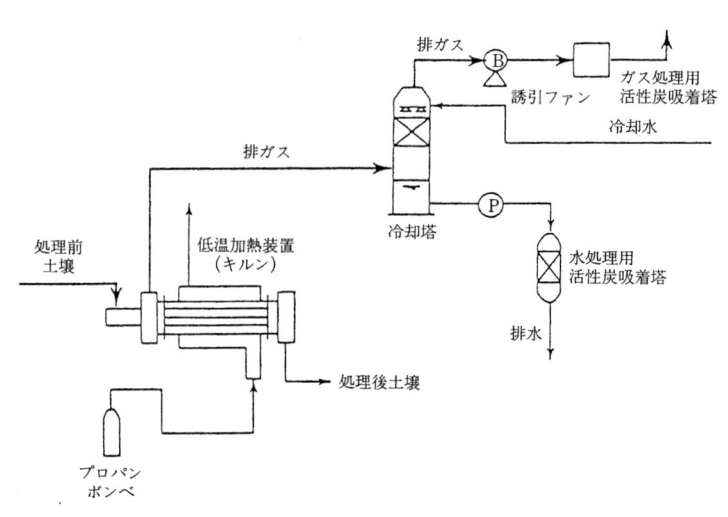

図 9.12　低温加熱装置と処理のフロー[2]

処理する方法も開発されている[2]．汚染土を 500 ℃以下の間接加熱多筒式ロータリーキルン内で加熱し，揮発性物質を気化させて回収する．排ガスは大気中に放出する前に活性炭吸着処理を行う．処理能力は 2～4 t/h 程度のことが多い．レトルトパイプと汚染土が接触することによる間接加熱方式であるので，キルン投入前に木片，石などは除去するとともに，土塊などの破砕，水分が多いときには水切りなどの前処理が必要である．最高 1 000 mg/kg 程度のテトラクロロエチレンを含む汚染土壌を低温加熱した結果，加熱温度 135 ℃で 99.1 %，185 ℃で 99.9 %，235 ℃で 99.99 % の除去率が得られている．

9.5.2 水蒸気加熱による分離

　水蒸気加熱による分離は，掘削した汚染土を間接加熱するとともに，300～800 ℃の加熱蒸気と接触させ，土から汚染物質を揮散，脱離させて浄化する方法である[2]．揮散した汚染物質は，排ガス処理系のバグフィルター，コンデンサ，スクラバー，活性炭槽，触媒酸化器によって浄化する．汚染物質を含む凝縮液は排水処理設備によって浄化する．主として水銀汚染に用いられ，一部トリクロロエチレンなどの揮発性有機化合物にも適用できる．前処理として，20 mm 程度以上の礫や石を取り除く必要がある．後処理として排ガス処理と凝縮液の処理が必要である．

　現場実証実験によると，20～1 000 ppm の水銀を含む汚染土を水蒸気加熱法で処理した結果，除去率 98.8～99.99 % が得られている．処理後の土の溶出試験においても水銀の溶出は認められず，排ガス処理後の水銀濃度は，WHO の基準値 15 $\mu g/m^3$ 以下となっている．水銀を含む凝縮液については，凝集沈殿，活性炭吸着，キレート樹脂を用いることにより，環境基準値 0.0005 mg/l 以下にすることができる．この方法を用いるためには，都市ガスなどの熱源が必要である．また，加熱処理であるので，非意図的な有害物質の生成の可能性があり，処理後の土の性質も変化する可能性がある．

9.5.3 加熱塩化揮発法による分離

　加熱塩化揮発法は，掘削した汚染土に塩化カルシウム水溶液を加え，重金属を塩化物に変え沸点を低下させた後，800～1 000 ℃に加熱して重金属を揮発し除去するものである．汚染土については実証試験の段階であるが，鉱石や産業廃棄物からの重金属を回収する技術としては多くの実績を有している．処理プロセスの概要を図 9.13 に示す．銅，鉛，亜鉛，カドミウムの分離処理に効果がある．

　揮発し回収された重金属は，排ガス処理，排水処理あるいは廃棄物処理によって適切に処理される必要がある．土壌分級洗浄などであらかじめ低濃度の部分を分離

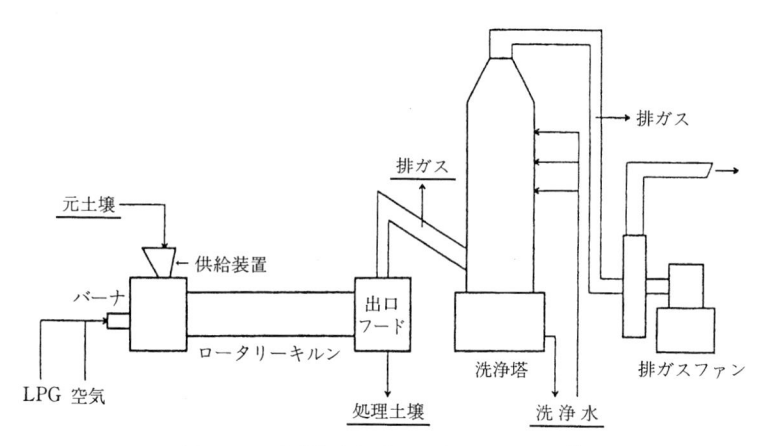

図 9.13 加熱塩化揮発法のプロセスの概要 [2]

しておくと、この方法で処理する汚染土の量を少なくすることができる。

　過去の実験等によると、塩化カルシウムを添加することにより、800～1 000 ℃での30～60分の加熱処理で、土中の鉛とカドミウムの濃度が大幅に低下している。亜鉛についても、単なる加熱処理に比べて除去効果が大きい。銅ではこの方法による濃度の低下は明らかではないが、溶出試験においては、土壌環境基準をクリアしている。処理中に非意図的な有害物質の生成の可能性があるとともに、土の性質の変化も考えられる。

9.6　触媒を用いる分解 [2]

9.6.1　有機塩素系化合物の触媒分解

　触媒分解処理法は、トリクロロエチレンなどの揮発性有機塩素化合物の分解処理に適用でき、現在、開発中の技術といえる。地中から抽出された土壌ガスに含まれるトリクロロエチレンなどを活性炭槽で濃縮し、熱風によって脱着した揮発性有機化合物を有酸素状態で触媒熱分解する。分解温度は475～525 ℃程度である。この方法は、汚染の濃度が低い場合でも、吸着濃縮によって濃度を高め、処理の効率を向上させることをねらった方法といえる。分解後の排ガス中に、非意図的に生成される有害物質を含む可能性があり、排ガスの処理が必要となる。

　実証実験によると次のようなことが明らかにされている。①分解効率を上げるためには、活性炭槽での熱脱着における温度管理が重要である、②分解後の排ガス中に未分解のトリクロロエチレンとクロロベンゼン類が含まれている、③反応温度を

500 ℃以上に上げると，99.9%のトリクロロエチレンが分解されるが，温度が低いと排ガス中のトリクロロエチレンの濃度が高くなる．④有酸素状態での熱分解であるので，排ガス中にはクロロベンゼンが含まれている．このようなことから，活性炭槽での熱脱着や触媒層の温度管理など，一連のシステムを自動制御する必要がある．

9.6.2　ガス中の有機塩素系化合物の触媒酸化分解

この方法は，土壌ガス中の揮発性有機塩素化合物の分解に用いられる．吸引された土壌ガスを，気液分離装置を通してミストや砂粒子を除き，反応ガスとの熱交換で予熱し，電気ヒータで加熱した後，ハニカム構造のチタニア/シリカ複合酸化物一体成型触媒を充填した反応器に通して揮発性有機塩素化合物を分解する[2]．そのシステムの概要を図 9.14 に示す．

分解ガスは，アルカリスクラバーによって塩化水素を除いて大気に放出する．気液分離器で分離された水は処理後に，また，アルカリスクラバーで生成した塩化ナトリウム水溶液は pH 処理後に放流する．非意図的な有害物質が生成する場合は，それを除去するための排ガス処理が必要である．実証実験等によると，反応器の入口温度が 350 ℃で，99.5%以上の分解率が得られている．

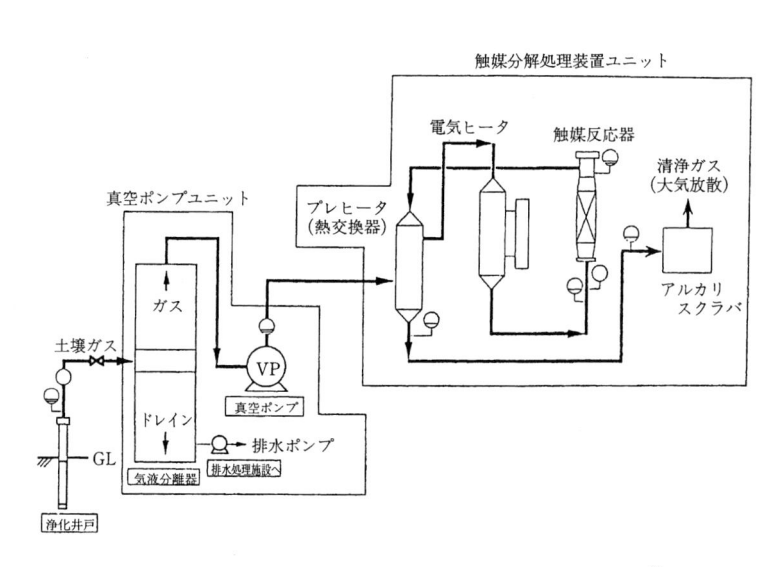

図 9.14　ガス中の揮発性有機塩素化合物の触媒酸化分解処理[2]

9.7 紫外線による有機塩素系化合物の分解[2)]

　紫外線による揮発性有機塩素化合物の分解処理は，汚染地下水と汚染土壌ガスに適用できる．汚染地下水に適用する場合は，揚水した汚染地下水に過酸化水素を添加した後，低圧水銀ランプで発生させた紫外線を照射し，過酸化水素の分解によって生じたOHラジカルで，トリクロロエチレン等の揮発性有機塩素化合物を分解するものである．この処理システムの概要を図9.15に示す．分解水は，活性炭層を通して残留する過酸化水素を分解した後，アルカリでpH調整する．ばっ気処理のように排ガス処理を行う必要はない．

　実証実験等によると，過酸化水素濃度20 mg/l，紫外線照射量1.0 kWh/m^3，あるいは，過酸化水素濃度60 mg/l，紫外線照射量0.4 kWh/m^{3}以上で，1 mg/l以上のトリクロロエチレンが0.005 mg/l以下にまで分解されている．

　地下水中に還元生成物などの酸化分解を阻害する成分があると，処理の効率は低下する．ジクロロエタンやトリクロロエタンなどの飽和化合物は分解されにくく，これらの成分を高濃度に含む場合は，別な処理法を組み合わせて用いる必要がある．クロロメタン類を含む水にも適用しにくいと考えられている．

　一方，汚染土壌ガス中の揮発性有機塩素化合物の分解処理は，地中から吸引された土壌ガスあるいはばっ気処理したガスを，フィルターを通して2段の反応槽に導

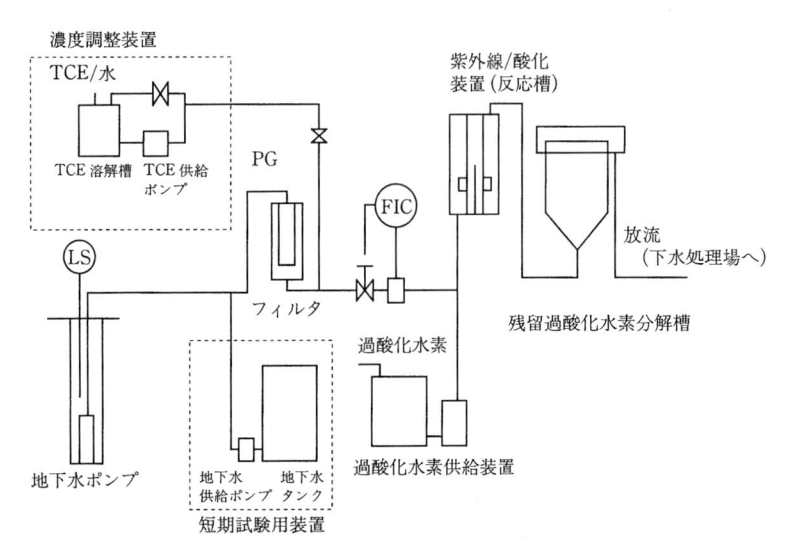

図9.15 地下水中の揮発性有機塩素化合物の紫外線分解処理 [2)]

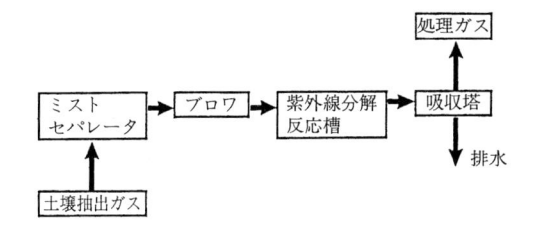

図 9.16　ガス中の揮発性有機塩素化合物の紫外線分解処理 [2]

き，空気雰囲気の下で紫外線を照射してトリクロロエチレン等を分解させるものである．処理フローの概要を図 9.16 に示す．後処理として，水で湿潤させた大理石を充填した吸収塔に排ガスを通し，分解生成物を吸収させる．また，吸収塔で生成した有機物を処理するため，活性汚泥等による排水の処理も必要となる．

実証実験においては，1 500 ppmv のトリクロロエチレンを含む土壌ガスを，0.4 m^3/分の速度で処理した場合において，96％以上の分解率が得られている．入口濃度が低下すると，また，ガス流量が増加すると分解率は低下するが，2 段目の反応槽出口のトリクロロエチレン濃度は 1 ppmv 以下と低濃度である．

9.8　有機塩素系化合物の還元無害化処理[2]

還元無害化処理は，地中から抽出された土壌ガス中に含まれる揮発性有機塩素化合物を分解する技術である．揮発性有機塩素化合物を含む土壌ガスに水素ガスを混入し，この混合ガスを，加温した貴金属の粒状触媒の充填槽に通し，還元反応によって揮発性有機塩素化合物を脱塩素して無害化する．トリクロロエチレンの場合，脱塩素されてエタンになり，200 ℃程度の触媒反応槽での共存する酸素との反応で，二酸化炭素と水とに分解される．このシステムの概要を図 9.17 に示す．

抽出された土壌ガスのトリクロロエチレンの濃度が高い場合には，処理する目標によっては希釈が必要なこともある．脱塩素された塩素は塩化水素となるので，後処理としての中和処理が必要である．実証実験によると，抽出された土壌ガス中のトリクロロエチレン濃度が 200 ppm のとき，水素ガスの添加濃度を 0.25％にすれば，触媒反応槽の出口での濃度は 2～3 ppm にまで分解処理されている．さらに濃度を低下させるには，空気で希釈するか，触媒反応槽の装置を変更（滞留時間を長くする，多段化するなど）することが考えられる．実証実験の範囲においては，有機塩素化合物に含まれる塩素と炭素が，最終的には，中和水中の塩化物イオンと排

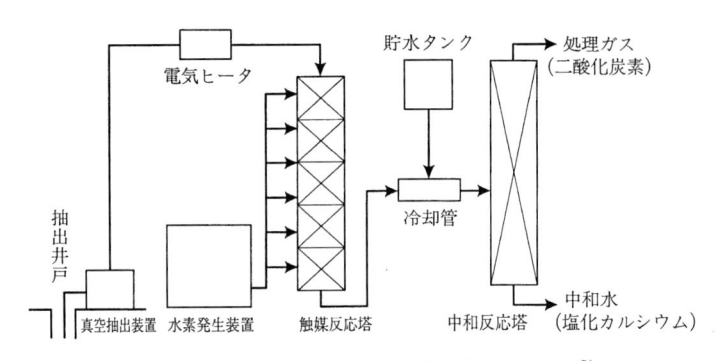

図 9.17 ガス中の揮発性有機塩素化合物の還元処理[2]

ガス中の二酸化炭素によって，ほぼ100%回収されている．この方法においては，水素ガス注入の必要があり，危険物の取扱いには厳重な注意が必要である．コストはかなり高いが，水の電気分解による水素ガスの供給が考えられている．

9.9 BCD 法による PCB 汚染土の分解[2]

BCD 法（Base Catalysed Decomposition Process）は，アルカリ触媒分解法とも呼ばれ，土壌中の難揮発性有機塩素化合物である PCB を脱塩素し，無害な物質に変換する方法として，米国環境保護庁で開発され，すでに米国では実用化されている．処理システムの概要を図 9.18 に示す．

この処理プロセスは，まず土壌から PCB を分離して土壌を浄化し，さらにガス中に分離された PCB を液状で捕集する前段と，捕集した PCB を化学分解する後段とからなる．前段では，PCB で汚染された土壌に重炭酸ソーダ（$NaHCO_3$）を添加し，これを土壌反応器に入れて 300~350 ℃ で間接加熱し，土壌水分とともに PCB を凝縮液として分離（熱脱着）する．土壌は冷却して無害な土として埋戻しなどに利用される．土壌反応器中では，重炭酸ソーダを加えることによって熱脱着（分離）が促進される．次いで，土壌反応器より出る水蒸気，PCB 蒸気および空気等よりなるガスは，ダスト除去の後，冷却して凝縮，油水分離により PCB を分離する．後段として，凝縮液として分離された PCB に，苛性ソーダ，水素供与体（重油）およびアルカリ触媒を添加し，液反応器中において約 33 ℃ で加熱することによって，PCB などの有機塩素化合物を化学分解する．

前処理として，土壌中の礫や石を除去するとともに，土壌水分を 15% 程度に調整

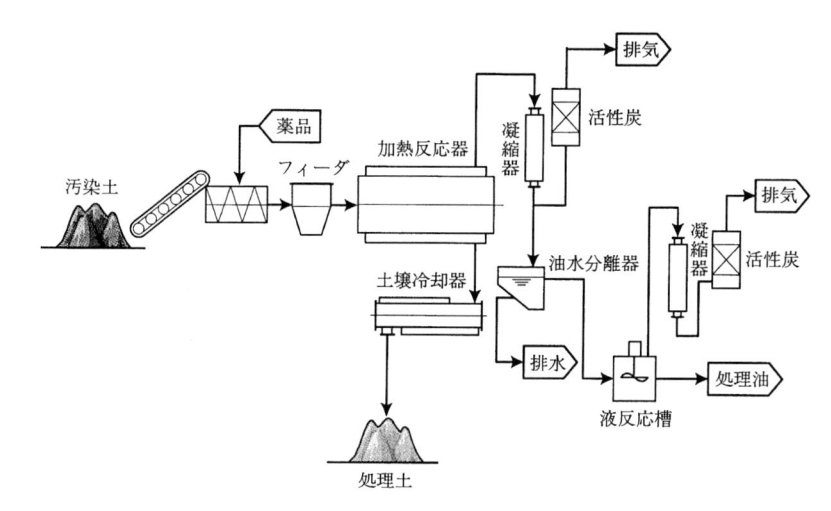

図 9.18 BCD 法による PCB 汚染土の分解処理 [2]

する必要がある．処理後においては，液状反応槽で多量の PCB が分解されると塩が発生するので，塩分を除去することによって，用いた重油は燃料として利用できる．過去の事例によると，土壌反応器において，PCB 汚染土壌から 99.99％以上の除去率が，さらに，液状反応槽では，凝縮液中の PCB は 99.999％程度の分解率が得られている．

参考文献
1) 地盤工学会編：廃棄物と建設発生土の地盤工学的有効利用，地盤工学会，1998．
2) 環境庁水質保全局監修：土壌・地下水汚染に係わる調査・対策指針および運用基準，土壌環境センター，1999．
3) 田淵健太：重金属で汚染された土壌の分級洗浄とリサイクル，資源と素材，Vol.13, pp.1115–1120, 1997．
4) 白鳥寿一：地盤環境汚染の対策技術と実例，地盤環境汚染における指針の改定と調査・対策技術の現状講習会講演資料，地盤工学会，pp.27–36, 1999．
5) 浅田素之，小川恵道，熊本進誠：重金属汚染土の分級・洗浄処理に関する基礎的検討，第 3 回環境地盤工学シンポジウム論文集，地盤工学会，pp.265–268, 1999．
6) 浅田素之ほか：物理的洗浄法によるクウェートでのオイルレイク・浄化, 基礎工, Vol.27, No.2, pp.42–44, 1999．
7) 平野文昭ほか：A 重油汚染土の洗浄に関する基礎的検討，第 3 回環境地盤工学シンポジウム論文集，地盤工学会，pp.269–272, 1999．
8) 川端淳一，河合達司：脂汚染土壌浄化技術—「気泡連行法」と生物処理について，基礎工, Vol.27, No.2, pp.45–47, 1999．
9) 川端淳一：油汚染土浄化技術，気泡連行法の気泡の効果と実用システムについて，第

6回地下水・土壌汚染とその防止対策に関する研究集会, 1998.
10) 岩田進午, 喜田大三監修：土の環境圏, フジ・テクノシステム, 1997.
11) 高橋　忍, 佐々木憲一：海外における汚染浄化対策技術の現状 (1), 土と基礎, Vol.43, No.1, pp.49–57, 1995.
12) 松山明人, 岡田和夫：水銀汚染土壌の低温加熱による浄化処理技術, 基礎工, Vol.27, No.2, pp.32–34, 1999.

第10章　廃棄物処分場と地盤汚染

　現在，廃棄物処理に関するさまざまな問題が噴出している．焼却施設から排出されるダイオキシン，最終処分場から発生する浸出水，廃棄物処理施設の立地をめぐる住民運動の頻発などに象徴されるように，廃棄物処理に伴う環境負荷は大きな社会問題として関心を集めている．本章においては，廃棄物処理のプロセスにおいて重要な位置を占める最終処分に焦点をあて，最終処分場の建設，要求される機能，処分場と地盤・地下水汚染とのかかわりなどについて解説する．

10.1　廃棄物処分場と地盤・地下水汚染

　有害物質の埋立が禁止され，安全性が最も高いはずの安定型産業廃棄物処分場においても，高濃度の重金属や発ガン性物質が検出されている．環境庁の全国調査によると，調査対象場所の4割弱で汚染が進み，砒素が環境基準の最高約9倍に達した処分場もある．この調査は，環境庁が全国の産業廃棄物処分場の約6割にあたる1 600か所の安定型処分場の中から82か所を無作為に選び，雨水が集まる場内の水溜りの水質を1994年から2年間調べた結果であり，重金属については，水銀，カドミウム，鉛，砒素の4種類が12か所から検出され，7か所で地下水の環境基準を上回っていた．砒素の最大濃度は環境基準の8.7倍の1lあたり0.087 mg，鉛で環境基準の5倍，水銀で1.2倍に達している[1]．
　発ガン性物質の有機化合物も20か所で検出され，2か所で環境基準を超えている．最高濃度はシマジンが環境基準の約2.5倍，ジクロロメタンが2.3倍，ジクロロエタンが1.25倍，ベンゼンが1.2倍となっている．重金属あるいは発ガン性物質のいずれかで汚染されている処分場は全体の約36％にあたる30か所に及んでいる．また，22か所において，下水の終末処理の水質基準を上回っており，COD (Chemical Oxygen Demand：化学的酸素要求量) は200 mgを超えるところもあり，紙パル

プ工場から排出される汚水並みの漏出水もあった．安定型処分場は有害物質が混入していないはずの安定5品目を対象としており，排水施設を必要としないものである．しかし，実態は上述のように安定型の処分場にも有害物質が混入していて，地盤・地下水の汚染を引き起こしている．処分場のあり方の再検討の必要性を示唆しているといえよう．

10.2 廃棄物処分場

10.2.1 廃棄物処分の考え方

　種々のシステムやプロセスによって，廃棄物の再資源化あるいは減量化・安定化・無害化が図られている．しかし，人が生活し産業が活動している以上廃棄物をなくすことはできず，最終的には，廃棄物を自然空間に還元する以外に方法はない．地盤内あるいは海や川などの自然界に勝手に捨てられると環境が汚染される．そのため，廃棄物は一定の基準に従って計画的に処分されなければならない．この行為を最終処分といい，埋立処分と海洋投入処分とがある．海洋投入処分はロンドン条約[2]によって禁止されているから，埋立処分が唯一の最終処分となる．

　廃棄物の埋立処分は，廃棄物の減量化，リサイクル，輸送などとともに，廃棄物の処理過程における最も重要な最後の処理プロセスである．埋立最終処分の計画，設

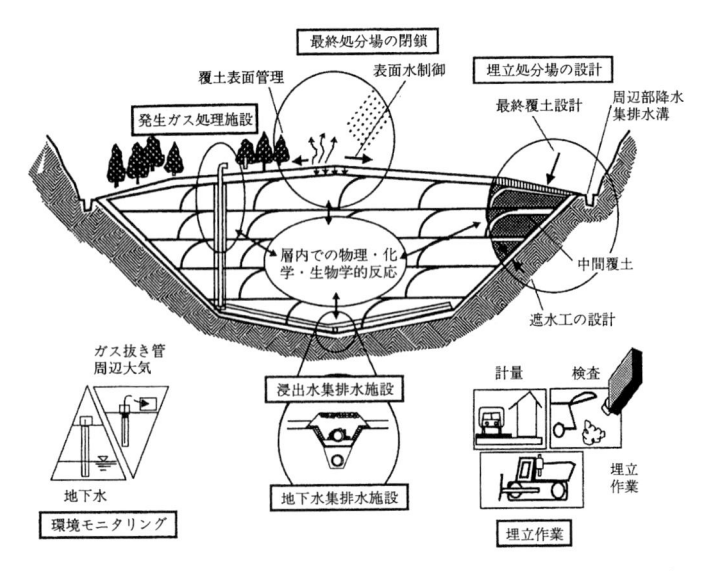

図 10.1　埋立最終処分場の計画，設計，施工，管理等における基本要素[3]

計あるいは操業において考慮しなければならない基本的な要素は図10.1のようである．この基本的要素には，①埋立地のレイアウトと設計，②操業と維持管理，③埋立層内で起こる生物・化学反応やそれに伴う浄化，④浸出水の処理，⑤処分場の閉鎖が含まれ，これらの要素が十分に機能することによって，地盤・地下水環境を含めた周辺環境の汚染が防止できる．

10.2.2 埋立処分場の分類

埋立処分場は，廃棄物の種類，形状，組成，中間処理方法，地形的な特徴あるいは地域の気候などを考慮して計画・設計される．このような要因を考えると，分類の基準となる要素には，地形，廃棄物の法律上の種類，埋立構造に起因する微生物環境などがある．

(1) 地形上の分類

埋立処分は自然の地形を利用する場合がほとんどであり，地形の影響を強く受ける．地形的特長から埋立処分場を分類すると図10.2のようになる．大きくは陸上埋立と水面埋立とに分けられる．本章では，地盤・地下水汚染という立場から，陸上埋立について取り扱い，水面埋立は対象としない．

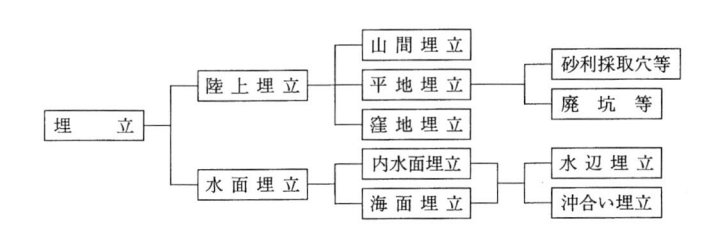

図10.2 最終処分場の地形上からの分類[3]

(2) 廃棄物の法律上の種類による分類

廃棄物処理法では廃棄物の発生上から，①一般廃棄物処分場と②産業廃棄物処分場の2つに分類されている．また，廃棄物の安定性・有害性・腐敗性といった性質から，①遮断型処分場，②安定型処分場，③管理型処分場の3つに分けている．遮断型処分場は有害な燃えがら，ばい塵，汚泥，鉱滓など，政令で定められた廃棄物を埋立処分するものである．安定型処分場は廃プラスチック，ゴムくず，金属くず，ガラスくず，陶磁器くず，建設廃材などのような，汚染や汚濁のおそれのない産業廃棄物を埋め立てるものである．管理型処分場は，遮断型および安定型処分場で処

分可能な産業廃棄物以外の産業廃棄物および一般廃棄物を埋立処分する処分場である[4]．

(3) 微生物環境による分類

埋立処分場の構造は，廃棄物を埋め立てた層内に生息する微生物の環境に大きな影響を与える．微生物の棲みやすさという観点からは，好気性微生物が棲みやすいものを好気性埋立，嫌気性微生物が棲みやすいものを嫌気性埋立と分類することができる．欧米では国土が広いことや管理面での容易さから，埋立層を厚くして，水や空気の浸入を防ぐ構造をとる場合が多く，埋立層内は嫌気的な環境となり，メタンガスなどが発生する．わが国では，土地利用や周辺環境の保全という立場から，埋立層内を好気的な微生物環境にすることによって廃棄物の分解を早め，また，浸出水の処理負担を軽減するような，準好気性の埋立構造がとられている．

(4) 中間処理方式による分類

現在，わが国では，一般廃棄物は不燃物と可燃物に分けられ，可燃物は焼却後に埋め立てられ，不燃物は直接埋め立てられている．一般廃棄物の73%は焼却され，その残渣が埋立処分されている[5]．その結果，可燃ゴミ主体，不燃ゴミ主体，焼却灰主体およびそれらの混合埋立が行われている．

10.3 埋立処分場の機能と構造

埋立処分場はその機能を発揮するため，いくつかの施設から構成される．わが国の一般廃棄物の最終埋立処分場は図10.3に示すような施設から構成されており，平

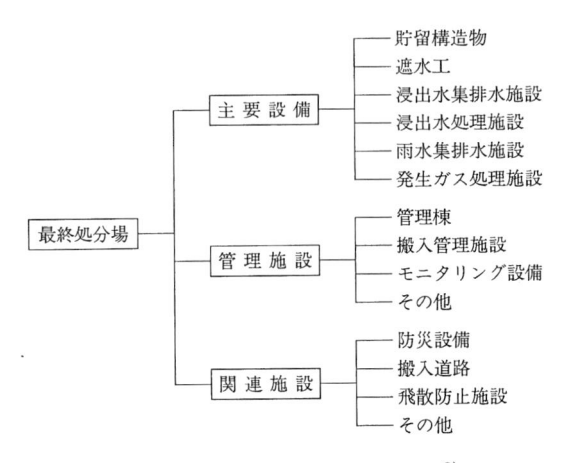

```
最終処分場 ─┬─ 主要設備 ─┬─ 貯留構造物
            │            ├─ 遮水工
            │            ├─ 浸出水集排水施設
            │            ├─ 浸出水処理施設
            │            ├─ 雨水集排水施設
            │            └─ 発生ガス処理施設
            ├─ 管理施設 ─┬─ 管理棟
            │            ├─ 搬入管理施設
            │            ├─ モニタリング設備
            │            └─ その他
            └─ 関連施設 ─┬─ 防災設備
                         ├─ 搬入道路
                         ├─ 飛散防止施設
                         └─ その他
```

図10.3 陸上埋立処分場の施設構成[3]

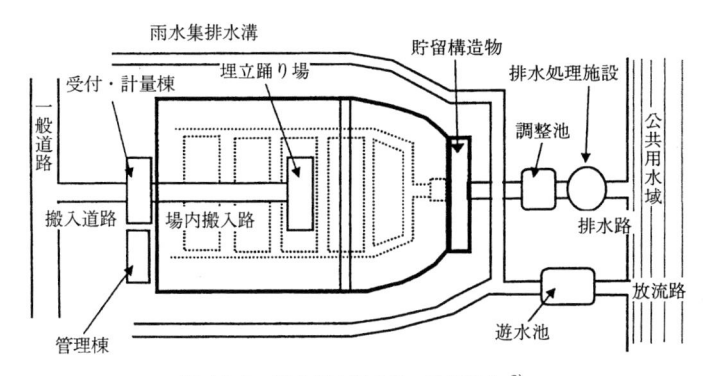

図 10.4　陸上埋立処分場の施設構成 [6)]

面的に表すと図 10.4 のようである．埋立処分場は，第 1 に，廃棄物や浸出水の外部への漏洩あるいは廃棄物の飛散等が起こらないこと，第 2 に，埋め立てられた廃棄物の安定化および浸出水量や汚濁濃度の減少が図られること，第 3 に，計画された量の廃棄物の埋立ができること，の 3 つの条件が要求される．これらは埋立処分場が具備すべき機能であり，大きくは貯留機能，遮水機能および処理機能の 3 機能に分類できる．

10.3.1　貯留機能と構造物

　埋立処分場は大量の廃棄物を長期間貯留し，自然の浄化作用によって廃棄物を安定化し，そのあと閉鎖し跡地利用が図られる．この期間，安定した貯留機能をもたせるためには，堰堤や盛土構造物などによる貯留構造物が必要である．

　貯留構造物は土木工学的には貯水池やダムとみなされるものであり，その機能と

表 10.1　廃棄物処分場の貯留構造物の種類 [4)]

埋立場所	貯留構造物	形式
陸上埋立	コンクリートダム	重力式，アーチ式
	フィルダム	均一型，ゾーン型，表面遮水型
	擁壁	重力式，片持ばり式，控え壁式，支え壁式
	盛土堤（堤防）	均一式，ゾーン型
	矢板壁	自立式，控え工式，二重矢板式
海面埋立	矢板式護岸	自立式，控え工式，二重矢板式
	重力式護岸	コンクリート一体式，ケーソン式，セル式
	捨石護岸	傾斜式，複合式

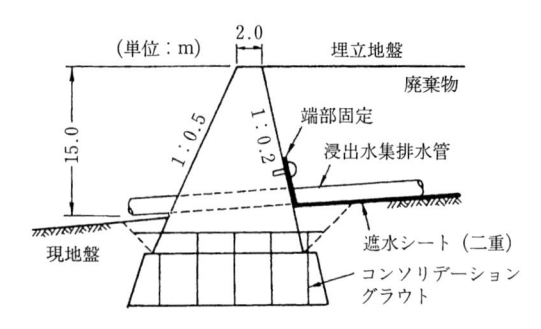

図 10.5 陸上埋立処分場の重力式コンクリートダムの例 [4]

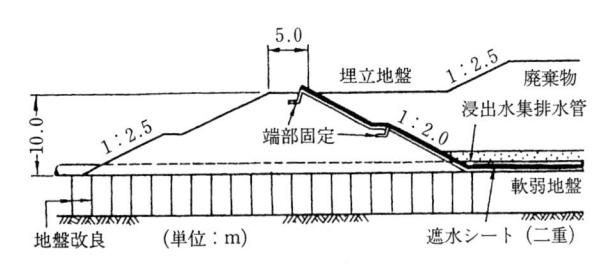

図 10.6 陸上埋立処分場の均一型の盛土堤の例 [4]

しては，①埋め立てられる廃棄物の所定量を長期間貯留できること，②浸出水を安全に貯留できる設備をもっていること，③廃棄物の流出や飛散あるいは浸出水の流出や漏洩を防止する機能を有していることが要求され，埋立処分場では最も重要な役割をもっている．

貯留構造物としては，矢板やコンクリート製の擁壁，盛土堤（ダム），コンクリート堤（ダム）に大別できる．表 10.1 に海面埋立における貯留構造物をも含めた貯留構造物を，図 10.5 および図 10.6 に重力式コンクリートダムと盛土堤の例を示す．

10.3.2 遮水機能と遮水システム

廃棄物には水に容易に溶解する有機物や無機物などさまざまな物質が含まれている．埋立層の表面や側面から層内に浸入してきた雨水あるいは廃棄物自体に含まれていた水などによって，これらの物質が溶け出し汚水（浸出水）となる．これをそのまま地下水や公共水域に放出すると重大な環境汚染を引き起こす．そのため，浸出水が地下水や公共水域を汚染しないような遮水システムが必要である．廃棄物処

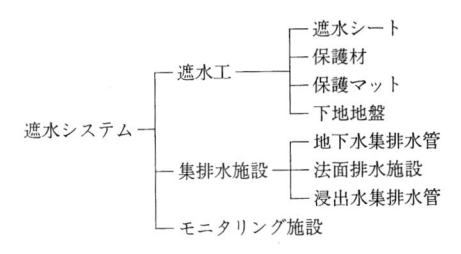

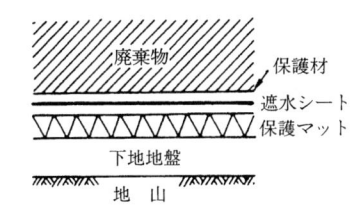

図 10.7　廃棄物処分場の遮水システムの構成[7]　　　図 10.8　遮水工の構造例[4]

表 10.2　廃棄物処分場の遮水工に作用する外力と役割分担[7]

項　目	基　盤	保護マット下側	遮水シート	保護マット上側
遮水性	△		○	
耐久性			○	△
上載荷重支持力	○	△	△	△
揚圧力	○	△	△	
斜面安定性	○			
摩擦力	○	○	○	○
衝撃力			△	○
動植物の影響	△	○	△	○
風圧力			○	△

注：表中○は主分担，△は部分分担を示す．

分場の遮水システムの構成を図 10.7 に示す．

　遮水工は地形や地盤の状況によって種々の形式や材料が用いられているが，図 10.8 に示すように，遮水シート，保護材，保護マット，下地地盤からなっており，処分場内の水を周辺へ流出させない，斜面からの湧水や地下水を埋立地盤内へ流入させない，といった役割を果たしている．最近では，遮水シートの下に不織布を保護マットとして敷設し，下地地盤からの突起物などに対する耐久性を向上させている．また，遮水シートを二重にしたり，自己修復性能をもった遮水工も用いられている．遮水工の各部材に作用する外力とそれぞれの役割の関係は表 10.2 にようにまとめることができる．

　遮水工を設置する場所という観点からは，図 10.9 に示すように，処分場の下地地盤の表面に遮水シートなどを敷設した表面遮水工と，図 10.10 に示すように，不透水層まで鉛直に設置する鉛直遮水工に分類できる．わが国では表面遮水工を適用する場合が多い．

　表面遮水工としては，厚さ 1.5 mm 程度の合成ゴムシートや PVC（ポリ塩化ビ

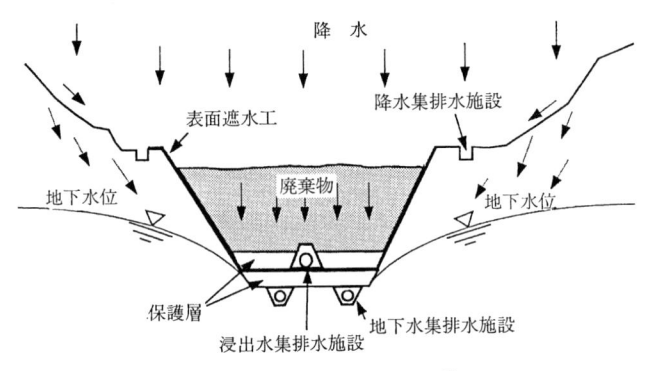

図 10.9 表面遮水工の概念 [5)]

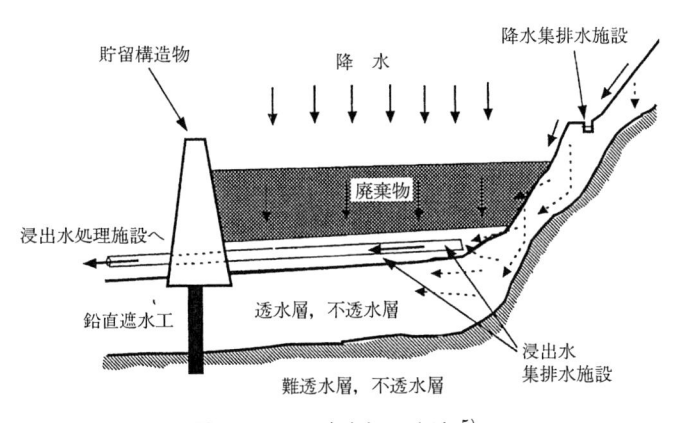

図 10.10 鉛直遮水工の概念 [5)]

ニル樹脂) シートを用いたいわゆるシート工法が多く用いられているが, 表 10.3 に示すような各種の工法と遮水材料が使用されている. また, 遮水シートの多くはいわゆるジオメンブレンであり, 地盤の遮水用としては, 厚さが 0.5～5.0 mm 程度のパネルあるいはシートとして製造されている. 廃棄物処分場で使用される遮水シートには, 前記のもの以外に, 表 10.4 に示すようなものが使用されている. そのほかに, 現地で品質管理をしながら施工する吹付けアスファルトやベントナイト混合土なども用いられる.

最近建設された廃棄物処分場の遮水工の例を図 10.11 に示す. 斜面部では, 斜面保護材と地山の凹凸による破損を防止する目的で, 下地地盤の安定処理を実施している. 混合土は礫にベントナイトを添加して転圧したものであり, 止水効果を確実

表 10.3 廃棄物処分場の遮水工の種類と特徴[8]

遮水工の種類	工法	遮水材料	一般的な厚さ	特徴
鉛直遮水工	止水コア工法	不透水性土質材料	1~3 m 以上	
	鋼矢板工法	鋼矢板	3~30 mm	各種腐食防止法あり
	グラウト注入工法	セメント系, 粘土, ベントナイト, 水ガラス	1~3 m 0.3~1 m	土質と地盤強度により厚さが変化
	遮水シート工法	合成ゴム系シート, 合成樹脂系シート	1.5 mm	表面遮水工より耐候性あり
	地中連続壁工法	コンクリート, 鉄筋コンクリート	5~60 cm 以上	
表面遮水工	遮水シート工法	合成ゴム系, 合成樹脂系	1.5 mm	保護材による外傷破損防止 基盤の施工精度が鍵
		アスファルト系	3~5 mm	対浸出水適応性の検討
	アースライニング工法	粘土, ベントナイト	1 m 以上	引張り・曲げ抵抗なし
	舗装・フェイシング工法	アスファルト	5~10 cm 以上	引張り・曲げ抵抗小 対浸出水適応性の検討

表 10.4 廃棄物処分場の遮水シート材料の種類[8]

シートの種類	樹脂の種類	ゴム, 樹脂名
合成ゴム系	加硫ゴム系	EPDM (エチレンプロピレンゴム)
	非加硫ゴム系	IIR (ブチルゴム) CSM (クロロスルフォン化ポリエチレン)
合成樹脂系	塩化ビニル系	PVC (ポリ塩化ビニル樹脂)
	エチレン系	PE (ポリエチレン樹脂) CPE (塩素化ポリエチレン樹脂) EVA (エチレンビニルアセテート樹脂)
アスファルト系		ゴムアスファルト

にするため総厚 60 cm としている. 遮水シートを保護するために, それの上下にポリエステル系の長繊維不織布を敷設し, 遮水シートは厚さ 1.5 mm の熱可塑性ポリウレタンシートを用いている. 保護土として不透水性の現地発生土をまき出し, 埋立廃棄物が直接遮水シートに接触しないようにするとともに, 走行車両による遮水シートへの影響を防止している.

米国での遮水工は, 1989 年に施行された EPA (連邦環境保護庁) の基準では, 図 10.12 に示すように, シートを支える下部構造として, 透水係数 10^{-7} cm/s の締固め土 (厚さ約 60 cm), その上に厚さ 1.5 mm の高密度ポリエチレン (HDPE)

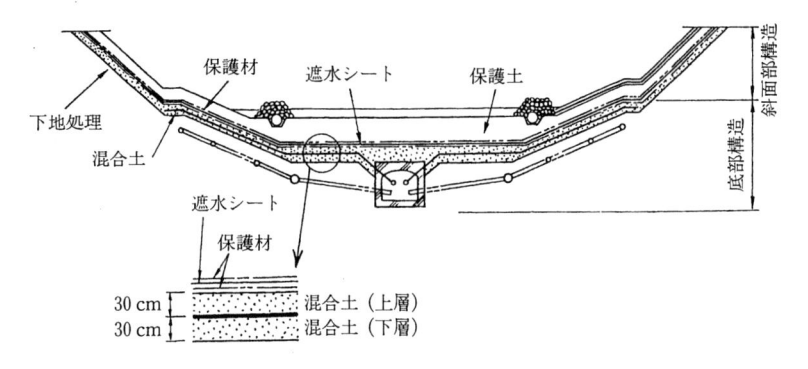

図 10.11　廃棄物処分場の遮水工構造模式図 [4)]

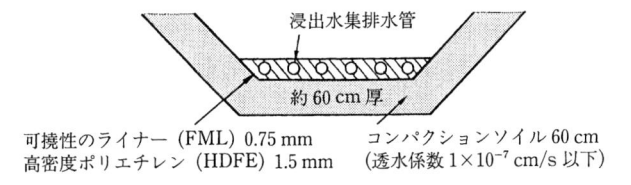

図 10.12　廃棄物処分場での遮水工断面（米国）[9)]

あるいは 0.75 mm の可撓性のメンブレンライナー（Flexible Membrane Liner：FML）を用いることを規定している．ドイツではさらに厳しい構造基準が用いられている [10), 11)]．

10.3.3　雨水の集排水システム

　雨水が埋立層に浸入するのを防止して浸出水量を低減するため，周辺に排水溝などの排水施設を設ける．これの概念を図 10.13 に示す．これらに要求される機能は，雨水を排除することによって浸出水量を最小限に抑えることと，処分場区域の雨水排水系統をコントロールすることにある．周辺水路の縦断勾配は，地形にもよるが，一般には 1〜2％程度であり，水路の構造は現場打ちコンクリート水路，U 字溝，コルゲートフリューム，ヒューム管がよく用いられる．

　形態的には，①周辺部集排水溝，②埋立地内集排水溝，③上流域転流水路に分けることができる．①は廃棄物処分場の周辺および埋立終了後は，最終覆土からの雨水を集水し，排除する施設である．②は未埋立地の雨水を排除するために，廃棄物処分場の小段や区画堤内に設けられる．このような場合，雨水排除として，縦排水

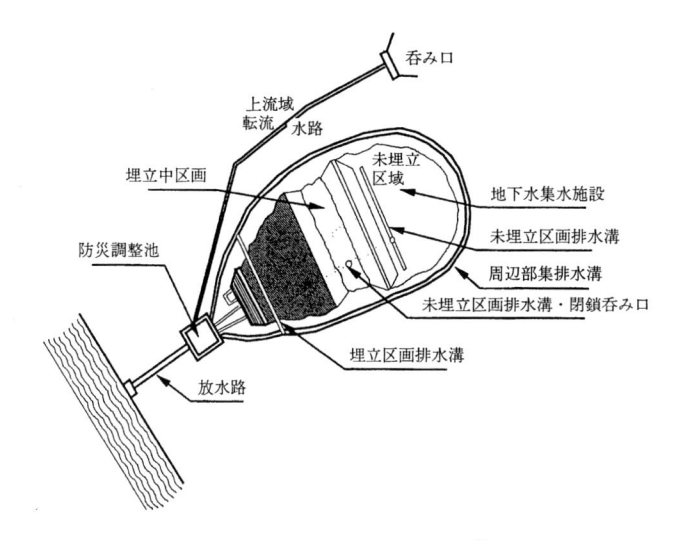

図 10.13　雨水集排水施設の概念 [3)]

管により地下水へつなぐ方法があり，埋立の進行に伴って縦排水管を閉鎖していく．③は廃棄物処分場の上流に大きな流域をもつ場合で，周辺部の集排水溝だけでは雨水の排除が困難な場合に設ける．地形や用地の影響を受けるが，開水路で埋立地を迂回させることが多い．

10.3.4　浸出水の集排水システム
(1) 浸出水の集排水施設

　管理型埋立処分場の浸出水には，埋立が完了した後，長期間にわたって未処理のまま放流すると，環境汚染を引き起こす物質が含まれているので，浸出水の処理施設が必要である．

　この施設の機能としては，1つは，廃棄物処分場に浸入した雨水や埋立地盤内の浸出水を，速やかに浸出水処理施設へ送水し排除するとともに，水質の悪化を防止すること，第2は，遮水工や貯留構造物へ働く水圧を低減することである．

　浸出水の集排水施設の概要を図10.14に示す．浸出水は，底部集排水管，法面集排水管および竪型集排水管により集められ，集水ピット，バルブを経て送水管から浸出水処理施設へ送られる．底部の集排水管は，図10.15に一例を示すような構造がよく用いられている．法面集排水管は処分場の法面に沿って敷設され，竪型集排水管はガス抜きの機能を兼ねている．集水ピットから浸出水処理施設へはポンプ圧

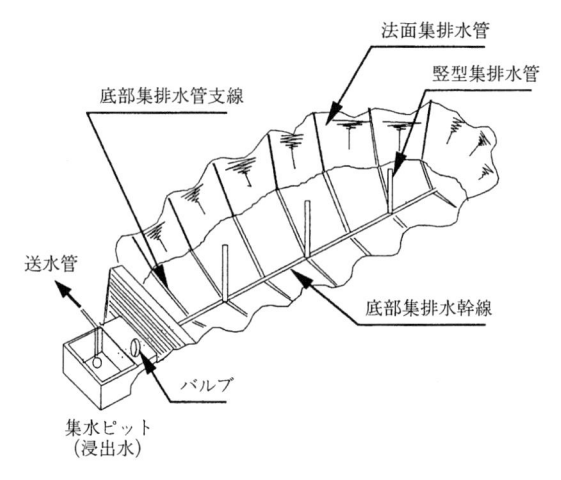

図 10.14　浸出水の集排水施設の概念 [3)]

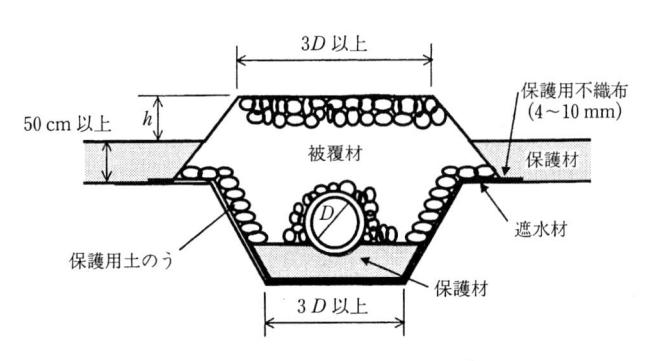

図 10.15　底部集排水管の構造例 [3)]

送するのが一般的である．

(2) 浸出水の処理施設

　廃棄物処分場における環境対策として，浸出水による水質汚濁防止の重要性は高く，処理の高度化が求められるようになり，排水基準を満たすように処理しなければならない．埋立地から発生する浸出水は，降雨量や廃棄物の種類，埋立構造などさまざまな要因によって水量や水質が変動するとともに，埋立後の経過年数によっても水質が変化する．そのため，水量を調整し水質を均一化するために調整地を設ける．一般的な浸出水処理施設の構成の例を図 10.16 に示す．

　浸出水処理施設の計画・設計においては，水処理設備の規模と調整設備の容量の

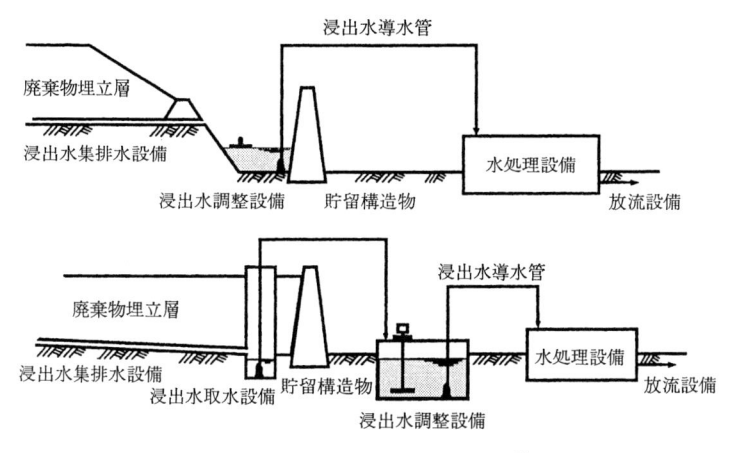

図 10.16　浸出水処理施設の構成例 [3]

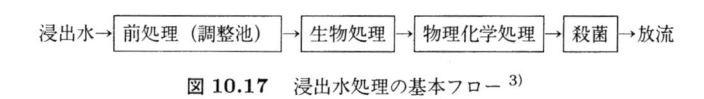

図 10.17　浸出水処理の基本フロー [3]

浸出水 → 前処理（調整池） → 生物処理 → 物理化学処理 → 殺菌 → 放流

最適化および浸出水処理方式の選定が最も重要である．浸出水処理設備の処理能力は浸出水量によって決まるが，降雨によって浸出水量が急激に増加するので，それに対応しようとすると過大な処理施設が必要になる．水処理施設の規模と調整設備の容量は相互に関係するので，埋立処分場の水収支を考慮して適正な規模を決めることが肝要である [12]．

(3) 浸出水の処理方式

廃棄物処分場からの浸出水処理の基本的な流れは図 10.17 のようである．浸出水の性状は，埋め立てられた廃棄物の種類，埋立構造，経過年数によって大きく変化することをすでに述べた．しかし，これらの関係を定量的に表すことは難しい．そのため，処理施設の設計のために必要な計画流入水質は，同種の埋立処分場の浸出水の水質を参考にして決められる．厚生省が調査した浸出水処理施設の計画流入水質を表 10.5 に示す．

一般に，可燃物主体である場合には，微生物によって分解される有機物が多く含まれるので，生物処理が主として機能する．しかし，不燃物主体である場合あるいは経過年数が長くなると，浸出水は生物難分解性の有機物の割合が多くなり，物理化学的処理による方法でないと処理が困難になる．また，埋立層内の有機窒素成分の分解によって，アンモニアの濃度が非常に高いことも浸出水の特徴である．この

表 10.5　ゴミの種類と浸出水の水質 [5]

水質項目	可燃ゴミ主体	不燃ゴミ主体	混合埋立
pH	5.6〜8.6	4.0〜9.0	4.0〜8.6
BOD (mg/l)	250〜2500 (1000)	102〜200 (500)	500〜1000 (500)
COD (mg/l)	200〜800 (400)	20〜3600 (400)	450〜500 (450)
SS (mg/l)	100〜500 (200)	80〜3200 (200)	150〜500 (400)
NH_4^+-N (mg/l)	200〜400 (200)	42〜400 (200)	250 (250)

注　SS は懸濁物質, (　) 内は中央値

表 10.6　処理方式の適用性 [5]

処理方式	処理法	BOD	COD	SS	T-N	色度	重金属
生物処理	活性汚泥法	◎	○	△	△	△	△
	接触ばっ気法	◎	○	△	△	△	△
	回転円板接触法	◎	○	△	○	△	△
	生物濾過法	◎	○	○	△	△	△
	生物学的脱窒素法	◎	○	△	◎	△	△
物理化学処理	凝集沈殿法	○	◎	◎	△	◎	◎
	砂濾過法	△	△	◎	△	△	△
	活性炭吸着法	○	◎	○	△	◎	○
	オゾン酸化法	△	○	×	×	◎	×
	キレート吸着法	×	×	×	×	×	◎

注　T-N：全窒素
　　適用性：大←◎○△→小　適用性不可：×

ようなことから，埋立処分場からの浸出水の浄化には多くのプロセスを必要とする．表 10.6 は，これらの処理方式の適用性を示したものである．処理施設は，これらの処理プロセスの特徴を理解し，必要なプロセスを直列に組み，放流水域の環境基準を満たすように処理して放流する．

多様な埋立処分場浸出水の処理フローの概要を示したのが図 10.18 である．生物難分解性の有機物質が多くなると，凝集，活性炭吸着やオゾン処理等の物理化学処理が必要になり，アンモニアが多くなると，生物処理に生物的硝化・脱窒素能力をもったプロセスが必要になる．また，焼却灰主体の埋立地では，カルシウム，ナトリ

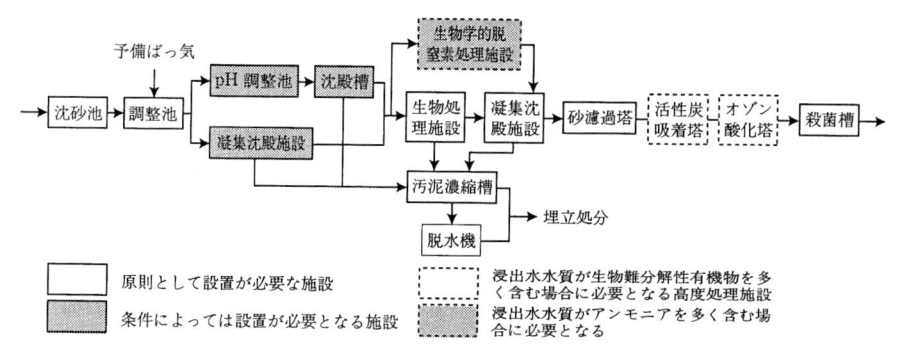

図 10.18　浸出水の処理フロー（基本フローは生物分解性有機物を多く含んだ浸出水に対応）[5]

ウム，塩化物イオンを主体とした塩が高くなり，周辺水域への影響が出ることもある．このような場合には，濾過や電気透析など溶存塩の除去プロセスが必要となる．

10.3.5　発生ガスの処理施設

埋め立てられた廃棄物層内では廃棄物の分解によってガスが発生する．発生ガスは，層内が好気性状態か嫌気性状態かによって異なり，好気性では二酸化炭素や水蒸気，次いでアンモニアが発生し，嫌気性ではメタン，二酸化炭素，水蒸気，次いでアンモニアが発生する．微量ではあるが，硫化水素，硫化メチル，メチルメルカプタンなどの悪臭成分も発生する．これらの発生ガスによる火災や爆発，周辺木立の枯死，埋立作業に及ぼす影響などを防止するために発生ガス処理施設を設ける．

発生ガス処理施設は，図 10.19 のように，埋立層内のガスを排出するための通気装置（ガス抜き設備）と，大気中に放出するときに燃焼などの処理をする終末処理設備から構成される[4]．発生ガス処理施設は，埋立中と埋立終了後の跡地利用時で構成や処理方式が異なり，図 10.20 のような処理方式がとられている．

ガス処理施設は，埋立作業に支障のないように設置するが，普通は個別処理方式が集中方式に比べて有利である．また，終末処理設備は，埋立の進行に伴ってガス

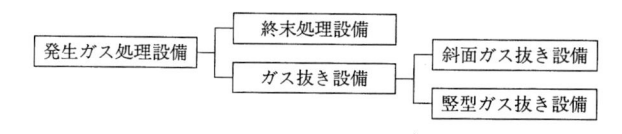

図 10.19　廃棄物処分場のガス処理施設の構成 [5]

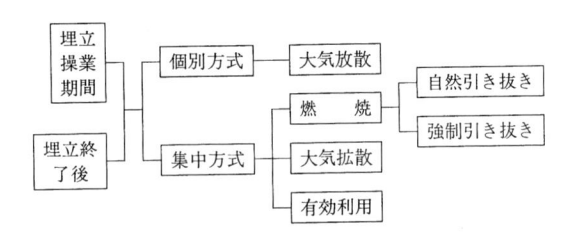

図 10.20 廃棄物処分場の発生ガスの処理方式[5]

抜き設備を継ぎ足しながら最終覆土の高さまで逐次施工することが多く，燃焼などによる処理が困難であるので大気放散方式となることが多い．

　一般廃棄物埋立地におけるガス抜き構造は，斜面に直径 300〜500 mm 程度の蛇かごが用いられ，竪型ガス抜き設備では，管径 150 mm 程度の有孔管を埋立の進行に応じて接続していく形式が多く用いられている．層状埋立（サンドイッチ方式）の場合には，各層ごとに誘導帯を設け，端末で燃焼させる方式がよく用いられている．埋立終了後の発生ガス処理施設は，あらかじめ位置を選定しておくが，終末処理設備の設置場所が少なくてすむ集中処理方式が有利である．

10.4 廃棄物の埋立

10.4.1 埋立作業

　廃棄物の埋立が終了した跡地は，早期の土地利用が可能で，かつ管理が容易であることが望ましい．そのため，廃棄物の種類ごとに埋立地を区分する方式（分割埋立）あるいは同種の廃棄物を区画して埋立てる方式（区画埋立）なども用いられている．分割あるいは区画埋立では，処分場の管理や浸出水の量・質の制御，さらには跡地管理が容易になることが多い．埋立作業は，搬入された廃棄物をその特性に応じて分離・混合した後にそれぞれの埋立場所で敷きならしや転圧を行い，最終覆土を施す一連作業である．これの作業内容と埋立処分場に必要な機能との関係は表 10.7 のようであり，両者は密接にかかわっている．

　埋立処分の効率すなわち計画的な埋立処分を重視する場合には，計画埋立期間と埋立容量が可能となるように，転圧や覆土の厚さなどを前もって検討しておくことが重要である．埋立ゴミの安定化の促進を重視する場合には，埋立方式や安定化を阻害しない覆土材の選定あるいは転圧方法が検討の対象となる．また，必要に応じて

表 10.7 埋立作業の項目と機能 [5)]

関連機能 埋立作業		埋立処分効率	ゴミ層の安定	環境保全性					埋立地盤の力学特性	跡地利用性	作業性	経済性	維持管理	防災性
				浸出水の性状	浸出水の発生量	発生ガスの性状	埋立地盤の沈下防止	ゴミの飛散防止						
埋立工	埋立方式	◎	◎				○		◎	◎	◎	◎		
	埋立順序		○	○	○	○				○			○	○
	敷きならし・転圧	◎	○	○	○	○	◎	○	◎		○	○	◎	○
	分割埋立		○	◎	◎	◎		○		◎	○	○	○	
覆土施工	覆土材の選択		◎	◎	◎	◎	○	◎	○		○	○	○	○
	即日覆土	◎	○	○	○	◎		◎			○		○	◎
	中間覆土	○	○	○	○	○		○			○		○	○
	最終覆土	○	○	○	○	○				◎	○		○	○
場内道路設置	幹線	○								◎	○	○	○	
	支線	○								◎	○	○		
法面の造成		◎								◎	○	○		◎

注 ◎：関連性大, ○：関連あり

廃棄物の種類ごとの分割埋立の検討も必要である．浸出水や発生ガスの量や質を問題とする場合には，埋立順序や覆土の施工などが，遮水工を敷設している場合には，廃棄物の敷きならしや転圧作業によるシート類の破損に関する検討が重要となる．

10.4.2 埋立工法

埋立処分場では，計画埋立容量の確保や廃棄物の安定化を促進し，埋立地盤の跡地利用あるいは埋立作業の効率化を図るため，埋立順序や方法を適切に選定し，各種の埋立機材を使用して廃棄物を十分に締め固めるのが普通である．跡地の利用性を高めるうえでは，廃棄物の種類ごとに埋立場所を区分する分割埋立も考慮する必要がある．

埋立工法の概要を図 10.21 に示す．サンドイッチ方式は，廃棄物を水平に敷きならし，廃棄物と覆土を交互に積み重ねるものであり，狭い山間部などでの埋立地に用いられる．埋立地が広くなると，1 日の張出し面積が小さくなり，廃棄物層に法面ができる．この法面にも覆土が必要になり，結果的にはセル方式になる．

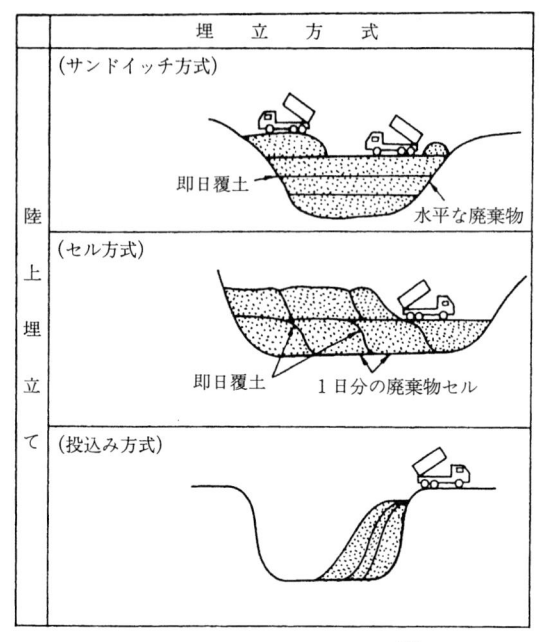

図 10.21 陸上埋立方法の概要 [13]

　セル方式は，1日の埋立廃棄物の上面と法面に覆土してセル状に仕上げるもので，最も多く用いられている．1つのセルの大きさは1日の埋立量によって決まり，セルごとに独立した埋立層ができるので，火災などの防止および廃棄物の飛散や悪臭・害虫などの発生を防止する効果がある．しかし，発生ガスや層内の水の移動が阻害されるので，浸出水の集排水施設や発生ガスの処理施設の設置には十分な注意が必要である．投げ込み方式は十分な締固めができないので，低密度で不均質な地盤を形成しやすい．

10.4.3　覆土
(1) 覆土の機能
　覆土は，悪臭の発散，廃棄物の飛散と流出，害虫や害獣の繁殖，火災の発生や延焼の防止および景観と周辺環境の保全上，きわめて重要な役割をもっている．また，廃棄物の搬入，敷きならし，転圧，雨水の浸入防止など，埋立地の管理上からの役割も重要である．しかし，必要以上の覆土は処分容量の減少のみならず，通気性の不良から有機物の分解が遅れる等のマイナス要因が大きくなる．そのため，覆土の

目的や廃棄物の種類などを考慮して，覆土材，覆土の厚さ，施工方法などを適切に選定しなければならない．

(2) 覆土の種類

覆土には，時系列的にみて，即日覆土，中間覆土，最終覆土がある．即日覆土は，埋立層の厚さが一定の厚さに達したとき，あるいは1日の埋立作業が終了したときに実施するものであり，廃棄物が不燃物主体で形状が比較的大きいものでは30～50 cm，破砕されたものや焼却灰のような形状の小さいものでは15～20 cm が一般的である．中間覆土は，埋立の進行に伴う搬入車の道路地盤として，また，次の段のセルの積み上げを行うまでの期間が長い場合，埋立表面から雨水の過剰な浸入を防ぐために行うもので，50 cm 程度の厚さである．最終覆土は廃棄物の埋立が終了した時点で行うもので，浸出水の削減，跡地利用，景観の向上などが目的となる．芝や低木の植樹の場合には 50 cm 程度，中・高木の場合には 1 m 以上が目安となる．

(3) 覆土材料

覆土材は，廃棄物の安定化の促進や進出水の削減効果があるので，材質を選択する必要がある．一般的には次のようなことがいえる．①即日覆土には，雨水の浸透防止よりも通気による廃棄物の分解を促進する土質材料が有利である．②中間覆土でガス漏れや雨水浸入防止のためには，透水係数の小さい粘土やシルト系の土質材料を用いる．③車両の通行路を兼ねる場合には，支持力の大きい砂質系の材料がよい．④法面覆土には粘性土が適している．米国では，中間覆土と最終覆土について，材料の覆土機能に関する適応性や設計基準が提案されている．わが国においては，覆土材が入手困難な場合や容量確保のため，代替材料として発泡剤（フォーム）による覆土工法が検討されている[24]．

(4) 覆土の施工と管理

覆土は，厚さ，面積，材質などに応じて，車両などの締固め機材を用いて均一に締め固められる．とくに，法面の最終覆土は安定するのに時間がかかるので，気候の影響を受けやすく，降水による浸食を受けやすい．通常，法面勾配は 2～3 割程度，平面勾配は雨水排除のために 2～3% 程度で施工することが多い．

覆土管理は，浸出水の処理あるいはガス対策などと同様に重要な管理項目の1つである．覆土表面は廃棄物の分解や圧密によって沈下，陥没，窪み，地割れなどが生じる．このような現象は，浸出水の増加，ガスの漏出，覆土の浸食などによる災害の原因となるので，覆土表面は定期的に点検・補修するとともに植生の監視を行う必要がある．廃棄物埋立地の地盤沈下は数年以上にわたって継続し，沈下量は埋立層厚の30%にも及ぶことがある．

10.5　処分場の管理とモニタリング

　埋立処分場の管理は，埋め立てられる廃棄物の質・量の管理（搬入廃棄物管理），埋立作業管理，廃棄物埋立層管理，構成施設管理およびその他の施設管理から構成されている[3]．ここでは，これらのうち地盤工学的あるいは地盤・地下水汚染に関係するいくつかの項目の管理やモニタリングについて概観する．

10.5.1　沈下・安定の管理

　廃棄物処分場は，埋立層の自重沈下，在来地山の粘土層の圧密沈下，埋立廃棄物中の有機物の分解に伴う沈下が起こる．しかし，廃棄物埋立地盤の沈下や強度に関しては未解明の部分が多く，正確な予測は難しい．そのため，有機物の分解から沈下量を計算する方法と沈下の動態観測を併用して，おおよその沈下量を予測するのが実情である[23]．地盤沈下が生じると，建造物の安全性，発生ガス対策施設，配管や排水施設が損なわれる可能性があり，とくに，不同沈下は構造障害の大きな要因となる．

10.5.2　ガス・臭気の管理

　埋立地盤内で発生したガスは，覆土によって上方への消散が妨げられ，内部にガスが貯留したり，特定の場所から噴出して悪臭や火災の発生源となることがある．有機物を多く含む廃棄物では，発生ガスのモニタリングを行うことにより，廃棄物中の有機物の分解状況を知ることができる．普通，埋立地盤内のガス抜き設備を利用してモニタリングを行う．モニタリングの地点，実施項目，頻度などは埋立後の経過年数や発生ガスの特性等を考慮して対応する．

　悪臭管理は，処分場周辺の生活環境や気象条件を考慮し，測定地点や時期を決定する．モニタリングは春・夏期あるいは夏・冬期に各1回/1日，埋立地境界の2～3地点で行うのが一般的である．

10.5.3　雨水・浸出水の管理

　浸出水は処分場周辺地盤あるいは下流側の水域や地下水の汚染の原因となる．また，浸出水が地下構造物や基礎杭等に接触すると，これら構造物の材質の劣化に影響することもある．なお，跡地利用において，杭構造などを用いる場合には，底部遮水工の破損などによって，地盤・地下水の汚染を引き起こすことがあるので十分に注意する必要がある．

浸出水に対するモニタリングは，浸出水処理施設に流入する原水に対しても行った方がよい．原水に対しては，処分場から流出する水質汚濁物質や有機物のモニタリングを，処理水に対しては，放流水域の水質汚濁防止と公害防止の観点から水質のモニタリングを行うのが一般的である．地下水モニタリングの井戸は，周辺の地下水利用状況や水質調査結果などから，設置位置，本数，深さを決定し，常時および定期的な地下水水質の監視計画を策定する．

10.5.4 遮水シートのチェックシステム

わが国の管理型処分場は，漏水による表流水および地下水の汚染を防止するため，主として遮水シートを用いている．遮水シートの破損による漏水は地盤・地下水汚染の原因となり，汚染被害を最小限に抑えるため，漏出点近傍で速やかに漏水を検知することが肝要である．検知システムとしては，遮水シートを絶縁体として，破損によって引き起こされる電位分布のひずみから計測する電気探査法を応用した方法が提案されている[14]．

埋立層の下の遮水シートについても，漏水を検知する各種の方法が研究開発されており，これらの方法は遮水シート近傍の水を採取する方法と電気的な漏水検知方法とに大別できる[15]．監視・管理・修復を含めた検知システムとして具備すべき条件は，①漏水の有無の迅速な検知，②漏水位置の判断，③技術の簡便性，④リスクの程度の判断，⑤緊急度に応じた修復の実施，の5つのレベルに分けられよう．現在開発されている漏水検知システムは②あるいは③の段階にあるといえる．

10.6 処分場の閉鎖

廃棄物処分場は，埋立開始から閉鎖後まで，人の健康や生活環境に悪影響を及ぼしてはならない．本来，安定型処分場では閉鎖ということは考えなくてよいはずであるが，有害物質，有機性汚泥，塩類などの浸出やメタンガスなどの噴出があるので，これらがないことを確認してから処分場を閉鎖する．

管理型処分場は，埋立中から埋立終了後まで，遮水工，集水構造，排水処理施設，ガス抜き施設などの継続運用と機能を損なわない管理が必要である．開口部と排水処理施設などは別なものとして扱うことが合理的であり，埋立地表部の土地利用だけに限定すると，埋立終了に伴う開口部の部分的な閉鎖を行うことができる．

遮断型処分場は，生活環境から有害物質を隔離する機能をもつものであり，永続的に管理が継続される．したがって，閉鎖という考え方はなく，土地利用は原則として考えない．処分場は，廃棄物が分解し，無害化・安定化して環境への影響がな

くなった時点で，法的な廃止措置である閉鎖許可がなされるべきである[16),17)]．

最終処分場の廃止基準については一応の基準は設定されている[18)]．法的な閉鎖手続きを経ると，通常の土地として扱われることとなるが，跡地の利用方法については制限がなく，廃棄物埋立跡地の予測しがたい事態に備える管理体制も十分に整っていないのが現状である．埋立跡地の利用における障害を最小限にとどめ，廃棄物処分場の確保を容易にするような管理技術の整備を含めた廃棄物地盤の利用方法を確立することは，地盤工学に携わる技術者の1つの責務ともいえる．

10.7 処分場の跡地利用

廃棄物処分場の跡地については，地形などの要因，埋立処分された廃棄物の種類や量，覆土材の種類や厚さ，破砕や圧縮による中間処理の有無，転圧などの埋立工法の状況によって，埋立終了後の地盤が安定する時間に差があり，その利用方法も違ってくる[5)]．廃棄物処分場の跡地利用において，要求される条件としては，①沈下量が少なく沈下の期間が短い，②斜面部でのすべり破壊が起こらない，③発生ガスや悪臭などの影響が少ない，④地下水汚染のおそれがない，⑤構造物基礎に悪影響を及ぼさない，⑥植生に適している，などを挙げることができる．このような条件を備えていれば，一般の土地と同様な利用が可能である．条件が十分でなくても，利用形態や対策を選択することによって，部分的な跡地利用もできる．

厚生省生活衛生局の報告書[19)]によると，一般廃棄物最終処分場の跡地利用を行っているのは，調査施設657のうちの約70％にあたる440施設であり，残りは未利用である．利用の内容は，農地が44％，処理施設や学校などの公共用地が20％，公園が14％，山林が8％，住宅や道路が14％である．産業廃棄物処分場の跡地利用は，公園緑地が20％，港湾施設が20％，農地や山林が15％となっており[20)]，一般廃棄物の場合とほぼ同様である．

最近の処分場の建設においては，住民との合意形成を図ることが大きな課題であり，跡地の有効利用は地域住民の合意をうるうえで重要な要因となっている．そのためには，周辺地域の状況および都市発展の将来を踏まえた地域整備効果の期待できる跡地利用が要求される．

廃棄物処分場の新しい動向として，大都市圏では埋立地全体を蓋で覆って景観をよくし，跡地を利用しながらその中に廃棄物を収納することなどが考えられている[21),22)]．このようなクローズド型処分場は景観上の嫌悪感が小さく，大都市で必要とされる土地利用の要求に応じられるなど，今日的なニーズに即した処分場とい

うことができよう．

参考文献
1) 木暮敬二：地盤汚染と浄化技術の現状と課題, 基礎工, Vol.27, No.2, pp.2-6, 1999.
2) 横山長之, 市川　惇編：環境用語事典, オーム社, 1997.
3) 田中　勝編著：廃棄物学概論, 日本環境測定分析協会, 1998.
4) 地盤工学会編：廃棄物と建設発生土の地盤工学的有効利用, 地盤工学会, 1998.
5) 厚生省水道環境部監：廃棄物埋立処分場指針解説 1989 年度版, 1989.
6) 平岡正勝：新体系土木工学 9, 廃棄物処理, 技報堂出版, 1979.
7) 近藤三樹郎, 正井敬人：最終処分場の遮水システム, 都市清掃, Vol.49, No.8, pp.96-105, 1996.
8) 井上雄三：廃棄物の最終処分場 (2), 環境と測定技術, Vol.23, No.3, pp.27-35, 1996.
9) Lanier, H. H. : Municipal solid waste regulatory trends in the United State of America, 第 9 回日米廃棄物処理会議, 1992.
10) 廃棄物学会国際委員会：廃棄物学会第 1 回海外研修報告書 (Geoconfine 93　欧州埋立処分場等視察), 1993.
11) 日本環境衛生センター：廃棄物処分施設技術管理者資格認定講習テキスト—IV 最終処分場—, 1982.
12) 堀井安雄：浸出水処理システム, 都市清掃, Vol.49, No.12, pp.66-75, 1996.
13) 井上啓司ほか：廃棄物の埋立と跡地利用 (その 1), 土と基礎, Vol.45, No.8, pp.43-48, 1997.
14) Furuichi, T. and Tanaka, M. : Development of the Detection System for Leakage from the Seepage Control Sheet of Landfill Disposal Site, Proc. of International Symposium "Geology and Confinement of Toxic Waste" Vol.1, pp.389-395, Montpellier, France, 1993.
15) 押方利郎ほか：電位分布歪み計測によるしゃ水シート破損検知技術の実用化に関する研究, 廃棄物学会論文誌, Vol.6, No.5, pp.198-207, 1995.
16) 古市　徹：最終処分場の機能とリスク管理, 都市清掃, Vol.47, No.2, pp.9-15, 1994.
17) 鈴木喜計：最終処分場の閉鎖基準の考え方, 第 7 回地質汚染シンポジウム, 日本地質学会, pp.14-21, 1997.
18) 環境庁水質保全局企画課海洋環境・廃棄物対策室：一般廃棄物の最終処分場及び産業廃棄物の最終処分場に係わる技術上の基準を定める命令の一部改正について, 環境と測定技術, Vol.25, No.7, pp.10-19, 1998.
19) 厚生省生活衛生局水道環境部：昭和 61 年度広域最終処分場計画調査・最終処分場跡地利用計画検討調査報告書, pp.25-66, 1987.
20) 地盤工学会, 産業廃棄物の処理と有効利用に関する研究委員会：地盤工学分野における廃棄物の処理と有効利用に関する報告書, 1996.
21) 花嶋正孝：廃棄物最終処分場の動向と技術上の問題点, 廃棄物学会誌, Vol.4, No.1, pp.3-9, 1993.
22) 花嶋正孝, 船津　剛, 小谷克己：全天候跡地利用先行型処分場構想の提案, 都市と廃棄物, Vol.18, No.10, pp.33-37, 1988.
23) 油谷進介ほか：フェニックス尼崎沖最終処分場における上部洪積粘土の沈下観測事例, 第 31 回地盤工学研究発表会講演集, pp.629-630, 1996.
24) 花嶋正孝ほか：最終処分場の建設と新技術, 3 編 2 章, 工業技術会, 1987.

終章にかえて

　地盤汚染は，汚染物質の物理化学的な性質，地盤を構成する土と土中水の性質あるいは土壌生物の特性等に関係するとともに，それらの相互作用も考えなければならない，かなり複雑で学際的な性格をもっている．したがって，実際の地盤汚染問題を適切に解決するためには，地盤工学あるいは化学というように，1 専門分野の人たちによって実行できるものではなく，関連する専門家と十分に共同して対応策を検討する必要がある．

　「餅は餅屋」という諺があるように，おのおのの分野にはその道の専門家がいる．専門家はその問題の本質を的確に把握し，問題点の絞り込みのための調査・試験や定量化のために行わなければならない事項について有効な助言を行うことができる．また，どのような学習が必要か尋ねることもできるし，書物などを紹介してもらうこともできる．

　このようなことから，地盤汚染の解決をより実効あるものにするためには，関連する分野の専門家が参画できるようなチームを作らなければならない．また，実際の地盤汚染問題の解決のためには，地盤や地下水に関する技術的な問題だけではなく，地域の土地利用や地形などの自然環境や代替水源の有無，さらには住民の健康不安の状況の有無等の社会環境を考慮して対策を立てることが求められる．このような総合化のための協力体制が必要であり，それらには，公衆衛生学，薬学，作物学，生態学，土壌微生物学，水質化学，土壌化学，地質学，地盤工学，水文学，水資源工学，水処理工学，廃棄物工学および行政（学）などが関連してくる．このように多くの分野が関連してくるが，実際に技術的な対策をとる場合には，問題が起こっているのは地盤であることから，地盤工学担当者が総合エンジニヤとしての責任を果たさなければならない．

　一方，地球規模での環境破壊問題が重要な課題となっていることは周知のとおりであり，地球そのものが著しく病みつつあることが一般の人にも認識され，国連を中

心に世界の人々が協力した体制が発足し，地球環境保全のための各種の行動計画が提案され，わが国でも各方面からの取り組みがなされている．わが国では1960年代から各種の公害問題が発生し，公害大国のレッテルを貼られた経験があるが，これを克服してきている．公害時代の環境破壊はあくまでローカルな問題に過ぎなかったが，今日では，環境破壊が世界的な広がりを見せ，母なる大地である地球を蝕んでいる．

地盤工学の分野では，これまで地球環境問題は直接地盤に影響するものが少ないとして，やや傍観者的な立場にあったきらいがある．しかしながら，地盤工学の分野で蓄積されてきた技術は，環境問題解決のために貢献しうるものが少なくなく，問題解決への貢献が求められている．グローバルな地球環境問題であっても，それの解決の手段・方法はローカルに対応していくことが必要であり，"Think globally, act locally"をモットーに対応していくことが地盤工学関係者にも求めている．

環境破壊の原因となる有害物質あるいは廃棄物対策の順位選択の基本的な考え方は，①発生抑制（発生回避），②リサイクル，③適正処理である．第1に優先すべき対策は，原料から製品までの工程の技術のクリーン化によって，有害物質の発生を抑制することである．第2としては，工程から発生する有害物質をその工程内で回収しリサイクルすることであり，第3は発生した有害物質の処理のコントロールであり，この中には無害化，安定処理，保管・管理などが含まれてくる．本書で対象としてきた地盤汚染と浄化システムの問題は，上記の第3のカテゴリーに入る問題である．

環境破壊を回避するための，あるいは，地盤汚染をも含めた環境修復のための特効薬は存在しない．過去に成功した例が，同じような汚染現場のすべてに適用できるわけではない．われわれにとって必要なことは，環境破壊を軽減・回避する努力，地盤汚染問題を正確に捉えてそれを修復し解決する努力であるということができる．そのとき，浄化修復技術の円滑な発展を図るためには，技術をブラックボックス化することなく，最大限に公開し，コスト的にもまた社会的にも合意の得られる技術の確立が要求される．

公害大国の汚名を返上したわが国にとって，地盤汚染問題の解決も十分に可能ということができよう．環境問題への対応は，必ずしもその解決手段の技術障壁が高くないことが多く，方法が確立してしまうと急速にコスト競争に移行する傾向がある．汚染地盤の浄化技術も例外ではない．また，汚染浄化技術においては，技術として確立することと浄化対策を展開することの間には大きな隔たりがある．これまでに実施されてきた浄化対策の多くは，かなり規模の大きい事業所が汚染源であったことをみても，浄化事業を進めるには経費負担が最大の問題となることがわかる．

先端的な技術の導入は，浄化対策を効率的に進められるし，新たな技術革新にもつながる．多額の経費と時間をかければ，確かに汚染地盤の浄化はできようが，多くの汚染事例は経費負担能力の低い小規模事業所であることを考え合わせると，浄化事業を円滑に進めるには，新しい技術の開発はもちろんであるが，既存の技術であっても，より効率的・低コストな技術に改良することも重要である．

参考文献
1) 神野健二：地盤環境汚染における地盤工学者の役割，地盤環境汚染における指針の改訂と調査・対策技術の現状講習会講演資料，地盤工学会，pp.8–16，1999．
2) 地盤工学会：環境地盤工学入門，地盤工学会，1994．
3) 木暮敬二：地盤汚染と浄化技術の現状と課題，基礎工，Vol.17, No.2, pp.2–6, 1999．

索引

●あ
悪臭管理 *234*
悪臭物質 *14*
足尾銅山 *25*
アスファルト系シート *145*
油汚染土 *165, 198*
アルカリ触媒分解 *111, 212*
アルカリ土 *18*
アルミナ *148*
安定型処分場 *217*

●い
硫黄化合物 *12*
イオン *57, 58*
イタイイタイ病 *23, 26*
1日摂取基準 *52*
一酸化炭素 *13*
一酸化窒素 *12*
一般廃棄物処分場 *217*
井戸内ダブルエアレーション法 *182*

●う
ウインドローパイル *165*
ウェルポイント工法 *184*
雨水集排水システム *224*
埋立工法 *231*
埋立処分 *216*

●え
エアースパージング *180*
エアーリフトポンプ効果 *181*
永久しおれ水分点 *5*
影響半径 *175*
液相吸着 *172*
エトリンガイド *132*
塩化揮発法 *112*
塩化鉄 *138*
塩化ビニル *62*
塩基の溶脱 *18*
塩素系の溶剤 *71*

鉛直遮水工 *221*
塩類土 *18*

●お
オイルスラッジ *198*
オイルレイク *165*
応急対策 *107*
汚染概況判断基準 *88*
汚染の原因 *43*
汚染物質の存在形態 *56*
汚染プリューム *66*
オゾン *13*

●か
概況調査 *37, 41*
界面活性剤 *198*
海洋投入処分 *216*
化学的不溶化 *134*
化学的分解 *111, 118*
化学廃棄物 *29*
化学物質汚染 *50*
化学分解 *65, 194*
可給態養分 *3*
ガス・臭気の管理 *234*
ガス抜き設備 *229*
活性アルミナ *20*
活性炭 *20*
　　――吸着/電磁加熱脱着質量分析法 *91*
カドミウムイオン *188*
カドミウム汚染 *23, 26*
カドミウム化合物 *135*
加熱塩化揮発法 *207*
加熱分解 *204*
ガラス固化 *148*
　　――処理 *134*
環境構成要素 *19*
環境ホルモン *46, 50*
間隙容積 *6*
還元剤 *137*
還元者 *16*

還元処理 *137, 212*
緩衝作用 *18*
含有量参考値 *89, 104, 146*
含有量分析法 II *87, 88*
管理型処分場 *217*

●き
気液混合抽出 *116, 178*
機械式簡易ボーリング *94*
キシレン *71*
揮発性有機塩素化合物 *62, 64*
気泡連行法 *200*
吸引圧 *4*
吸収井戸 *175*
急性毒性物質 *51*
吸着剤 *20*
吸着/熱脱離/GC法 *92*
キレート樹脂吸着法 *139*
金属硫化物 *135*

●く
空気浄化機能 *11*
区画埋立 *230*
掘削後バイオレメディエーション *158*
掘削除去 *129*
クレオソート *73*
クロムエトリンガイド *132*
クロム鉱滓 *27*
クロム酸イオン *188*
クロロホルム *62*

●け
珪酸カルシウム水和物 *132*
珪素 *147*
形態分析法 *60*
原位置ガラス固化工法 *147*
原位置浄化 *110, 115*
原位置抽出 *110, 115*
原位置土壌汚染法 *183*
原位置バイオレメディエーション *158*
原位置封じ込め *109, 142*
原位置分解 *110, 115*
検液 *86*
嫌気性埋立 *218*
嫌気性微生物 *218*
健康項目 *37*
原子吸光分析 *87*
検体 *97*

検知管法 *90*
検知剤 *90*

●こ
高畝強制通気方式 *165*
高畝切返し方式 *165*
光化学処理 *111*
高感度調査手法 *90*
好気性埋立 *218*
好気性微生物 *218*
恒久対策 *107, 115*
工業用硫化ナトリウム *136*
合成ゴム系シート *145*
合成ゴムシート *221*
合成樹脂系シート *145*
鉱毒汚染 *24*
硬度成分 *153*
鋼矢板 *145*
コールタール *73*
固化処理 *131*
固相処理 *160*
コプラナーポリ塩化ビフェニール *47*
ゴミ焼却 *75*

●さ
最終処分 *216*
最終覆土 *233*
酸化還元処理 *137*
酸化還元電位（Eh） *57, 58*
三価クロム *189*
酸化処理 *111*
酸化分解 *137*
産業廃棄物処分場 *217*
酸性雨 *18*
サンドイッチ方式 *231*
3倍値基準 *102, 104*
サンプリング *96*

●し
次亜鉛素酸ソーダ *137*
シアン化合物 *137, 138*
シート工法 *222*
四塩化炭素 *62*
紫外線分解処理 *210, 211*
市街地土壌汚染事例 *36*
ジクロロメタン *62*
資源保護回復法 *28*
止水工法 *143*

索　引

遮水機能 220
遮水工 110, 142, 143, 221
遮水シート等被覆型保管施設 130
遮水シートのチェックシステム 235
遮水システム 220
遮断型処分場 217
遮断工 110, 142
臭気対策 14
重金属汚染 80, 97, 197
　　——のメカニズム 56
重金属化合物の蒸気圧 202
重金属等の分析試験 86
重金属の熱揮発・熱安定化 202
重金属の分離と分解 193
重金属陽イオン 58
重金属類 52
重炭酸ソーダ 212
周辺環境保全対策 121
終末処理設備 229
循環井戸 181
省エネ処理 151
浄化井戸 153
浄化杭 153
浄化壁 152
焼却法 111
植栽工 142, 146
植生マット工 146
触媒酸化分解処理 209
触媒熱分解 208
触媒分解処理法 208
植物生産機能 2
処分場の閉鎖 235
シリカ 147, 148
　　——ゲル 20
資料等調査 84
磁力選別 198
浸出水の集排水システム 225
浸出水の処理 225
神通川流域 23, 26
森林生態系 10

●す
水銀 203
　　——化合物 136
水酸化物処理 139
水質汚濁防止法 25
水質浄化機能 5
水蒸気加熱法 207

水蒸気注入法 112
水素イオン濃度 18
水分吸引圧 4
水面埋立 217
スーパーファンド法 28, 124
スタティックパイル 165

●せ
生石灰撹拌混合工法 185
生態系 15
生物学的小循環 2
生物学的処理 118
生物群集 15
生物圏 15
生物処理 228
石炭製品 71
石油 71
　　——系炭化水素汚染 74
セベソ事件 30
セメント固化処理 131
セル方式 232
全石油炭化水素 165

●そ
ソイルフラッシング 183
総量規制基準 47
即日覆土 233
即効性還元剤 137

●た
ダイオキシン汚染 75
ダイオキシン排出源 45
ダイオキシン類 28, 44, 53
大気汚染防止法 48
対策範囲選定基準 104, 109, 143
耐容一日摂取量（TDI） 47, 48, 52
多価芳香族炭化水素 73
竪型集排水管 225
多量養分元素 3
炭化水素 13
　　——系有害物質 70
　　——系有機溶剤 73
単環式芳香族炭化水素 167
単独汚染 119

●ち
地下水汚染 37
　　——の機構 66

地下水概況調査 41
地下水環境基準 37
地下水調査 101
地下水揚水法 110, 117, 171
地下連続壁 145
遅効性還元剤 137
地質学的循環 3
窒素 10
　　——化合物 12
　　——固定 10, 17
遅発性毒性物質 50
地被区分 10
中感度調査手法 90
中間覆土 233
調査手法 89
調整地 226
貯留機能 219
貯留構造物 219

●つ
土の化学組成 148
土の環境機能 1
土の環境容量 19
土の間隙径 6
土の緩衝作用 19
土の空気浄化 12
土の浸透能 9
土の導電率 149
土の熱移動 148
土の熱伝導率 148
土の反応 18
土の比熱 149
土のpH 18, 57
土の密度 150
土の有機物分解機能 2
土の融点 149
土の溶融温度 149

●て
TEQ 32
DJM機 185
低温加熱 206
低感度調査手法 90
定期的モニタリング 122
低級炭化水素 171
豊島問題 31
鉄粉 152
テトラクロロエチレン 62, 68

電気泳動 187
電気浸透 187
電気透析 229
電気分解 188
電極 188
テンシオメータ 4
天然賦存量 56
天然由来 39, 56

●と
透過性浄化壁 151
特異吸着 58
都市ゴミ焼却施設 49
都市ゴミ焼却炉 75
土質改良を伴うバイオレメディエーション
 168
土壌ガス 66, 89
　　——吸引法 116, 174
　　——調査 89
土壌環境基準 24, 34
土壌環境センター 126
土壌洗浄プラント 196
土壌洗浄法 112, 193, 195
土壌脱臭装置 15
土壌の元素組成 57
土壌反応器 212
土壌微生物 17
豊能郡美化センター 75
トリクロロエチレン 62, 68, 162, 177
トルエン 71
　　——資化性菌 164
土呂久の砒素汚染 26

●な
内分泌攪乱化学物質 50
投げ込み方式 232
鉛イオン 188
鉛化合物 136
難溶性塩 138

●に
二酸化硫黄 12
二酸化窒素 12
二次汚染 156, 159
二次生産者 16
二次生成物 204
二重吸引法 116, 179
日常モニタリング 122

索引

●ね
熱処理 112, 202
熱脱着 193
熱分解 111, 194, 203

●の
農用地汚染 23, 32
農用地土壌汚染対策地域 33
法面集排水管 225

●は
パーカッション式ボーリング 94
バーゼル条約 31
バイオオーグメンテーション 158
バイオスティミュレーション 158
バイオスパージング 159
バイオベンディング 158
バイオマス 8
バイオリアクター 2, 160
バイオレメディエーション ... 118, 127, 155
廃棄物焼却炉 48
廃棄物処分場 216
廃棄物の埋立 230
パイル処理 160
畑耕転方式 165
発火点 203
発ガン性 51
ばっ気処理 117, 171
バックグラウンド濃度 56
passive 処理 151
発生ガス 229
バリア井戸 111, 117, 171
張芝工 146
ハンドオーガーボーリング 94
反応杭 153
反応壁 152

●ひ
BTEX 化合物 167
BCD 法 212
PCB 212
　——汚染土 213
砒酸化合物 138
微生物による分解浄化 8
微生物の機能 157
微生物分解 65
砒素汚染 23, 138
比表面積 20

●
表土調査 85, 88
表面遮水工 221
微量養分元素 3

●ふ
負圧観測井 177
封じ込め 109, 139
風力乾燥 194
吹付けアスファルト 222
複合汚染 114, 119
覆土 142, 146, 232
浮上分離工程 112
腐植酸 58
腐食反応 152
物質循環 17
物理化学処理 228
物理的吸着 21
部分分解物 157
不法投棄事件 31
不飽和地盤 174
浮遊選鉱 196, 201
不溶化剤 134
不溶性物質 58
フルボ酸 58
分級工程 112
分級処理システム 195
分級洗浄 197
粉体混合機 185

●へ
pH 133, 136
ヘキサン固定法 90
ヘッドスペース・検知管法 99
ヘッドスペース・GC 法 98
ベンゼン 71
ペンタクロロフェノール (PCP) 73
ベントナイト混合土 222

●ほ
芳香族資化性菌 164
芳香族炭化水素 71
放散 172
泡沫浮上法 198, 201
飽和地盤 174
ポータブル GC 法 90
ボーリング掘削方式 94
ボーリング調査 93
保管施設 130

保水機能 4
圃場容水量 5
ポリ塩化ジベンゾ・パラ・ジオキシン 47
ポリ塩化ジベンゾフラン 47

●ま・み
慢性毒性 51

ミネラル 10

●め
メタン 13
　――資化性菌 163
メチルメルカプタン 12
目詰まり 6

●も
木材防腐剤 70, 73
モニタリング 108, 122
　――井戸 153
盛土抽出法 187

●や・ゆ
屋根覆蓋型保管施設 131

有機塩素系化合物汚染 61, 80, 94, 98
有機塩素系化合物の還元無害化処理 211
有機塩素系化合物の触媒酸化分解 209
有機塩素系化合物の触媒分解 208
有機塩素系化合物の分離と分解 194
有機溶剤 70, 71

●よ
溶解度 135
要監視項目 37
溶剤 61
溶出液 98
溶出基準 88, 104
溶出試験法 98

溶出方法 86
溶出量値Ⅰ 104
　――Ⅱ 104, 110
溶出量分析方法 87, 99, 100
揚水井 117
溶存陽イオン 188
溶脱 18
溶媒洗浄 198
溶媒抽出・GC法 98
溶融土 148

●ら
ラブキャナル事件 27
ランドファーミング 160, 165

●り
陸上埋立 217
硫化カドミウム 136
硫化処理 135, 137
硫化水銀 136
硫化水素 12
硫化第二鉄 137
硫化ナトリウム 135
硫化物 58
粒状化 168

●ろ
ロータリーキルン 202, 204
ロータリー式ボーリング 94
濾過 229
　――機能 5
六価クロム汚染地盤 137, 189
六価クロム化合物 137, 138
六価クロム処理問題 27
ロンドン条約 216

●わ
渡良瀬川流域 23
湾岸戦争 165

●著者紹介

木暮 敬二（こぐれ けいじ）

1939年1月	群馬県に生まれる
1962年3月	防衛大学校土木工学専攻卒業
1966年3月	京都大学大学院工学研究科修士課程（土木工学専攻）修了
1969年3月	同上 博士課程（土木工学専攻）満期退学
1969年4月	防衛庁技術研究本部第4研究所
1971年7月	工学博士（京都大学）
1973年3月	防衛大学校講師（土木工学教室）
1975年4月	同上 助教授
1980年4月	同上 教授（現在，建設環境工学科）

地盤環境の汚染と浄化修復システム　　　定価はカバーに表示してあります

2000年11月20日　1版1刷発行　　ISBN 978-4-7655-1616-7 C3051
2013年9月10日　1版4刷発行

著　者　木　暮　敬　二
発行者　長　　滋　彦
発行所　技報堂出版株式会社

〒101-0051　東京都千代田区神田神保町 1-2-5
電話営業　（03）(5217) 0885
　　編集　（03）(5217) 0881
FAX　　　（03）(5217) 0886
振替口座　00140-4-10
http://www.gihodoshuppan.co.jp

日本書籍出版協会会員
自然科学書協会会員
工学書協会会員
土木・建築書協会会員
Printed in Japan

© Keiji Kogure, 2000　　装幀　海保　透　印刷・製本　デジタルパブリッシングサービス

落丁・乱丁はお取替えいたします

本書の無断複写は，著作権法上での例外を除き，禁じられています．